Hans J. Mair u. a.

# Kunststoffe in der Kabeltechnik

# Kunststoffe in der Kabeltechnik

Entwicklung, Prüfung, Erfahrungen, Tendenzen

Dipl.-Ing. Hans J. Mair (Hrsg.)

Dipl.-Ing. Alfons Bertels
Jürgen Eickholt
Prof. Dr.-Ing. Heinrich Liertz
Dr.-Ing. Dietmar Meurer
Prof. Dr.-Ing. Karl-Bernhard Müller
Obering. Siegfried Richter †
Dr. rer. nat. Heinz Vogt
Dr.-Ing. W. Weißenberg
Dipl.-Ing. Peter E. Zamzow

3., völlig neubearbeitete und erweiterte Auflage

Mit 173 Bildern, 34 Tabellen und 36 Literaturstellen

Kontakt & Studium
Band 111

Herausgeber:
Prof. Dr.-Ing. Wilfried J. Bartz
Technische Akademie Esslingen
Weiterbildungszentrum
DI Elmar Wippler
expert verlag

expert verlag

**Die Deutsche Bibliothek – CIP-Einheitsaufnahme**

**Kunststoffe in der Kabeltechnik** : Entwicklung, Prüfung, Erfahrungen, Tendenzen ; mit 34 Tabellen / Hans J. Mair (Hrsg.) und 9 Mitautoren. – 3., völlig neubearb. und erw. Aufl. – Renningen-Malmsheim : expert-Verl., 1999
(Kontakt & Studium ; Bd. 111)
ISBN 3-8169-1511-6



ISBN 3-8169-1511-6

3., völlig neubearbeitete und erweiterte Auflage 1999
2., erweiterte Auflage 1991
1. Auflage 1983

Bei der Erstellung des Buches wurde mit großer Sorgfalt vorgegangen; trotzdem können Fehler nicht vollständig ausgeschlossen werden. Verlag und Autoren können für fehlerhafte Angaben und deren Folgen weder eine juristische Verantwortung noch irgendeine Haftung übernehmen.
Für Verbesserungsvorschläge und Hinweise auf Fehler sind Verlag und Autoren dankbar.

## Herausgeber-Vorwort

Bei der Bewältigung der Zukunftsaufgaben kommt der beruflichen Weiterbildung eine Schlüsselstellung zu. Im Zuge des technischen Fortschritts und der Konkurrenzfähigkeit müssen wir nicht nur ständig neue Erkenntnisse aufnehmen, sondern Anregungen auch schneller als der Wettbewerber zu marktfähigen Produkten entwickeln. Erstausbildung oder Studium genügen nicht mehr – lebenslanges Lernen ist gefordert!

Berufliche und persönliche Weiterbildung ist eine Investition in die Zukunft.

- Sie dient dazu, Fachkenntnisse zu erweitern und auf den neuesten Stand zu bringen
- sie entwickelt die Fähigkeit, wissenschaftliche Ergebnisse in praktische Problemlösungen umzusetzen
- sie fördert die Persönlichkeitsentwicklung und die Teamfähigkeit.

Diese Ziele lassen sich am besten durch die Teilnahme an Lehrgängen und durch das Studium geeigneter Fachbücher erreichen.

Die Fachbuchreihe Kontakt & Studium wird in Zusammenarbeit des expert verlages mit der Technischen Akademie Esslingen herausgegeben.

Mit ca. 500 Themenbänden, verfaßt von über 2.000 Experten, erfüllt sie nicht nur eine lehrgangsbegleitende Funktion. Ihre eigenständige Bedeutung als eines der kompetentesten und umfangreichsten deutschsprachigen technischen Nachschlagewerke für Studium und Praxis wird von den Rezensenten und der großen Leserschaft gleichermaßen bestätigt. Herausgeber und Verlag würden sich über weitere kritisch-konstruktive Anregungen aus dem Leserkreis freuen.

Möge dieser Themenband vielen Interessenten helfen und nützen.

Prof. Dr.-Ing. Wilfried J. Bartz — Dipl.-Ing. Elmar Wippler

# Vorwort

Eine sichere Energieversorgung ist die Voraussetzung für ein gesundes Wirtschaftsleben und die Erhaltung der Lebensqualität. Die elektrische Energie ist sicher, sauber, einfach zu handhaben und bietet auch in bezug auf den Umweltschutz für den Verbraucher keine Probleme. Kunststoffkabel sind die Lösung für die umweltfreundliche Energieversorgung. Die Unternehmen machen gute Erfahrungen mit Energiekabeln mit Isolierung aus vernetztem Polyethylen. 220 kV-Kabel sind heute Stand der Technik; Kabelanlagen mit 400 kV sind im Versuchsbetrieb. Aktuell ist die Verlegung von zwei 380 kV-Kabelsystemen in Berlin in einem 6 km langen Tunnel mitten durch das Stadtzentrum zwischen den Umspannwerken Friedrichshain und Mitte.
In der Informationstechnik mit den hohen Anforderungen der vielseitigen Kommunikationssysteme wie Telefon, Telefax, Datenübermittlung, Kabelfernsehen, Internet und Bildtelefon sind kunststoffisolierte und -ummantelte Leitungen und Kabel sichere Nachrichtenträger. Die modernen Lichtwellenleiterkabel werden sowohl über große Entfernungen als auch für die betriebsinterne Kommunikation eingesetzt. Die LWL-Kabel haben zweistellige Zuwachsraten. Mit den neuen Kommunikationsmedien gewinnen die lokalen Netze an Bedeutung.
Dieses Buch bietet einen Überblick über den heutigen Stand der Technik und fundierte Kenntnisse über die zur Kabelherstellung verwendeten Kunststoffe sowie ausführliche Informationen über moderne Kabelkonstruktionen einschließlich der Qualitätsanforderungen, der Normung und der Kabelprüfung.

Die Autoren sind erfahrene Herren aus Forschung und Entwicklung, Anwendungstechnik und Produktion der Firmen ABB Energiekabel GmbH, Alcatel Kabel AG, Alcatel kabelmetal electro GmbH, BASF AG, Elastogran GmbH, Hüls AG, Siemens AG und Fachhochschule München.

Dem Verlag und seinen Mitarbeitern danke ich für die Aufnahme dieses Themenbandes in seine Reihe KONTAKT + STUDIUM.

Hans J. Mair

## Inhaltsverzeichnis

# 1 Polymere Isolier- und Mantelwerkstoffe der Kabeltechnik ihre Eigenschaften und deren Prüfung

S. Richter

Kabel und Leitungen, die nach 50-jähriger Betriebszeit noch störungsfrei arbeiten, sind keine Seltenheit. Die Qualität solch langlebiger Produkte wird in sehr hohem Maße durch die Qualität der verwendeten Werkstoffe bestimmt.

Die VDE-Bestimmungen für Kabel und Leitungen*) enthalten eine Fülle von Begriffen und Prüfverfahren zur Charakterisierung der Isolier- und Mantelwerkstoffe. Das Wissen um deren ursprüngliche Bedeutung droht verloren zu gehen, weil die Generation der Fachleute, die an der Entstehung dieser Bestimmungen wesentlichen Anteil hatte, inzwischen aus Altersgründen abgetreten ist und die beschriebenen Merkmale der Werkstoffe nicht in jedem Falle einen direkten Bezug zur Verwendung der aus diesen Werkstoffen hergestellten Kabel besitzen, sondern sich historisch entwickelt haben.

Die folgenden Ausführungen haben den Zweck, der nachwachsenden Generation von Fachleuten dieses Wissen weiter zu reichen, um sie vor Irrtümern und Fehleinschätzungen bei der Verwendung von Kabeln zu bewahren.

## 1.1 Geschichtlicher Rückblick

Zu den ersten VDE-Bestimmungen - damals noch „Normalien“ genannt - zählen die „Vorschriften für isolierte Leitungen in Starkstromanlagen“. Der Antrag dazu wurde auf der Jahresversammlung 1900 gestellt, schon 1901 der erste Vorschriften-Entwurf veröffentlicht und mit Wirkung vom 1. Januar 1903 in Kraft gesetzt.

Schon diese erste VDE-Bestimmung für Isolierte Starkstromleitungen enthielt Anforderungen an den Isolierwerkstoff, damals ausschließlich Gummi-Mischungen auf der Basis von Naturkautschuk.

Die Anforderungen an diese Gummi-Mischumgen beschränkten sich zunächst darauf, einen Mindestanteil von 33 1/3 % Naturkautschuk in der Mischung vorzuschreiben. Diese Festlegung wurde sehr bald schon von Amerika, Belgien,

*) In den nachfolgenden Ausführungen wird der Einfachheit halber nur von Kabeln gesprochen. Die Ausssagen gelten aber in gleicher Weise auch für Isolierte Leitungen.

Dänemark, Holland, Norwegen, Schweden und der Schweiz übernommen. Ebenso auch die Regeln für die Durchführung der Kautschuk-Analyse. Dies kann wohl als Anfang der internationalen Normung für Isolier- und Mantelwerkstoffe der Kabeltechnik angesehen werden.

Weitergehende Anforderungen an Isolier- und Mantelwerkstoffe wurden nur sehr langsam, schrittweise eingeführt. In der seit 1. Januar 1928 gültigen „Vorschrift für isolierte Leitungen in Starkstromanlagen" heißt es im § 3:

> „Die Gummihülle der Leitungen muß nach der Fertigung folgender Zusammensetzung entsprechen:
>
> Mindestens 33,3 % Rohkautschuk, der nicht mehr als 6 % Harz enthalten darf, höchstens 66,7 % Zusatzstoffe, einschließlich Schwefel. Von organischen Füllstoffen ist nur ein Gehalt an festem Paraffin bis zu einer Höchstmenge von 5 % gestattet. Das spezifische Gewicht der Gummihülle muß mindestens 1,5 sein.
>
> Die Gummihülle der fertigen Leitung muß eine Festigkeit von mindestens 50 $kg/cm^2$ und eine Reißdehnung von mindestens 250 % der Anfangslänge bei einer Meßlänge von 2 cm haben."

Ehe es zu diesen Festlegungen in der Vorschrift von 1928 kam, hielt man eine Spannungsprüfung an den fertigen Leitungen für ausreichend. Erst durch mindere Qualitäten auf dem Markt sah man sich gezwungen die Anforderungen an Gummi-Mischungen zu verschärfen. Diese erweiterten Bestimmungen wurden nach sehr umfangreichen Untersuchungen bei den Kabelherstellern selbst und bei verschiedenen Prüfinstituten eingeführt. Hierbei orientierte man sich an den auf dem Markt angetroffenen Qualitäten, von denen bekannt war, daß sie sich sowohl in mechanischer Hinsicht, als auch im Hinblick auf ihre Temperatur- und Witterungs-Beständigkeit bewährt hatten. Wegen der großen Schwankungsbreite hielt man sich dabei an die unteren festgestellten Werte. Man darf wohl davon ausgehen, daß gute Qualitäten wesentlich über den festgelegten unteren Werten gelegen haben.

Mit der Festlegung eines oberen Grenzwertes für den Harzgehalt wollte man minderwertige Kautschuk-Qualitäten ausschließen.

Die Begrenzung der organischen Füllstoffe erfolgte, weil mit den damals zur Verfügung stehenden Methoden eine einwandfreie Kautschuk-Analyse nicht möglich war. Hochwertige Kautschuke weisen einen Harzgehalt von ca. 1,5 % auf. Die Beimischung von anderen organischen Komponenten, außer den erlaubten 5 % Paraffin, hätte eine Kontrolle, ob wirklich hochwertiger Kautschuk verwendet wurde, unmöglich gemacht. So verzichtete man bewußt auf eine mögliche Verbesserung der eingesetzten Gummi-Mischungen hinsichtlich ihrer Elastizität, der Spannungsfestigkeit sowie des Isolationswiderstandes.

Diese beiden Beispiele zeigen schon sehr frühzeitig eine Tendenz, die sich bis in die heutigen Tage erhalten hat. Auch in den modernen Normen verfolgen manche Anforderungen und Prüfverfahren den gleichen Zweck, nämlich den Ausschluß unerwünschter Werkstoffe.

Die Prüfung der mechanischen Eigenschaften Zugfestigkeit und Reißdehnung wurden erst relativ spät, Ende der 20er Jahre, in den Anforderungskatalog aufgenommen. Der Grund für diese Verzögerungen waren fehlende Meßgeräte und Schwierigkeiten bei der Probenentnahme. Es war nämlich häufig gar nicht so einfach, die auf dem Leiter festsitzende Isolierhülle ohne mechanische Beschädigung so zu entfernen, daß an der Probe noch eine einwandfreie Bestimmung der mechanischen Eigenschaften möglich war. In hartnäckigen Fällen wurde empfohlen, die Adern in Quecksilber zu tauchen:

> „Unter Einwirkung dieses Metalles verwandelt sich das Zinn an der Oberfläche des Kupferdrahtes in schlüpfriges Zinn-Amalgam, so daß in der Regel das Abziehen des Gummischlauches nach genügend langer Einwirkung des Quecksilbers ohne Mühe vorgenommen werden kann.“

Dieser Empfehlung folgen wir heute, mit Rücksicht auf die gesundheitlichen Folgen für die in den Labors tätigen Mitarbeiter, nicht mehr.

Wie damals die Bestimmung der Zugfestigkeit und Reißdehnung, werden auch heute noch manche Anforderungen sehr wesentlich durch die zur Verfügung stehenden Prüfverfahren beeinflußt.

In der Mitte der 30er Jahre tauchen dann die erstem „Kunststoffe“ als Isolierwerkstoffe für Kabel auf. Zunächst der synthetische *Bu*tadien-*Na*trium-Kautschuk „Buna“. Später fanden das „Igelit“ und das „Mipolan (beide PVC) Eingang in die Kabeltechnik. Aus dieser Zeit sind Starkstromkabel mit Nennspannungen bis 3,5/6 kV bekannt, deren Isolierung aus gewickelten Papierbändern mit Zwischenlagen aus Mipolan-Folien und deren Mäntel aus Mipolan-Folien mit Bitumen-Zwischenlagen bestanden. Diese 1937 in Berlin verlegten Kabel haben bis in die 50er Jahre störungsfrei gearbeitet. Nach ersten Extrusionsversuchen wurde Igelit seit der 2. Hälfte der 30er Jahre auch als extrudierte Isolierhülle und Mantel Isolierter Leitungen eingesetzt.

In den VDE-Bestimmungen und internationalen Normen finden wir das PVC aber erst nach dem 2. Weltkrieg, siehe Tabelle 1.1.

Die in Tabelle 1.1 genannten nationalen und internationalen Organisationen sind in der Tabelle 1.2 näher erläutert.

Die 1945 bzw. 1950 herausgegebenen Bestimmungen VDE 0208 mit den Anforderungen an Gummi-Mischungen und VDE 0209 mit den Anforderungen an

PVC-Mischungen sind die ersten eigenständigen Normen für Isolier- und Mantelwerkstoffe der Kabelindustrie. Ähnlich wie schon zu Beginn dieses Jahrhunderts waren auch sie Maßstab für die Bestimmungen in anderen europäischen Ländern und haben die ersten europäischen Bestimmungen für Isolierte Starkstromleitungen, die CEE 2 für Gummi-Leitungen und die CEE 13 für PVC-Leitungen, aber auch die internationalen Standards IEC 227 für PVC-Leitungen und IEC 245 für Gummi-Leitungen, maßgeblich beeinflußt.

| | | |
|---|---|---|
| **national** | | |
| 1945 | VDE 0208 | Bestimmungen für Isolierhüllen und Mäntel aus Gummi |
| 1950 | VDE 0209 | Bestimmungen für Isolierhüllen und Mäntel aus PVC |
| 1972 | VDE 0207 | Isolier und Mantelwerkstoffe für Starkstrom- und Fernmeldekabel |
| **europäisch** | | |
| 1948 | CEE 2 | Gummi-Leitungen |
| 1955 | CEE 13 | PVC-Leitungen |
| 1971 | CC 20-1 | PVC-Leitungen |
| 1971 | CC 20-2 | Gummi-Leitungen |
| 1973 | CLC HD 21 | PVC-Leitungen |
| 1973 | CLC HD 22 | Gummi-Leitungen |
| 1994 | CLC HD 624 | Isolier- und Mantelwerkstoffe für Kommunikationskabel und Leitungen |
| **international** | | |
| 1967 | IEC 227 | PVC-Leitungen |
| 1967 | IEC 245 | Gummi-Leitungen |

Tabelle 1.1: Erst-Ausgaben nationaler und internationaler Bestimmungen für Isolier und Mantelwerkstoffe der Kabelindustrie

Inzwischen hat die CEE ihren Aufgabenbereich geändert. Sie ist zu einer Zertifizierungsstelle im Rahmen der IEC geworden und gibt keine eigenen Normen mehr heraus, sondern bezieht sich auf die vorliegenden IEC-Standards. Für die Kabelindustrie hat CEE keine Bedeutung mehr.

Es ist wenig bekannt, daß bereits Anfang der 20er Jahre auf Grund einer holländische Anregung auf privater Basis eine Vereinigung gegründet wurde, der Elektrizitätsgesellschaften und Hersteller elektrotechnischer Erzeugnisse aus mehreren europäischen Ländern angehörten. Diese „Installations-Fragenkommission" (IFK) gab u.a. normen-ähnliche Richtlinien für elektrotechnisches Installationsmaterial heraus, u.a. 1933 „Anforderungen an gummiisolierte Leitungen". Nach dem 2. Weltkrieg wurde die IFK durch CEE abgelöst. Die erste Normen-Organisation der Europäischen Gemeinschaft CENELCOM (CC) wurde nach der Erweiterung der Europäischen Gemeinschaft unter Einschluß der EFTA-Länder zu CENELEC (CLC) erweitert.

Man unterscheidet heute:

- nationale Normen
  z.B.: VDE-Bestimmungen in Deutschland
  Svensk Standard in Schweden
  SEV-Vorschriften in der Schweiz
  usw.
- regionale Normen
  Normen im Bereich der Europäischen Union und EFTA
  z.B.: Harmonisierungsdokumente (HD)
  Europäische Normen (EN)
- internationale Normen
  Normen mit weltweiter Geltung
  z.B.: IEC und ISO-Standards

## 1.2 Eigenschaften von Isolier- und Mantel-Mischungen und ihre Prüfung

### 1.2.1 Allgemein

In den nationalen, regionalen und internationalen Normen sind für Werkstoffe der Kabeltechnik eine Reihe typischer Eigenschaftswerte sowie Prüfverfahren zur Kontrolle dieser Werte festgelegt. Die spezifizierten Eigenschaften und ebenso die zugehörigen Prüfverfahren stehen in der Regel nicht in direktem Zusammenhang mit dem Verwendungszweck der daraus hergestellten Kabel.

| | |
|---|---|
| **CEE** | (heute nur noch Zertifizierungsstelle der IEC)<br><br>Internationale Kommission für Regeln<br>zur Begutachtung elektrotechnischer Erzeugnisse<br><br>International Commission on Rules<br>for the Approval of Electrical Equipment<br><br>Commission internationale de Réglementation<br>en vue de l'Approbation de l'Equipment Electrique |
| **CENELCOM** | (durch CENELEC abgelöst)<br><br>Europäisches Komitee zur Koordinierung elektrischer Normen<br>in den Mitgliedsländern der Europäischen Gemeinschaft<br><br>Comité Européen de Coordination des Normes Electrotechniques<br>des Pays Membres des Communautés Européennes<br><br>(kein englischer Titel, weil England noch nicht Mitglied der EG) |
| **CENELEC** | |
| | Europäisches Komitee für Elektrotechnische Normung<br><br>European Committee for Electrotechnical Standardization<br><br>Comité Européen de Normalisation Electrotechnique |
| **IEC** | |
| | Internationale Elektrotechnische Kommission<br><br>International Elektrotechnical Commission<br><br>Commission Electrotechnique International |

Tabelle 1.2: Regionale und internationale Normen-Organisationen

Die in den Normen festgelegten Merkmalswerte geben vielmehr die Eigenschaften eines ganz bestimmten Werkstoffes wieder, den dieser besitzt, wenn er dem Stand der Technik entsprechend aufbereitet und verarbeitet wird. Ungeeignete Werkstoffe sollen damit weitgehend ausgeschlossen werden.

Die Prüfungen sind nicht dazu bestimmt und im Regelfall auch gar nicht dazu geeignet, die Gebrauchstüchtigkeit eines Produktes für einen speziellen Anwendungsfall zu beurteilen. Die Prüfergebnis lassen jedoch statistisch betrachtet Rückschlüsse auf die Gleichmäßigkeit und damit auf die Qualität der beobachteten Fertigung zu.

Nur die Kombination der in den Aufbaubestimmungen für die jeweiligen Kabel festgelegten Konstruktionsmerkmale mit den vorgegebenen Werkstoffen und dem Nachweis, daß bei den festgelegten Prüfungen die gestellten Anforderungen erfüllt werden, ergeben die Gewähr, daß die Produkte bei bestimmungsgemäßem Gebrauch den in der Praxis gestellten Anforderungen genügen.

Es ist nicht nur falsch, sondern gefährlich, sich bei neu auf den Markt kommenden Werkstoffen auf die Anforderungen und Prüfbedingungen vermeintlich „ähnlicher" Werkstoffe zu stützen, in der Annahme, daß bei bestandener Prüfung die damit gefertigten Produkte in der Verwendung zuverlässig und sicher sind. Dies gilt in ganz besonderem Maße für die immer häufiger auf dem Markt anzutreffenden, sogenannten „Thermoplastischen Elastomere" (TPE) oder „Thermoplastischen Gummis" (TPR) sowie die sogenannten „Polymer-Legierungen" (siehe hierzu 2.8.3 und 2.8.7).

In den nachfolgenden Abschnitten wird nur auf die Anforderungen und Prüfungen typischer Werkstoff-Eigenschaften eingegangen, die eine Aussage über den jeweiligen Werkstoff zulassen, z.B. sein Alterungsverhalten, nicht aber auf jene Prüfungen, die für das gesamte Produkt gelten, z.B. das Biegeverhalten flexibler Leitungen. Die meisten hier angesprochenen Prüfungen werden an Werkstoffproben vorgenommen, die den fertigen Kabeln entnommen wurden. Im Einzelfall kann es jedoch auch notwendig sein, die Prüfung am vollständigen Produkt vorzunehmen, z.B., wenn es darum geht, mögliche schädigende Einflüsse benachbarter Werkstoffe im Kabel festzustellen.

Es ist ferner möglich, Prüfungen an gepreßten Platten durchzuführen, die aus dem Granulat hergestellt wurden, das für die Extrusion der Isolierhüllen und/ oder Mäntel bestimmt ist Die an diesen Proben gemessenen Werte weichen, insbesondere bei mechanischen Prüfungen, z.T. erheblich von den Ergebnissen ab, die an extrudierten Proben gefunden werden. Ursache hierfür ist die durch das Extrudieren hervorgerufene Ausrichtung der Molekülketten polymerer Werkstoffe. Diese Ausrichtung der Molekülketten bewirkt auch, daß in Längs- und Querrichtung unterschiedliche Werte gemessen werden.

Die in der Kabeltechnik eingesetzten Werkstoffe und einige ihrer typischen Merkmale sind in den Tabellen der Beilage „Isolier- und Mantelwerkstoffe" zusammengefaßt.

Die für die Prüfung von Isolier- und Mantelwerkstoffen in DINVDE 0472 vorgesehenen Prüfungen sind in der Tabelle 1.3 zusammengestellt. Sie entsprechen den regionalen und internationalen Kabelnormen.

Sofern nicht ausdrücklich darauf hingewiesen, werden in den nachfolgenden Abschnitten unter „Kabelnormen" die öffentlichen Normen der europäischen Länder verstanden, z.B. die VDE-Bestimmungen in Deutschland, die UTE-Normen in Frankreich oder die europäischen Harmonisierungsdokumente (HD) bzw. Europa-Normen (EN) in allen CENELEC-Mitgliedsländern, nicht aber spezielle Normen von Herstellern oder Anwendern und Normen von Ländern außerhalb Europas.

Amerikanische Normen unterscheiden sich nicht selten im Inhalt und der Höhe der Anforderungen von europäischen Normen.

| lfd. Nr. | Prüfverfahren | Prüfbestimmung DINVDE 0472 Teil | Abschnitt / Seite in dieser Veröffentlichung |
|---|---|---|---|
| 1 | Mechanische Eigenschaften | | |
| 1.1 | Zugfestigkeit Reißdehnung | 602 | 2.2.1 / 10 |
| 1.2 | Abrieb | 605 | 2.2.2 / 11 |
| 1.3 | Weiterreißfestigkeit | 613 | 2.2.3 / 12 |
| 1.4 | Schlag- und Druck | – | 2.2.4 / 12 |
| 1.5 | Kerbkraft | 619 | 2.2.5 / 12 |
| 1.6 | Shore-Härte | 631 | 2.2.6 / 13 |
| 2 | Thermische Eigenschaften | | 2.3 / 13 |
| 2.1 | Alterung | 603 | 2.3.1 / 13 |
| 2.2 | Verhalten in der Wärme | | 2.3.2 / 15 |
| 2.2.1 | Wärme-Dehnung | 615 | 2.3.2.1 / 15 |
| 2.2.2 | Wärme-Druck | 609 | 2.3.2.2 / 16 |
| 2.2.3 | Thermische Stabilität | 614 | 2.3.2.3 / 17 |
| 2.2.4 | Masseverlust durch Verdampfen | 612 | 2.3.2.4 / 17 |
| 2.2.5 | Wärme-Schock | 608 | 2.3.2.5 / 17 |
| 2.2.6 | Schrumpfung | 628<br>630<br>808 | 2.3.2.6 / 17 |
| 2.3 | Verhalten in der Kälte | | 2.3.3 / 17 |
| 2.3.1 | Kälte-Dehnung | 616 | 2.3.3.1 / 18 |
| 2.3.2 | Kälte-Schlag | 611 | 2.3.3 2 / 18 |
| 2.3.2 | Kälte-Wickelbeständigkeit | 610 | 2.3.3.2 / 18 |
| 3 | Verhalten gegenüber äußeren Einflüssen | | |
| 3.3.1 | Öl-Beständigkeit | 803 | 2.4.1 / 18 |
| 3.3.2 | Mikroben-Beständigkeit (Verseifungszahl) | 704 | 2.4.2 / 20 |
| 3.3.3 | Wasser-Aufnahme | 802 | 2.4.3 / 20 |
| 3.3.4 | Witterungs-Beständigkeit | - | 2.4.4 / 21 |

| | | | |
|---|---|---|---|
| 3.3.4 | Ozon-Beständigkeit | 805 | 2.4.5 / 22 |
| 3.3.5 | UV-Beständigkeit | - | 2.4.6 / 22 |
| 3.3.6 | Masse-Aufnahme | 809 | 2.4.7 / 22 |
| 3.3.7 | Spannungsriß-Beständigkeit | 810 | 2.4.8 / 22 |
| 3.3.8 | Berührung mit heißen Teilen | 817 | 2.4.9 / 23 |
| 4 | Brandverhalten | | 2.5 / 23 |
| 4.1 | Brandweiterleitung | 804 | 2.5.1 / 23 |
| 4.2 | Isolationserhalt | 814 | 2.5.2 / 24 |
| 4.3 | Korrosivität der Brandgase | 813 | 2.5.3 / 24 |
| 4.4 | Rauchgas-Dichte | 816 | 2 5 4 / 25 |
| 4.5 | Toxizität | – | 2.5.5 / 25 |
| 4.6 | Sauerstoff-Index | – | 2.5.6 / 25 |
| 4.7 | Temperatur-Index | – | 2.5.7 / 26 |
| 4.8 | Brandlast | – | 2.5.8 / 26 |
| 5 | Elektrische Eigenschaften | | 2.6 / 26 |
| 5.1 | Spannungsfestigkeit | 508<br>509 | 2.6.1/ 26 |
| 5.2 | Spezifischer Durchgangswiderstand | 502<br>518 | 2.6.2/ 28 |
| 5.3 | Oberflächenwiderstand | 503 | 2.6.3 / 28 |
| 5.4 | Dielektrizitätskonstante | 504 | 2.6.4 / 28 |
| 5.5 | Verlustfaktor | 505 | 2.6.5 / 28 |
| 6 | Zusammensetzung der Werkstoffe | | 2.7 / 29 |
| 6.1 | Rußgehalt | 702<br>705 | 2.7.1 / 29 |
| 6.2 | Verseifungszahl | 704 | 2.7.2 / 29 |
| 6.3 | Schmelz-Index | – | 2.7.3 / 30 |
| 6.4 | Kristallit-Schmelzpunkt | 621 | 2.7.4 / 30 |
| 6.5 | Infrarot-Spektrum | – | 2.7.5 / 30 |
| 6.6 | Halogenfreiheit | – | 2.7.6 / 31 |
| 6.7 | Dichte | 601 | 2.7.7 / 31 |

Tabelle 1.3: Prüfbestimmungen für polymere Isolier- und Mantelwerkstoffe nach DINVDE 0472

### 1.2.2 Mechanische Eigenschaften

#### *1.2.2.1 Zugfestigkeit und Reißdehnung*

Wird über die mechanischen Eigenschaften von Isolier- und Mantelmischungen gesprochen, so steht an erster Stelle die Zugfestigkeit und die Reißdehnung der betrachteten Mischung. Beide haben aber mit der praktischen Verwendung des Kabels nichts zu tun, wie die in der Tabelle 4 gezeigten Beispiele für verschiedene Werkstoffe bei gleicher Verwendung (Isolierung bzw. Mantel) deutlich zeigen. Die in den Normen für Zugfestigkeit und Reißdehnung geforderten Werte charakterisieren vielmehr nur einen bestimmten Werkstoff ohne Berücksichtigung seiner Verwendung.

| Verwendung | Zugfestigkeit N / mm² | Reißdehnung % |
|---|---|---|
| Gummi-Isolierung | 5 | 200 |
| PVC-Isolierung | 10 | 150 |
| Halogenfreie Isolierung | 5 | 125 |
| Gummi-Mantel | 7 | 300 |
| PVC-Mantel | 10 | 150 |
| Halogenfreier Mantel | 6 | 125 |
| Polyurethan-Mantel | 25 | 300 |

Tabelle 1.4: Zugfestigkeit und Reißdehnung von Isolier- und Mantelmischungen

Die Reißdehnung der als Isolier und Mantelmischung eingesetzten Werkstoffe ist weitaus höher als die in der Praxis beim Biegen des Kabels auftretenden Dehnungen. Biegt man ein Kabel um einen Kern, der den gleichen Durchmesser besitzt wie das zu biegende Kabel, so tritt an der äußeren, am stärksten von der Biegung beanspruchten Phase des Kabels eine Dehnung von 50 % auf. Für thermoplastische Werkstoffe, wie etwa PVC, wird eine Reißdehnung von mindestens 125 % gefordert und für Elastomere, also Gummi-Mischungen, beträgt die geforderte Reißdehnung mindestens 250 %. Die tatsächlich von Gummi-Mischungen erreichten Werte liegen heute weit darüber und Reißdehnungen von 500 % bis 600 %, in Einzelfällen noch darüber, sind nicht selten.

Weder die aus polymeren Werkstoffen hergestellten Isolierhüllen, noch die Mäntel tragen etwas zur Zugfestigkeit der Kabel bei. Ihr Zug-/Dehnungsverhalten ist von dem der metallenen Elemente des Kabels grundverschieden, wie aus dem Bild 1.1 unschwer zu erkennen ist. Isolierhüllen und Mäntel bestehen aus Werkstoffen, die erst dann wesentliche mechanische Kräfte aufnehmen, wenn die metallenen Leiter mit weitaus geringerer Reißdehnung bereits zerrissen sind.

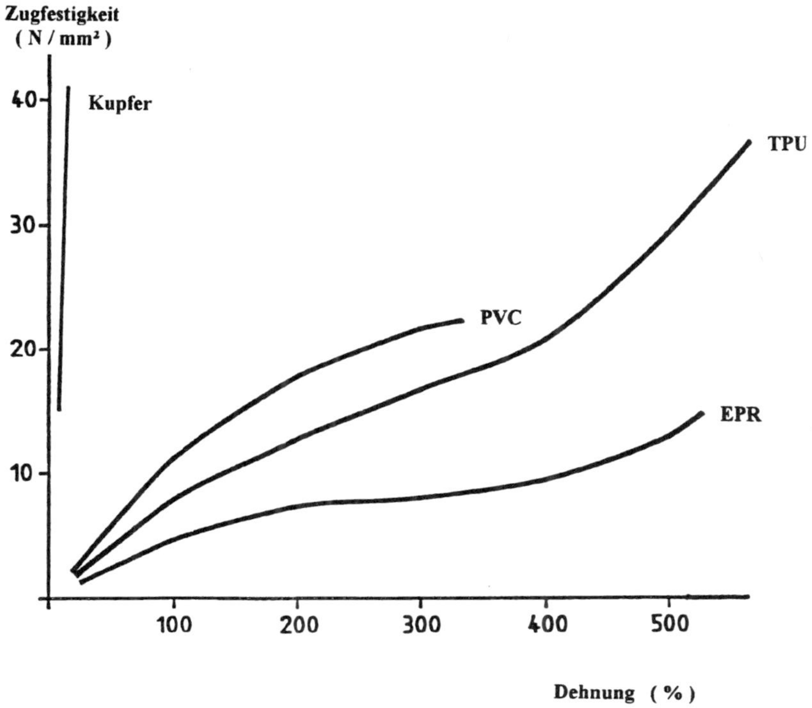


Bild 1.1: Zug-/Dehnungsverhalten von metallenen und polymeren Werkstoffen

### *1.2.2.2 Abrieb*

Insbesondere Mäntel, aber auch nicht-ummantelte Aderleitungen, scheuern und schrammen beim Ziehen über rauhen Untergrund oder scharfe Kanten. Aderleitungen insbesondere beim Einziehen in Installationsrohre oder Kabelkanäle. Flexible Leitungen, z.B. in Werkstätten oder im Bergbau, unterliegen dieser Beanspruchung in besonderem Maße. Dabei reibt sich die Oberfläche des Kabels je nach Beanspruchung und Werkstoff mehr oder weniger stark ab.

Manche Leitungen, z.B. an oder in Maschinen und Geräten, sind Vibrationen ausgesetzt. Sie scheuern dann ständig auf der Unterlage und die Isolierung bzw. der Mantel reiben oder schaben sich ebenfalls ab.

Wie groß die Unterschiede hinsichtlich des Abriebes zwischen den verschiedenen Werkstoffen sein können, zeigen die in der Tabelle 1.5 aufgeführten Beispiele.

Es sind eine ganze Reihe von Abrieb-Prüfungen bekannt. Sie werden in den regionalen Normen bisher nicht erwähnt, sondern sind nur vereinzelt, in wenigen nationalen Normen, z.B. in den VDE-Bestimmungen für Bergbau-Leitungen, oder in Kunden-Spezifikationen, z.B. für Flugzeug-Leitungen.

| Verwendung | Weiterreiß-widerstand N/mm | Abrieb $mm^3$ | Kerb-festigkeit N/mm |
|---|---|---|---|
| Gummi-Mantel | $\geq 10$ | $\leq 300$ | $\geq 30$ |
| PVC-Mantel | $\geq 10$ | $\leq 200$ | $\geq 35$ |
| Polyurethan-Mantel | $\geq 50$ | $\leq 35$ | $\geq 80$ |

Tabelle 1.5: Mechanische Eigenschaften von Mantelmischungen flexibler Leitungen

### *1.2.2.3 Weiterreißfestigkeit*

Die eben geschilderte Beanspruchung, insbesondere das Schleifen über scharfe Kanten oder herabfallende scharfkantige Werkstücke, können Schnittverletzungen der Oberfläche von Kabeln verursachen. Dies gilt insbesondere für Mäntel, weil diese am ehesten solchen Beanspruchungen ausgesetzt sind. Werden dann solche Einschnitte noch zusätzlichen mechanischen Beanspruchung unterworfen, z.B. beim Biegen, so können sich diese Schnitte unter der Kerbwirkung weiter vertiefen und/oder sich weiter ausbreiten.

Bei 2-lagigen Mänteln reißt häufig der innere Mantel mit, wenn der äußere Mantel durchgerissen ist, auch wenn der innere Mantel selbst unmittelbar gar nicht verletzt wurde. Es ist dies eine Folge der Kerbwirkung, die wirksam wird, wenn beide Mäntel fest miteinander verklebt sind.

Auch hinsichtlich der Weiterreißfestigkeit zeigen die Beispiele der Tabelle 1.5 große Unterschiede im Verhalten der verschiedenen Werkstoffe.

Die Prüfung der Weiterreißfestigkeit wird in der regionalen Normung bisher nur für das hier erst 1994 eingeführte Polyurethan gefordert. Im übrigen ist sie, wie auch die Abrieb-Prüfung, nur vereinzelt in nationalen Normen oder Kunden-Spezifikationen anzutreffen, z.B. in den VDE-Bestimmungen für Bergbau-Leitungen.

### *1.2.2.4 Schlag- und Druckfestigkeit*

Das Verhalten bei Schlag und Druckbeanspruchungen hängt von mehreren Faktoren ab.

Es sind dies vor allem:

- die Kabelkonstruktion (weicher, elastischer oder harter, kompakter Aufbau),
- die Unterlage auf der das Kabel aufliegt (weich oder hart),
- die Temperatur (insbesondere bei thermoplastischen Werkstoffen).

Weitere Einzelheiten hierzu siehe 2.3.2.2 und 2.3.3.2.

#### *1.2.2.5 Kerbkraft*

Die Kerbkraft ist die Druckkraft, die aufgewendet werden muß, um mit einer definierten Schneide die Isolierhülle einer Ader oder einen Mantel vollständig zu durchdringen. Sie ist in hohem Maße von dem verwendeten Werkstoff abhängig (siehe Tabelle 5), aber auch der Leiteraufbau (bei Isolierhüllen) und die Temperatur (insbesondere bei Thermoplasten) haben einen Einfluß.

Die Kerbkraft ist für die Isolierstoffe von besonderer Bedeutung, die zur Verwendung bei Leitungen vorgesehen sind, die mit der „Schneid-Klemm-Technik" (IDC = insulation displacement connection) angeschlossen werden sollen (geringe Kerbkraft erwünscht) oder die im Betrieb, auf scharfkantiger Unterlage liegend, hohen Druckbeanspruchungen ausgesetzt sein können (hohe Kerbkraft wünschenswert).
Anforderungen und Prüfverfahren für die Kerbfestigkeit sind bisher nur in den Normen für Spezialkabel beschrieben.

#### *1.2.2.6 Shore-Härte*

Die Shore-Härte wurde früher vorallem bei Gummi-Mischungen, und zwar am Plattenmaterial vor der Verarbeitung, aber auch an fertigen Leitungen, bestimmt. Sie ist sehr wenig aussagefähig, weil:

- die ermittelten Werte eine große Streubreite aufweisen,
- die an Platten und an fertigen Kabeln gemessenen Werte nicht miteinander vergleichbar sind,
- die ermittelten Werte in sehr starkem Maße von der Dicke der zu messenden Schicht und dem Unterbau abhängig sind.

Trotzdem werden sowohl von den Werkstofflieferanten als auch von Kabelherstellern noch immer Werte für die Shore-Härte der verschiedenen Werkstoffe angegeben.

### 1.2.3 Thermische Eigenschaften

#### *1.2.3.1 Alterung*

Auch nachdem die Isolier- und Mantelmischungen auf das Kabel aufgebracht sind, laufen in ihnen weiterhin chemische Reaktionen ab. Arrhenius beschrieb schon 1887 die Abhängigkeit der Reaktionsgeschwindigkeit chemischer Prozesse von der Zeit und Temperatur. Büsing erkannte 1942, daß die gleiche Gesetzmäßigkeit auch für die Bestimmung der Eigenschaftsänderung in Abhängigkeit von der Temperatur und der Zeitdauer der Temperatureinwirkung gilt. Er bestimmte damit auch die Lebensdauer polymerer Werkstoffe. Nach Potthoff gilt diese Abhängigkeit bei Thermoplasten aber nur innerhalb des Bereiches zwischen der Einfriertemperatur und dem Fließbereich dieser Werkstoffe.

Das Arrhenius-Gesetz ist genauer als die oft zitierte van-t'Hoffsche Regel, wonach im Temperaturbereich von ± 3o K eine Erhöhung der Temperatur von 8 K bis 10 K die Alterungsgeschwindigkeit verdoppelt bzw. die Lebensdauer halbiert.

Die Definition des Grenzwertes im Arrhenius-Gesetz und seine Bedeutung für die Lebensdauer eines Kabels wird immer wieder diskutiert.. In jedem Falle ist sie aber vom Verwendungszweck des Kabels abhängig. So könnte beispielsweise die Anzahl der Durchschläge pro 100 km Kabel und Jahr für Hochspannungskabel in Abhängigkeit von Zeit und Temperatur ein Bewertungsmaßstab sein. Die gleiche Größe wäre aber für ein Kommunikationskabel völlig sinnlos.. Selbst dort, wo hohe Spannungsbeanspruchungen auftreten, kann dieser Maßstab seine Bedeutung verlieren, wenn andere Einflüsse stärker sind, z.B. bei der Beurteilung einer Mittelspannungstrosse im Bergbau unter Tage, die im Regelfall lange Zeit vor dem zu erwartenden elektrischen Ausfall durch äußere mechanische Einwirkungen zerstört wird.

Bei der Beurteilung der Lebensdauer von Elastomeren hat sich im allgemeinen durchgesetzt, die Restdehnung von 50 % als Grenzwert anzunehmen. Dabei geht man davon aus, daß ein (flexibles) Kabel nicht mehr betriebstauglich ist, wenn es nicht mehr um einen Kern gebogen werden kann, der gleich dem Durchmesser des zu biegenden Kabels ist.

Grundsätzlich kann man diese Definition des Grenzwertes auch für die Beurteilung von Thermoplasten zu Grunde legen. Bei PVC-Mischungen kann es aber durchaus interessant sein, die thermische Stabilität als Maßstab zu verwenden, d.h. den Zeitpunkt zu bestimmen, an dem der thermische Stabilisator restlos aufgebraucht ist und die Mischung sich zu zersetzen beginnt. Dabei zeigt sich, daß die thermische Stabilität viel früher zu einer Aussage über das Alterungsverhalten führt, als die Beobachtung mechanischer oder elektrischer Eigenschaftswerte.

Daneben gibt es auch andere Prüfverfahren, bei denen z.B. Kabelproben nach der Wärmebehandlung auf einen Dorn gewickelt und anschließend einer Spannungsprüfung unterzogen werden .

Die bei der Alterungsprüfung mit unterschiedlichen Temperaturen gefundenen Ergebnisse lassen sich als sogenannte Lebensdauerkurven darstellen, siehe Bild 1.2.

Ein wesentlicher Maßstab zur Beurteilung der Lebensdauer von Isolier- und Mantelwerkstoffen ist die sogenannte 3-Jahres-Grenztemperatur. Es ist die Temperatur, die während der Dauer von 3 Jahren auf den Werkstoff einwirken kann, ohne daß die als kritisch betrachtete Eigenschaft den definierten Grenzwert über- bzw. unterschreitet. Heute wird allerdings nicht mehr der Zeitraum von 25.000 h (ca. 3 Jahre), sondern nur noch von 20.000 h betrachtet. Die tatsächliche Lebensdauer der Erzeugnisse liegt aber in der Regel um ein Vielfaches höher, weil die so ermittelte zulässige Dauertemperatur entweder gar nicht oder nur vereinzelt, während kurzer Zeitabschnitte erreicht wird.

In allen Fällen, in denen die Kabel jedoch ständig unter voller Last mit der höchsten zulässigen Leitertemperatur betrieben werden, die Wärmeableitung schlecht ist oder die Kabel ggf. zusätzlich durch äußere Wärmequellen erwärmt werden, muß, je nach Verwendungsart, damit gerechnet werden, daß die Lebensdauer der Kabel tatsächlich auf ca. 20.000 h begrenzt ist. Dies gilt insbesondere für Kabel, die häufig bewegt werden.

Bei der Beurteilung der Lebensdauerkurven ist nach Leuchs zu beachten, daß in der Regel steiler ansteigende Kurven den „gesunden“ Werkstoff charakterisieren, während anfälligere Werkstoffe einen flacheren Kurvenverlauf aufweisen.

Die Lebensdauerkurven werden im allgemeinen an Werkstoffproben vorgenommen. Im Kabel können aber benachbarte Werkstoffe das Reaktionsverhalten der zu untersuchenden Werkstoffe beeinflussen. Bekannt sind der Einfluß von Kupferleitern auf die umgebende Gummi-Isolierung oder die Weichmacherwanderung in PVC-Kabeln. Durch diese gegenseitige Beeinflussung kann sich die Lebensdauer verkürzen.

Weder die nationalen noch die regionalen oder die internationalen Bestimmungen für Isolier- und Mantelwerkstoffe von Kabeln schreiben bisher die Ermittlung der Arrhenius-Lebensdauerkurven vor. Statt dessen werden die Zugfestigkeit und die Reißdehnung der zu beurteilenden Werkstoffe im Anlieferungszustand bei Raumtemperatur und nach einer Kurzalterung ermittelt. Die Alterung erfolgt abhängig von den zu prüfenden Werkstoffen bei unterschiedlichen Temperaturen und über unterschiedlich lange Zeiträume. Es sind dies in der Regel 10 °C über der höchsten zulässigen Betriebstemperatur, zwischen 7 und 14

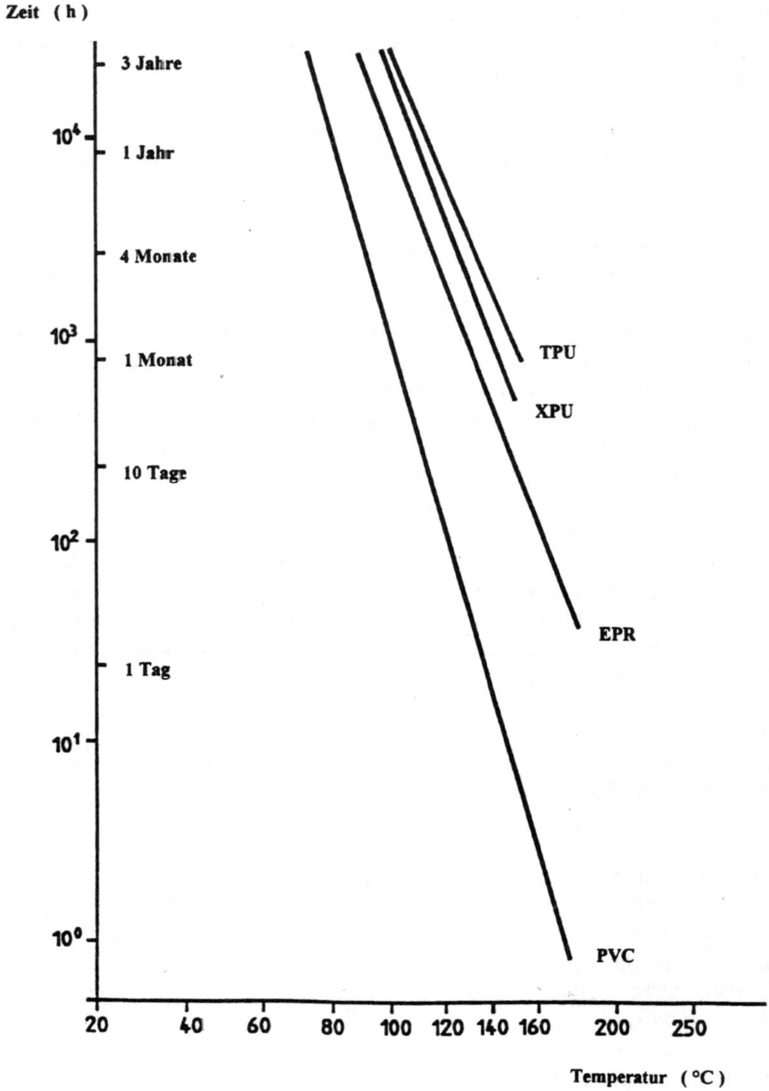


Bild 1.2: Lebensdauerkurven nach Arrhenius Kriterium: 50 % Restdehnung

Tagen. Bei dieser Alterung dürfen sich die Zugfestigkeit und Reißdehnung nur in bestimmten Grenzen (häufig ≤ 40 %) ändern. Die Alterungstemperaturen, Prüfzeiten und die zulässigen Veränderungen wurden dabei so gewählt, daß sie für die zu prüfenden Werkstoffe typische Ergebnisse erwarten lassen und unerwünschte Werkstoffe auf diese Weise ausgeschlossen werden.

Die übliche Kurzzeitalterung läßt eine eindeutige Beurteilung des Alterungsverhaltens nicht zu. Auch wenn die Veränderungen der beobachteten Eigenschaft, z.B. der Reißdehnung, noch innerhalb der vorgegebenen Grenzwerte liegen, so ist bei einer 2-Punktmessung nicht erkennbar, ob sich die Veränderungen gegen Ende der Prüfzeit verlangsamt oder beschleunigt haben, siehe Bild 1.3. Nur wenn sich der Alterungsprozeß allmählich verlangsamt, ist die Gewähr für eine ausreichende Lebensdauer gegeben. Das Wissen um den tatsächlichen Verlauf der Alterung gewinnt zunehmend an Bedeutung., weil neue, von der chemischen Industrie angebotene Werkstoff-Kombinationen in ihrem Verhalten nicht immer mit den bekannten Werkstoffen vergleichbar sind. Zumindest in diesen Fällen ist die Beurteilung von Werkstoffen an Hand der Kurzalterung mit den Kriterien vermeintlich „ähnlicher" Werkstoffe nicht ausreichend, ggf. sogar gefährlich. Die heute übliche Kurzzeitalterung muß deshalb durch ein Prüfverfahren ersetzt werden, das eine Aussage über den Alterungsverlauf gestattet.

### *1.2.3.2 Verhalten in der Wärme*

#### *1.2.3.2.1 Wärme-Dehnung*

Während die Zugfestigkeit und Reißdehnung vernetzter, elastomerer Werkstoffe von Temperaturen unterhalb der Zersetzungstemperatur nur unwesentlich beeinflußt werden, erweichen thermoplastische Werkstoffe mit steigender Temperatur. Dies führt dazu, daß Thermoplaste mit steigender Temperatur ihre Festigkeit verlieren. Soweit man in den für die höchste zulässige Betriebstemperatur festgelegten Grenzen bleibt, ist dies ohne größere Bedeutung, weil, wie schon in 1.2.2.1 gesagt. Isolierhüllen und Mäntel ohnehin nicht zur Zugfestigkeit der Kabel beitragen.

Das Zug-/Dehnungsverhalten bei hohen Temperaturen bietet allerdings eine einfache Möglichkeit, thermoplastische Werkstoffe von vernetzten Elastomeren zu unterscheiden. Während Werkstoffproben aus thermoplastischen Werkstoffen eine hohe, irreversible Dehnung aufweisen oder gar abreißen, wenn sie bei erhöhten Temperaturen Zugbelastungen ausgesetzt sind, ist die Dehnung vernetzter Elastomere unter gleichen Bedingungen wesentlich geringer und die Dehnung bildet sich nach Entlastung der Probe weitgehend zurück. Mit Hilfe dieser Wärme-Dehnungsprüfung (auch „hot set test" genannt), ist eine Unterscheidung der klassischen Thermoplaste, wie PVC, PE usw. von den Gummi-Werkstoffen möglich.

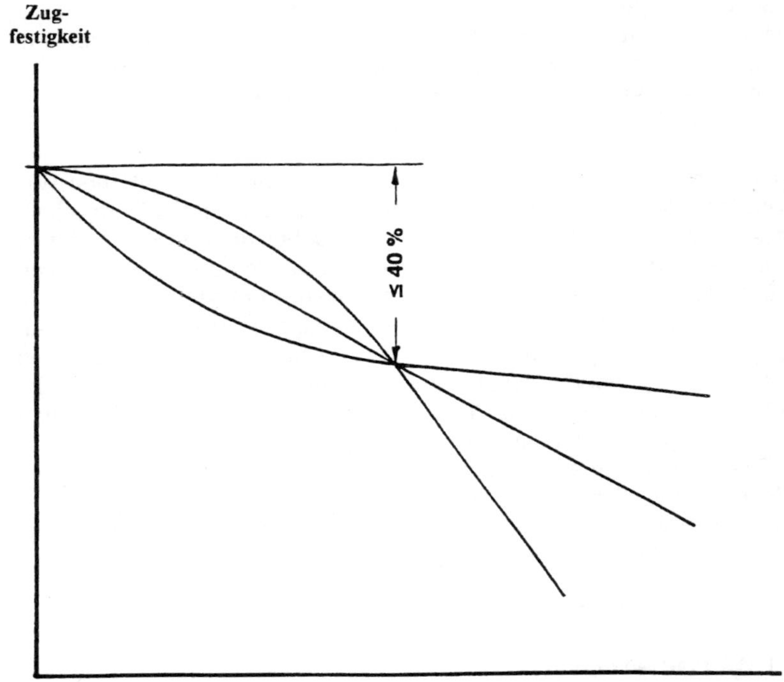


Bild 1.3: Alterungsverlauf

Mit der Einführung verbesserter Typen der sogenannten „Thermoplastischen Elastomere“ (TPE, TPR) wird dies allerdings zunehmend schwieriger, weil einige dieser neuen Werkstoffe die Wärme-Dehnung bei 200 °C bereits bestehen. Diese Werkstoffe sind zwar z.Zt. noch so steif, daß sie kaum als Gummi-Ersatz verwendet werden können, auch sind sie im Vergleich zu Gummi noch immer sehr teuer, doch die Entwicklung geht weiter und mit Verbesserungen muß gerechnet werden.

Die Prüfung der Wärme-Dehnung wird heute für alle in den Normen erfaßten, vernetzten Werkstoffe verlangt.

### 1.2.3.2.2 *Wärme-Druck*

Wichtiger als das Verhalten bei Zugbeanspruchung ist das Verhaltender bei der gleichzeitiger Einwirkung von Druckkräften und Wärme. Dies gilt in besonderem Maße für thermoplastische Werkstoffe im Bereich der höchsten zulässigen Temperaturen, die während des Betriebes der Kabel auftreten können. Mit steigender Temperatur erweichen die Thermoplaste und werden damit empfindlicher gegenüber Druckbeanspruchungen. Vernetzte Elastomere sind dagegen auch bei erhöhten Temperaturen sehr stabil. Bei sehr lange andauernder hoher Druckbelastung kann es aber auch bei Elastomeren zu bleibenden Verformungen kommen (kalter Fluß), die jedoch weitaus geringer sind als bei thermoplastischen Werkstoffen bei gleicher Belastung.

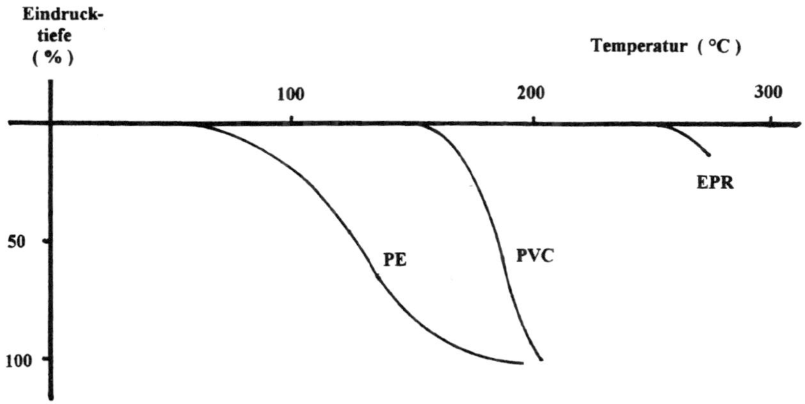


Bild 1.4: Wärme-Druckverhalten verschiedener Polymer-Werkstoffe

Das Bild 1.4 zeigt das Verhalten verschiedener Kabel-Isolierstoffe bei Druckbeanspruchung in Abhängigkeit von der Temperatur. Deutlich ist hier die geringe Wärme-Druckbeständigkeit der thermoplastischen Werkstoffe auf der Basis von PVC und PE gegenüber dem vernetzten EPR-Gummi zu erkennen. Während das PE bis in die Nähe des Kristallit-Schmelzpunktes nur eine geringe Verformung unter Druckeinwirkung zeigt, steigt die Verformung oberhalb dieser Temperatur plötzlich stark an. Dieser Übergang vollzieht sich beim PVC, infolge seiner amorphen Struktur, nahezu kontinuierlich über den gesamten Temperaturbereich bis hin zum Schmelzpunkt. Dabei kann es bei lang andauernder Druckbelastung schon bei Raumtemperatur zur Verformung des PVC, dem „kalten Fluß“ kommen.

Auch das VPE zeigt in der Nähe des Kristallit-Schmelzpunkte eine sprunghafte Veränderung. Im Gegensatz zum thermoplastischen PE tritt jedoch infolge der Vernetzung der Molekülketten beim VPE eine plastische Verformung nicht ein.

Gummi verhält sich in diesem Vergleich hinsichtlich des Wärme-Druckverhaltens am stabilsten.

Die Prüfung der Wärme-Druckbeständigkeit erfolgt in der Regel nur bei thermoplastischen Werkstoffen.

*1.2.3.2.3 Thermische Stabilität*

Den Werkstoffen werden verschiedene Stabilisatoren zugesetzt. Die wichtigste Gruppe sind die thermischen Stabilisatoren, die Mischungen vor einem vorzeitigen Abbau (Alterung) und Zersetzung schützen sollen, wenn sie während der Fertigung oder auch später, im Betrieb, hohen Temperaturen ausgesetzt sind. In ganz besonderem Maße sind PVC-Leitungen gegenüber hohen Temperaturen empfindlich und damit schutzbedürftig. Die Prüfung der thermischen Stabilität gibt Auskunft darüber, ob die in den Mischungen nach dem Fertigungsprozeß noch vorhandene Stabilisatormenge für die zu erwartende thermische Beanspruchung während der gesamten geplanten Lebensdauer des Kabels ausreichend ist.

Die Prüfung wird nur an PVC-Mischungen durchgeführt. In der regionalen Normung hat sie aber bisher nur für die Beurteilung sogenannter „wärmebeständiger" PVC-Mischungen Eingang gefunden. Nach den deutschen VDE-Bestimmungen sind für alle PVC-Mischungen Mindestwerte für die thermische Stabilität zu erfüllen.

*1.2.3.2.4 Masseverlust durch Verdampfen*

Mischungen, die für Isolierhüllen und Mäntel verwendet werden, enthalten u.a. auch mehr oder weniger flüchtige Bestandteile. Dies gilt in besonderem Maße für die Weichmacher, die in den PVC-Mischungen enthalten sind. Das Entweichen dieser Weichmacher wird durch erhöhte Temperaturen beschleunigt. Geht durch dieses „Verdampfen" Weichmacher verloren, so ändern sich die Mischungseigenschaften. Die Mischungen werden steifer. Dies ist vor allem für flexible Leitungen von Nachteil. Die Mischungen dürfen deshalb nur eine sehr begrenzte Menge an Weichmacher verlieren.

Bei festverlegten Kabeln spielt der Weichmacher-Verlust eine weniger bedeutende Rolle. Er kann, wenn die Kabel einmal verlegt sind und ihre Lage nicht mehr ändern, in gewisser Hinsicht sogar von Vorteil sein, weil sich mit geringer werdendem Weicheranteil die elektrischen Eigenschaften von PVC-Mischungen verbessern, z.B. steigt der elektrische Duchgangswiderstand und die Durchschlagsfestigkeit an.

### *1.2.3.2.5 Wärme-Schock*

Innere Spannungen in extrudierten Hüllen und Mänteln aus thermoplastischen Werkstoffen können später zu Rißbildungen führen. Auch wenn es im Wärme-Schockverhalten verschiedener Thermoplaste Unterschiede gibt, ist es keine Werkstoff-spezische Eigenschaft. Die entstehenden Risse sind eine Folge mechanischer Spannungen im molekularen Gefüge, die durch unsachgemäße, meist zu kalte Verarbeitung und/oder zu großer Reckung entstehen. Bei der Wärme-Schockprüfung treten dann diese „eingefrorenen“ Spannungen zu Tage.

### *1.2.3.2.6 Schrumpfung*

Taucht man eine thermoplastisch isolierte Ader in ein Zinnbad ein, so kann die Isolierhülle unter der Hitzeeinwirkung erheblich zurückschrumpfen und den Leiter frei legen. Es ist aber auch das Schrumpfen von Mänteln bei starker Sonneneinstrahlung und selbst bei Raumtemperatur nach längerer Betriebszeit bekannt. Dies kann besonders kritisch sein, wenn dabei Mäntel aus Geräte-Einführungen oder Muffen herausrutschen.

Wie das Wärme-Schockverhalten ist auch das Schrumpfen kein Werkstoff-typischer Effekt, sondern die Auswirkung zu kalten Spritzens und/oder zu starker Reckung beim Extrudieren mit dem damit verbundenen Einfrieren innerer Spannungen.

### *1.2.3.3 Verhalten in der Kälte*

In der Kälte werden sowohl Elastomere wie auch Thermoplaste steifer. Dies wirkt sich auf die Biegefähigkeit aus. Bei Temperaturen unter 0 °C können Werkstoffe beim Biegen schließlich sogar brechen. Bei welchen Temperaturen dies geschieht, ist sehr stark abhängig von der Art des Basis-Werkstoffes und der eingesetzten Mischungsrezeptur. Im allgemeinen werden Thermoplaste früher steif als Elastomere. Es sind aber auch sehr kältebeständige thermoplastische Mischungen bekannt. Um so wichtiger sind sorgfältige Prüfungen, um das Kälteverhalten der einzelnen Werkstoff-Mischungen zu bestimmen.

### *1.2.3.3.1 Kälte-Dehnung*

Eine gute Möglichkeit, das Verhalten der Werkstoffe bei tiefen Temperaturen zu beurteilen, ist die Kälte-Dehnung. Hierzu werden auf die Prüftemperatur heruntergekühlte Proben zerrissen. Unterschreitet dabei die Reißdehnung den Wert von 50 %, so ist mit einem Bruch der Isolierung oder des Mantels zu rechnen, wenn die Ader oder der Mantel um einen Dorn gewickelt wird, der den gleichen Durchmesser besitzt wie die zu prüfende Ader oder die ummantelte Leitung.

Es gibt daneben andere Prüfverfahren, bei denen die sogenannte „Brittle-Temperatur“ an Prüfstäben ermittelt wird. Dieses Prüfverfahren ist in den europäischen Normen nicht enthalten.

Mit beiden Prüfverfahren wird nur das Verhalten des zu prüfenden Werkstoffes beurteilt, nicht aber das Verhalten der damit hergestellten Kabel.

*1.2.3.3.2 Kälte-Schlag- und Kälte-Wickelbeständigkeit*

Sowohl die Bestimmung der Kälte-Dehnung als auch der Brittle-Temperatur können nur Anhaltswerte für das Verhalten der aus den geprüften Werkstoffen hergestellten Kabel liefern, weil das Kälte-Schlag- und das Kälte-Wickelverhalten der fertigen Kabel in starkem Maße auch vom Aufbau des zu prüfenden Kabels und bei der Kälte-Schlag-Prüfung zusätzlich von der Unterlage, auf der das zu prüfende Kabel liegt, abhängt. Weiche Kabelaufbauten, die sich leicht verformen lassen, fallen bei Kälte-Schlag-Prüfungen deutlich früher aus, d.h. bei höheren Temperaturen, als Kabel mit festem Aufbau, die unter den gleichen Bedingungen geprüft werden.

Das Kälte-Wickelverhalten wird darüber hinaus sehr maßgeblich durch den Wickelradius und die Wickelgeschwindigkeit beeinflußt. Je kleiner der Wickelradius und je höher die Wickelgeschwindigkeit ist, um so eher brechen die Kabel.

Die Prüfung des Kälte-Schlag- und des Kälte-Wickelverhaltens wird deshalb stets an fertigen Kabeln und nicht an Werkstoffproben durchgeführt. Die vorgesehenen Prüftemperaturen liegen im allgemeinen 10 °C bis 15 °C unter den niedrigsten zugelassenen Temperaturen bei denen die Kabel noch bewegt (verlegt) werden dürfen.

Auch wenn die entsprechenden Prüfungen in der Kälte bestanden werden, ist in jedem Falle größte Sorgfalt erforderlich, wenn Kabel bei tiefen Temperaturen bewegt werden. Es ist zu empfehlen in diesen Fällen die Kabel, wenn irgend möglich, vor der Verlegung aufzuwärmen.

Kabel, die nach der Verlegung nicht mehr bewegt werden und die auch sonst keinen mechanischen Beanspruchungen mehr ausgesetzt sind, z.B. durch Schlag oder Erschütterungen, können auch bei Umgebungstemperaturen betrieben werden, die unterhalb der festgelegten Prüftemperaturen liegen, z.B. werden PVC-Mantelleitungen bei -15 °C geprüft, sie sind aber noch bei - 40 °C betriebsfähig.

### 1.2.4 Verhalten gegenüber äußeren Einflüssen

*1.2.4.1 Öl-Beständigkeit*

Die Prüfung der Öl-Beständigkeit geht auf die Einführung des Polychloropren-Kautschuks zurück. Im Gegensatz zum Natur-Kautschuk ist der Polychloropren-Kautschuk außerordentlich Witterungs- und UV-beständig. Der Polychloropren-Kautschuk wurde deshalb sehr schnell bevorzugt für Gummi-Schlauchleitungen eingesetzt, die vorwiegend für die Verwendung im Freien bestimmt sind. Schwierigkeiten bereitete jedoch das Erkennen des jeweiligen Kautschuktyps in der fertigen Leitung. Bewitterungsversuche waren und sind noch immer sehr aufwendig und langwierig (siehe 1.2. 4.4). Man suchte deshalb nach schnelleren und einfacheren Unterscheidungsmöglichkeiten.

Neben der ausgezeichneten Witterungs-Beständigkeit zeichnet sich der Polychloropren-Kautschuk gegenüber dem Natur-Kautschuk auch durch eine gewisse Beständigkeit gegenüber Mineralölen aus, während der Natur-Kautschuk schon nach kurzer zu quellen und sich aufzulösen beginnt, wenn er mit Mineralöl in Berührung kommt. Deshalb führte man eine „Ölprüfung“ ein, bei der Muster der zu prüfenden Gummi-Mischungen bei erhöhter Temperatur in Mineralöl gelagert werden und die Quellung beobachtet wird. Mit dieser „Ölprüfung“ unterschied man witterungsbeständige von nicht-witterungsbeständigen Gummi-Mischungen.

Es war ursprünglich nicht die Absicht mit dieser Prüfung auch die Öl-Beständigkeit der Werkstoffe zu bestimmen und das ist mit dieser Prüfung auch gar nicht möglich. Auch die üblichen, auf der Basis von Polychloropren-Kautschuk aufgebauten Mischungen sind auf die Dauer nicht für den ständigen Kontakt mir Mineralölen geeignet. Es kommt hinzu, daß der für die Prüfung vorgesehene Typ des Mineralöls eben nur einen Öltyp darstellt, heute aber daneben eine Vielzahl synthetischer Öle in Gebrauch sind, die z.T. weitaus aggressiver sind als das für diese Prüfung vorgeschriebene Mineralöl. In der Tabelle 6 sind die Ergebnisse einer Prüfreihe mit unterschiedlichen Ölen, Treibstoffen und chemischen Reinigungsmitteln aufgelistet. Diese Prüfung wurde nach der Militär-Norm MTV 6145-005, Anhang A an Proben aus vernetztem Polyurethan durchgeführt, das für seine gute chemische Beständigkeit bekannt ist. Man erkennt unschwer die großen Unterschiede bei der Veränderungen der mechanischer Eigenschaften unter dem Einfluß der verschiedenen Öle und Flüssigkeiten. Prüft man Gummi-Mischungen auf die gleiche Weise, so liegen die Werte wesentlich weiter auseinander.

Die klassische Ölprüfung mit Mineralölen wird inzwischen mit einigen Variationen nicht nur für elastomere sondern auch für thermoplastische Werkstoffe angewendet. Wie die Werte der Tabelle 1.6 aber zeigen, ist es außerordentlich gefährlich, aus dem Bestehen der einfachen „Ölprüfung“ nach DINVDE 0472 zu folgern, daß die so geprüften Werkstoffe dauernd öl-fest sind. Bestenfalls kann man daraus schließen, daß diese Werkstoffe nicht wesentlich beeinflußt werden, wenn sie gelegentlich, für kurze Zeit mit Mineralöl in Berührung kommen, wie dies z.B. in Werkstätten vorkommen kann. Vorsicht ist immer gegenüber synthetischen Ölen geboten. Dies gilt ganz besonders für Hydraulik-Flüssigkeiten.

Im übrigen ist der Wert der Öl-Prüfung zur Unterscheidung witterungsbeständiger und nicht-witterungsbeständiger Gummi-Mischungen sehr zweifelhaft geworden, nachdem neue synthetische Werkstoffe auf dem Markt erschienen sind, z.B. Ethylen-Propylen-Rubber (EPR), die noch witterungsbeständiger als Polypropylen-Kautschuk sind, die aber die vorgeschriebene „Öl-Prüfung" bestehen.

| Lfd. Nr. | Prüfmedien | Prüftemperatur °C | Zugfestigkeit N/cm² | Zugfestigkeit Änderung % | Reißdehnung % | Reißdehnung Änderung % |
|---|---|---|---|---|---|---|
| | Ausgangswert | 20 | 42,9 | | 390 | |
| 1 | Toluol-Isooktan-Gemisch | 40 | 35,2 | - 18 | 340 | - 13 |
| 2 | Düsenkraftstoff | 70 | 34,8 | - 19 | 340 | - 13 |
| 3 | Otto-Kraftstoff | 70 | 33,0 | - 23 | 330 | - 15 |
| 4 | Dieselkraftstoff | 70 | 30,9 | - 28 | 325 | - 17 |
| 5 | Düsentriebwerk-Schmieröl | 100 | 27,0 | - 37 | 310 | - 20 |
| 6 | Kolbenmotor-Schmieröl | 100 | 43,0 | ± 0 | 388 | ± 0 |
| 7 | Flugzeug-Schmierfett | 70 | 29,1 | - 32 | 310 | - 20 |
| 8 | Hydraulik-Öl | 50 | 41,8 | - 3 | 360 | - 8 |
| 9 | Dämpfungsflüssigkeit | 70 | 45,5 | + 6 | 360 | - 8 |
| 10 | Kfz-Dämpfungsflüssigkeit | 40 | 3,7 | - 91 | 80 | - 79 |
| 11 | Hydraulik-Flüssigkeit | 50 | 40,0 | - 7 | 350 | - 10 |
| 12 | Alkohol, denaturiert | 20 | 33,3 | - 22 | 355 | - 9 |
| 13 | Enteisungsmittel | 20 | 32,4 | - 24 | 355 | - 9 |
| 14 | Feuerschutzmittel | -15 | 40,3 | - 6 | 365 | - 6 |
| 15 | 1.1.1-Trichlorethan | 25 | 30,6 | - 29 | 330 | - 15 |
| 16 | MEK, technisch | 25 | 30,3 | - 29 | 370 | - 5 |
| 17 | Kaltreiniger | 25 | 30,1 | - 30 | 315 | - 19 |

Tabelle 1.6: Chemikalienbeständigkeit einer vernetzten Polyurethan-Mantelmischung Prüfmedien nach MTV 6145-005, Anhang A, Lagerzeit 20 h

### *1.2.4.2 Mikrobenbeständigkeit*

Im allgemeinen sind die in der Kabeltechnik eingesetzten Isolier- und Mantelwerkstoffe gegen Angriffe von Mikroben weitgehend beständig. Bei der Verwendung im europäischen Raum sind deshalb keine Schutzmaßnahmen erforderlich. Eine Sonderstellung nimmt hier das Polyurethan ein. Abhängig von den Basiskomponenten bei der Herstellung des Polyurethans entstehen entweder Polyurethan-Typen, die sehr widerstandsfähig sind (Polyether-Urethane) oder Typen, die anfällig gegenüber Mikrobenangriffen sind (Polyester-Urethane). Ihre Unterscheidung erfolgt über die Verseifungszahl, siehe 1.2.7.2.

### *1.2.4.3 Wasseraufnahme*

Die Forderung, in Normen die zulässige Wasseraufnahme bei bestimmten Werkstoffen zu begrenzen, ist ein Relikt aus der Zeit, als Gummi noch der bevorzugte Isolier- und Mantelwerkstoff für Kabel war, sieht man einmal von der Papierisolierung mit Bleimantel ab.

Zweifellos ist die Wasseraufnahme ein Maß für die Veränderung elektrischer Eigenschaften eines Werkstoffes, wenn man nur einen, genau definierten Werkstoff, z.B. eine Gummi-Mischung betrachtet. Eine ähnliche Gummi-Mischung, die nach einer anderen Rezeptur hergestellt wurde, kann aber schon wieder ein ganz anderes Verhalten zeigen, siehe Bild 1.5. Betrachtet man gar unterschiedliche Werkstoffe, z.B. PE und Gummi, so stellt man fest, daß die jeweils aufgenommenen Wassermengen und die damit verbundenen Änderungen der elektrischen Eigenschaften bei beiden Werkstoffen völlig anders sind. Die Ergebnisse sind nicht miteinander vergleichbar. Noch viel weniger ist es möglich, Gesetzmäßigkeiten zwischen der Wasseraufnahme und der Veränderung mechanischer Eigenschaften herzustellen.

Auch zwischen der Wasseraufnahme und der Wasserdurchlässigkeit besteht keine Gesetzmäßigkeit. Dies wird besonders deutlich, wenn man sich ein metallenes Kaffesieb vorstellt, das kein Wasser aufnimmt, aber, abhängig von der Maschendichte, Wasser nahezu ungehindert durchlaufen läßt.

Wenn man also Veränderungen von Werkstoffeigenschaften durch Einwirkung von Feuchtigkeit oder Wasser erkennen will, so darf man dies nicht durch die Messung der Wasseraufnahme oder der Wasserdurchlässigkeit tun, sondern muß die kritischen Eigenschaften selbst direkt beobachten.

Im Falle von Kabeln sind die kritischen Merkmale die elektrischen Eigenschaften. Eine Aussage über ihr Verhalten bei Einwirkung von Wasser kann nicht auf Grund von Kurzzeit-Prüfungen erfolgen. Beobachtet man z.B. den elektrischen Isolationswiderstand einer im Wasser liegenden Ader, so stellt man nicht selten in den ersten Stunden der Prüfung einen Anstieg des Isolationswiderstandes fest, d.h. eine Verbesserung dieser elektrischen Eigenschaft. Erst danach beginnt die Verschlechterung des Isoliervermögens, das sich ggf. nach Wochen wieder verbessern kann. Für beide Erscheinungen ist das Quellen der Kautschukmoleküle verantwortlich. Wichtig ist bei solchen Prüfungen, ähnlich wie bei der Beurteilung des Alterungsverhaltens, nicht so sehr der absolute Wert, solange er einen bestimmten Grenzwert nicht unterschreitet, sondern der Verlauf des Wertes über der Zeit, d.h. ob er sich einem akzeptablen Endwert nähert, oder ob er sich kontinuierlich weiter verschlechtert.

Bei der Prüfung wird der Leiter der zu prüfenden Ader oder auch das gesamte Kabel nicht mit Strom belastet, d.h. der Leiter ist kalt. Zur Beschleunigung der

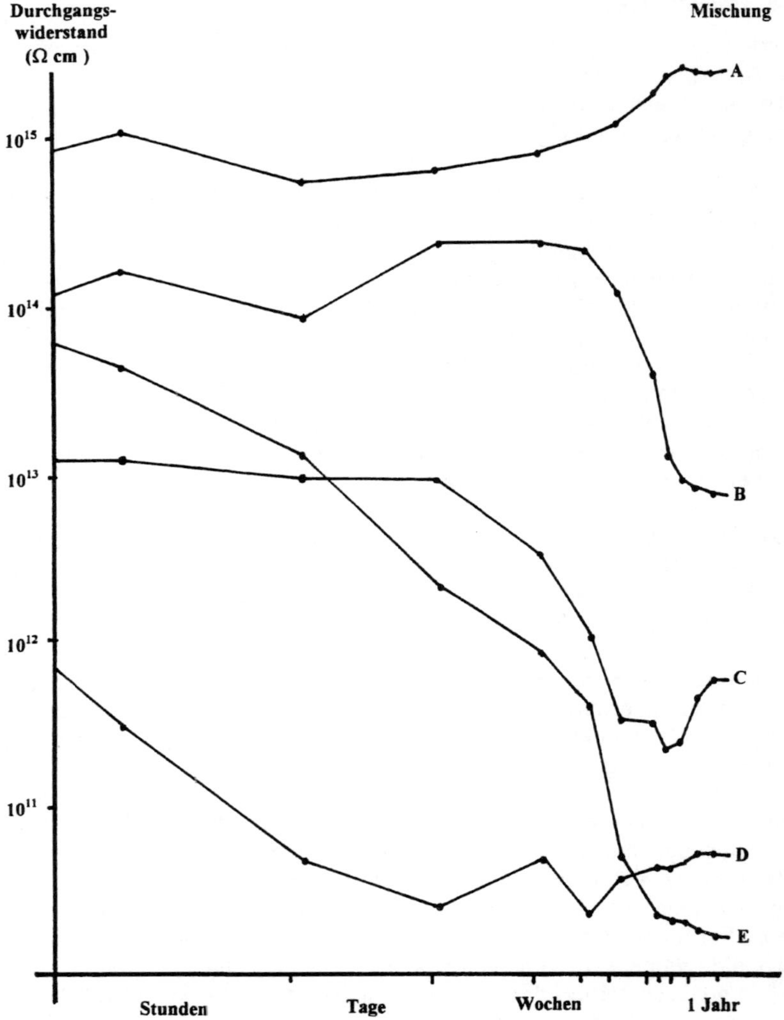


Bild 1.5: Durchgangswiderstand von Gummi-Mischungen bei Wasserlagerung
Wassertemperatur 20 °C, Leiter nicht erwärmt

Messung wird häufig das Wasserbad erwärmt. Der für die Wasseraufnahme und die Wasserdampfdurchlässigkeit verantwortliche Partitialdruck des Wassers ist somit von außen nach innen gerichtet. Wird der Leiter aber durch Stromfluß erwärmt und ist er deutlich wärmer als seine Umgebung, so kehrt sich der Partitialdruck um, die „nasse" Isolierung „trocknet". Von dieser Möglichkeit wird gelegentlich in der Praxis Gebrauch gemacht. Allerdings muß der Leiter dazu nahe der höchsten zulässigen Betriebstemperatur erwärmt werden.

Bei Gummi-Mänteln, die im Wasser lagen, wurden nach längerer Betriebszeit Haarrisse und in einigen, sehr wenigen Fällen Zersetzungserscheinungen der Gummi-Mischungen beobachtet. Beide Erscheinungen können weder in Kurzzeit-Versuchen noch bei der üblichen Messung von Zugfestigkeit und Reißdehnung, sondern nur in Langzeit-Versuchen erkannt werden. Diese Langzeit-Versuche haben besondere Bedeutung bei der Entwicklung wasserfester Mischungen, z.B. für Anschlußleitungen von Unterwasserpumpen-Motoren.

#### *1.2.4.4 Witterungs-Beständigkeit*

Die Witterungs-Beständigkeit ist besonders für Mantelwerkstoffe von großer Bedeutung, wenn die Kabel im Freien eingesetzt werden. Sie sind dann der Sonne, dem Regen und Wind bei hohen wie bei niedrigen Temperaturen ausgesetzt und müssen diesen Beanspruchungen Stand halten.

Um die Witterungs-Beständigkeit der verschiedenen Werkstoffe beurteilen zu können, wurden früher in großem Umfang Bewitterungsversuche im Freien an Probeplatten wie auch an fertigen Erzeugnissen durchgeführt. Diese Versuche waren sehr langwierig und lieferten nur für das am jeweiligen Prüfort herrschende Klima eine Aussage. Um den Prozeß zu beschleunigen und Aussagen bei verschiedenen Klimabedingungen zu erhalten, wurden deshalb unterschiedliche Klimakammern entwickelt, in denen Proben abwechselnd trockener und feuchter Luft mit unterschiedlichen Temperaturen sowie künstlichem Sonnenlicht ausgesetzt sind. Sogar ein Sandsturm wird in einer dieser Klimakammern simuliert. Auch diese Prüfungen sind noch immer sehr zeitaufwendig und vorallem wegen des großen apparativen Aufwandes sehr teuer.

Weil das Witterungsverhalten der verschiedenen klassischen Werkstoffe inzwischen durch praktische Erfahrung weitgehend bekannt ist, wird heute im allgemeinen auf die Prüfung der Witterungs-Beständigkeit verzichtet. Dies ist auch der Grund dafür, daß bisher kein Klimaversuche Eingang in die Kabelnormung gefunden hat. Das heißt nicht, daß man grundsätzlich auf die Prüfung der Witterungs-Beständigkeit verzichten kann. Sie hat nach wie vor große Bedeutung für die neu auf den Markt kommenden Isolier- und Mantelwerkstoffe, für die bisher keine praktischen Erfahrungen vorliegen.

#### *1.2.4.5 Ozon-Beständigkeit*

Die mit den unterschiedlichsten Prüfverfahren und die in langjähriger Praxis gesammelten Erfahrungen zeigen, daß Ozon die polymere Werkstoffe angreift, und zwar unterschiedlich, je nach Werkstoffart. Insbesondere wird die molekulare Struktur der Oberflächen von vernetzten Werkstoffen von Ozon zerstört.

Werden die von Ozon angegriffenen Isolierhüllen oder Mäntel gedehnt, wie dies z.B. beim Biegen der Fall ist, reißt die Oberfläche ein, und, verstärkt durch die Kerbwirkung, entstehen die typischen Ozon-Querrisse.

Der Ozonanteil in der uns umgebenden Atmosphäre erhöht sich ständig. In ganz besonderem Maße muß mit verstärkter Ozon-Konzentration überall dort gerechnet werden, wo es zu elektrischen Entladungen (Funken) kommt, also z.B. im Motorraum von Fahrzeugen oder in der Nähe von Kollektor-Motoren.

Die Ozon-Beständigkeit wird in geschlossenen Kammern mit definierter Ozon-Konzentration gemessen. Die Höhe der Konzentration bei der Prüfung der Ozon-Beständigkeit ist in Deutschland wegen möglicher Gesundheitsgefährdungen geringer als im Ausland. Dafür ist die Prüfzeit in Deutschland länger. Das Ergebnis beider Verfahren ist identisch.

Das Verhalten gegenüber Ozon und UV-Licht ist zwar durch den Werkstoff vorbestimmt. Es stehen jedoch heute zahlreiche, sehr wirksame Stabilisatoren zur Verfügung, mit denen auch weniger Ozon- und UV-beständige Werkstoffe ausreichend widerstandsfähig eingestellt werden können, siehe 1.2.7.1.

#### *1.2.4.6 UV-Beständigkeit*

Werden eingefärbte Polymer-Werkstoffe dem Sonnenlicht oder Kunstlicht mit hohem UV-Anteil ausgesetzt, kommt es zu Verfärbungen (Verblassen oder Farbumschlag) an der Oberfläche. Im Regelfall ist damit keine wesentliche Veränderung der Werkstoffeigenschaften verbunden. Im übrigen können Stabilisatoren der Verfärbung weitgehend entgegenwirken.

Zur Beurteilung der Lichtechtheit werden Proben mit einem definierten UV-Licht bestrahlt. Auch dabei entsteht, wenn auch in geringem Umfang, Ozon, siehe 1.2.4.5.

Die Prüfung der UV-Beständigkeit ist in den regionalen und internationalen Normen sowie in den VDE-Bestimmungen bisher nicht vorgesehen.

#### *1.2.4.7 Masse-Aufnahme*

Fernmeldekabel werden mit Petrolat, einer Gel-artigen Masse, gefüllt, um bei einer Beschädigung des Kabelmantels eindringendes Wasser daran zu hindern, sich im Kabel beiderseits der Fehlerstelle auszubreiten.

Petrolat ist ein Erdöl-Produkt. Es enthält Bestandteile, die von Isolierhüllen und Mänteln aufgenommen werden (Weichmacherwanderung) und die zu einer Verschlechterung der elektrischen Eigenschaften führen können. Deshalb darf die Masse-Aufnahme ein vorgegebenes Maß nicht überschreiten.

Die Prüfung erfolgt nur an Mischungen, die für Fernmeldekabel bestimmt sind.

*1.2.4.8 Spannungsriß-Beständigkeit*

Polyethylen-Mäntel neigen, abhängig von der molekularen Struktur des verwendeten PE, zu Spannungsrissen, wenn sie mit bestimmten Chemikalien in Berührung kommen, welche die Oberflächenspannung des PE herabsetzen. Die Empfindlichkeit des PE gegenüber Spannungsrissen wird durch zusätzliche Dehnungsbeanspruchung (Biegen) des Mantels und durch Kerbwirkung nach einer Beschädigung des Mantels (Schrammen), wie sie beim Verlegen des Kabels entstehen können, verstärkt.

Die Auswahl geeigneter PE-Typen, die nur eine sehr geringe Neigung zu Spannungsrissen aufweisen, ist mittels des Schmelz-Indexes möglich (siehe 1.2.7.3). Dieses Auswahlverfahren ist allerdings nur bei ungefüllten PE-Mischungen möglich.

Deshalb erfolgt der Nachweis der Spannungsriß-Beständigkeit mit einer zusätzlichen Prüfung. Dabei werden vorgedehnte Prüflinge auf einen Dorn gewickelt und mit einer definierten Kerbe versehen. Die so vorbereitete Probe wird in eine Prüfflüssigkeit getaucht, die entspannend auf die PE-Oberfläche wirkt. Dabei dürfen keine Risse auftreten.

*1.2.4.9 Beständigkeit gegen das Berühren mit heißen Teilen*

Kommen thermoplastische Werkstoffe mit heißen Teilen in Berührung, so können sie, abhängig von der Temperatur und dem Werkstoff, zu schmelzen beginnen. Aber auch vernetzte Werkstoffe können durch Berühren mit heißen Teilen beschädigt werden. Bekannt sind Schäden an den Mänteln von Schweißleitungen mit Gummi-Mantel, die durch umherspritzende Schweißperlen verursacht wurden.

Zur Beurteilung des Verhaltens bei der Berührung mit heißen Teilen wurde eine Prüfung eingeführt, bei der ein auf 300 °C erhitzter Draht mit definierter Kraft auf das zu prüfenden Kabel gedrückt und die Eindringtiefe gemessen wird. Diese Prüfung wird nur von vernetzten Werkstoffen bestanden.

### 1.2.5 Brandverhalten *)

Das Brandverhalten von Kabeln wird nur zu einem Teil von den verwendeten Isolier- und Mantelwerkstoffen bestimmt. Andere Einflußgrößen sind:

- Aufbau des Kabels
- Lage des Kabels
- Anzahl der Kabel
- Anordnung der Kabel
- Umgebungsbedingungen

Dennoch ist es außerordentlich wichtig, das Brandverhalten der einzelnen Werkstoffe zu kennen.

Ebenso wichtig ist aber auch die Feststellung:

Normen-gerechte Kabel sind sichere Betriebsmittel.

Von ordnungsgemäß abgesicherten,
nach dem Stand der Technik gefertigten, installierten
und betriebenen Kabeln wird kein Brand ausgelöst.

Alle bekannten Prüfverfahren gehen davon aus, daß die Kabel durch ein Stützfeuer entzündet werden. Jedoch können Kabel, die vom Brand, der an anderer Stelle entstanden ist, erreicht werden, selbst zu brennen beginnen und das Feuer weiterleiten.

#### *1.2.5.1 Brand-Weiterleitung*

Wie die Prüfung der Öl-Beständigkeit verdankt auch die „Brand-Prüfung“ ihre Enststehung der Notwendigkeit, Gummi-Mischungen auf der Basis witterungsbeständigen Polychloropren-Kautschuks von den nicht-witterungsbeständigen Gummi-Mischungen aus Natur-Kautschuk unterscheiden zu können (siehe 1.2.4.1). Damit war diese Prüfung ursprünglich nur zur Unterscheidung verschiedener Werkstoffe bestimmt.

In diesem Sinne kann man auch die heutige Prüfart A mit dem einfachen Bunsen-Brenner, die nahezu unverändert übernommen wurde, noch als Werkstoffprüfung betrachten. Man muß sich aber davor hüten, die Ergebnisse dieser einfachen Prüfung an einem einzelnen Kabel direkt auf das wirkliche Brandverhalten von Kabeln zu übertragen. Dies gilt auch für die Ergebnisse aus der

---

*) Weitere Einzelheiten siehe: Richter, S., Was man über Kabel im Brandfall wissen sollte, s. Kap. 9.

verschärften Prüfart B, mit einem oder zwei größeren Bunsenbrennern. Kabel, die einzeln nach den Prüfarten A oder B geprüft, mit anderen Kabeln der gleichen Bauart, parallel oder gebündelt, senkrecht in einem Schacht installiert, dem Brand aussetzt werden, können ein völlig anderes Brandverhalten an den Tag legen. Manche dieser vermeintlich „flammwidrigen" Kabel brennen bei dieser Bündel-Brandprüfung (Prüfart C) wie eine Fackel ab.

Dieses Brandverhalten ist auf den „Schornsteineffekt", der bei dieser Prüfung wirksam wird, zurückzuführen. Von den unteren, brennenden Kabelabschnitten werden heiße, z.T. brennbare Gase und zusätzlicher Luftsauerstoff den über dem Brandherd liegenden Kabelabschnitte zugeführt Die oberen Kabelabschnitte erwärmen sich und werden so auf den von unten weiter fortschreitenden Brand vorbereitet bis sie schließlich selbst zu brennen beginnen.

Außer den hier genannten Prüfarten A bis C, die gleichlautend in nationalen, wie regionalen und internationalen Normen zu finden sind, gibt es zahlreiche weitere Prüfungverfahren zur Brand-Weiterleitung durch Kabel, die aber zumindest in Europa keine wesentliche Bedeutung haben.

Alle Prüfungen zur Brand-Weiterleitung können nur am fertigen Kabel durchgeführt werden. In den letzten Jahren bemüht man sich zunehmend, Aussagen über das Brandverhalten von Kabeln auch über Werkstoffprüfungen zu erhalten. Insbesondere vom „cone calorimeter test" nach ISO 5660-1 werden in Zukunft interessante Ergebnisse erwartet.

### *1.2.5.2 Isolationserhalt bei Flammeneinwirkung*

Für bestimmte Anwendungen, z.B. Notstrom-Anlagen oder Sicherheitsstromkreise für Feuermelder und Sprinkler-Anlagen, kann es überlebenswichtig sein, daß die hier eingesetzten Kabel im Brandfall für eine bestimmte Zeit weiterhin ihre Isolier-Eigenschaften behalten, und zwar auch dann, wenn die Kabel vom Brand erfaßt sind. Die Auswahl der einzusetzenden Isolierstoffe ist hier von großer Bedeutung.

Geht man davon aus, daß die Kabel selbst verbrannt sind, sie aber dennoch für eine bestimmte Zeit ihre Isolier-Eigenschaften behalten sollen, so ist dies nur möglich, wenn die verbleibenden Aschereste als isolierend Abstandhalter zwischen den Leitern bestehen bleiben. Die Isolierstoffe müssen dazu eine möglichst standfeste, isolierende Asche bilden. Mischungen auf der Basis von Silikon-Kautschuk, aber auch mit speziellen Füllstoffen angereicherte Mischungen auf der Basis von Olefinen, haben sich dafür als besonders geeignet erwiesen. Die Verwendung solcher Mischungen allein reicht aber nicht aus, wenn die Standzeiten 20 Minuten überschreiten sollen. In diesen Fällen sind zusätzliche „Flammschutz-Barrieren" in Form feuerbeständiger Bänder, z.B. Glas-/Glimmerbänder, notwendig, die über direkt über dem Leiter und/oder der Isolierung und/oder über der verseilten Kabelseele aufgebracht werden.

Die Prüfung des Isolationserhaltes ist kein Werkstoff-, sondern eine Produkt-Prüfung und kann nur an vollständigen Kabeln vorgenommen werden.

### *1.2.5.3 Korrosivität von Brandgasen*

Die Korrosivität der Brandgase hängt nur von den in den Kabeln verarbeiteten Isolier- und Mantel-Werkstoffen ab. Viele Werkstoff-Mischungen enthalten Halogene, die, im Brandfall freigesetzt, zusammen mit dem Löschwasser aggressive Säuren bilden. Diese Säuren können zu erheblichen Folgeschäden an Gebäuden und Einrichtungen führen, die den eigentlichen Brandschaden weit übersteigen. Am bekanntesten sind die in Industrie-Anlagen entstandenen Schäden durch Salzsäuren. Aber daneben können auch nicht halogenhaltige Verbindungen zur Säurebildung führen, z.B. schwefelhaltige Säuren, Phosphor-Säuren oder nitrogene Gase. Deshalb ist es nicht ausreichend, nur halogenfreie Werkstoffe zu fordern (siehe 1.2.7.6).

Die Korrosivität der Brandgase wird allgemein über wäßrige Auszüge dieser Gase und die Bestimmung der elektrischen Leitfähigkeit und des pH-Wertes ermittelt. Diese Prüfung wird nur an Werkstoffproben durchgeführt.

Daneben gibt es auch aufwendigere Versuchsanordnungen, bei denen z.B. Elektronik-Bauteile den Brandgasen ausgesetzt werden und nach dem Versuch ihre Wirkungen entweder optisch oder elektrisch beurteilt werden. Diese Prüfungen können sowohl mit einzelnen Werkstoffproben als auch mit vollständigen Kabeln durchgeführt werden. Diese Prüfverfahren sind jedoch in den Kabelnormen bisher nicht enthalten.

### *1.2.5.4 Rauchgas-Dichte*

Um die Arbeiten der Feuerwehr am Brandherd zu erleichtern und Fluchtwege offen zu halten, sollen brennende Kabel möglichst wenig Rauchgase mit möglichst geringer Dichte entwickeln. Dies hängt vom Brennverhalten der verwendeten Isolier- und Mantelwerkstoffe ab.

Die Rauchgas-Dichte brennender Werkstoffproben oder vollständiger Kabel wird in Rauchkammern auf optischem Wege (Transparenz) bestimmt.

### *1.2.5.5 Toxizität von Brandgasen*

Auch die Toxizität von Brandgasen hängt nur von den im Kabel verwendeten Isolier- und Mantelwerkstoffen ab. So verständlich der Wunsch auch ist, daß Rauchgase möglichst wenig giftige Bestandteile enthalten sollen, so unmöglich ist es auch, bei kritischer Betrachtung, diesem Wunsch nachzukommen. Wenn überhaupt, so kann die Forderung nur heißen „Möglichst wenig giftige Gase neben dem Kohlenmonoxid“.

Kohlenmonoxid ist bei einem Verbrennungsvorgang nicht vermeidbar. Es ist farb-, geruch- und geschmacklos. Es wird deshalb häufig gar nicht oder erst zu spät bemerkt, während andere Gase sich häufig durch ihren Geruch bemerkbar machen. Nach Untersuchungen der Versicherungsanstalten ist die weit überwiegende Zahl (≥ 80%) der Opfer von Brandgasen durch Kohlenmonoxid oder dem Mangel an Luftsauerstoff und nicht durch giftige Gase ums Leben gekommen. Diese Menschen sind erstickt und nicht vergiftet.

Für die Bestimmung der Giftigkeit von Rauchgasen gibt es eine ganze Reihe von Vorschlägen. Sie reichen von der chemischen Analyse über die theoretische Berechnung der Zersetzungsprodukte bis hin zu Tierversuchen. Eine für Kabel verbindliche deutsche, europäische oder internationale Norm dafür gibt es jedoch nicht.

Häufig wird der Gift-Index nach der englischen Marine-Spezifikation NES 713 verwendet. Der Gift-Index wird dazu aus den chemischen Verbindungen, aus denen der betreffenden Werkstoffe aufgebaut ist und die über eine chemische Analyse bestimmt werden, errechnet. Dabei werden die einzelnen chemischen Verbindungen je nach ihrer Giftigkeit unterschiedlich bewertet und zum Gift-Index addiert. Ein Gift-Index ≤ 5 gilt als unbedenklich. Man geht davon aus, daß bei einem Gift-Index ≤ 5 Menschen, die 15 Minuten lang einer solchen Atmosphäre ausgesetzt sind, keine bleibenden gesundheitlichen Schäden davon tragen. In der Regel erfüllen „Kabel mit besonderen Eigenschaften im Brandfall" diese Anforderung.

### *1.2.5.6 Sauerstoff-Index (LOI)*

Der Sauerstoff-Index gibt an, bei welchem Sauerstoffgehalt der umgebenden Atmosphäre eine Werkstoffprobe definiert, kontinuierlich weiter brennt. Daraus kann man auf das Brandverhalten des Werkstoffes (Entzünden und Weiterbrennen) schließen. Der Sauerstoff-Index ist aber nicht geeignet, das Brandverhalten von Kabeln zu beschreiben, weil das Brandverhalten von Kabeln durch weitere, ebenfalls im Kabel vorhandene Werkstoffe und konstruktive Elemente, insbesondere metallene Leiter, Schirme, Bewehrungen sowie Flammschutz-Barrieren, wesentlich mitbestimmt wird.

Es gelten Werkstoffe mit einem Sauerstoff-Index

| | | |
|---|---|---|
| LOI | ≤ 23 | als brennbar |
| | 24 .... 28 | als bedingt brennbar |
| | 29 .... 35 | als flammwidrig |
| | ≥ 36 | als besonders flammwidrig. |

Das allgemein als flammwidrig eingestufte PVC mit einem LOI von ~ 27 ist danach nur als bedingt brennbar einzustufen, was deutlich wird, wenn man PVC-

Kabel der sogenannten „Bündel-Brandprüfung" unterzieht (siehe 1.2.5.1). Andererseits ist es aber möglich, durch entsprechende Zusätze, den Sauerstoff-Index von PVC auf Werte deutlich über 30 anzuheben.

Die Bestimmung des Sauerstoff-Index ist bisher in den Kabelnormen nicht vorgesehen.

*1.2.5.7 Temperatur-Index*

Der Temperatur-Index ist, wie der zuvor schon beschriebene Sauerstoff-Index, ein nur den jeweiligen Werkstoff betreffendes Merkmal. Er sagt aus, bei welcher Temperatur, in einer Atmosphäre, die 21 % Sauerstoff enthält, eine Werkstoffprobe definiert und kontinuierlich weiterbrennt..

Wie der Sauerstoff-Index läßt auch der Temperatur-Index keine Aussage über das Brandverhalten vollständiger Kabel zu. Er ist lediglich eine Hilfsgröße für Entwickler und Konstrukteure. Deshalb ist auch der Temperatur-Index bisher nicht in den Kabelnormen enthalten.

*1.2.5.8 Brandlast*

Unter Brandlast versteht man die Energiemenge, die durch Verbrennen freigesetzt werden kann. Die Brandlast von Kabeln wird aus dem kalorimetrisch bestimmten Heizwert der verwendeten Isolier- und Mantelwerkstoffe und der im Kabel vorhandenen Menge dieser Werkstoffe errechnet. Er bildet ein Maß für die anzuwendenden Schutzmaßnahmen, z.B. für die Berechnung der Größe von Sprinkler-Anlagen.

Die Bestimmung der Brandlast ist eine reine Werkstoffprüfung. Sie ist bisher nicht in den Kabelnormen enthalten.

Im Rahmen der Überarbeitung der „Muster für Richtlinien über brandschutztechnische Anforderungen an Leitungsanlagen" (MLeitR), herausgegeben von der Fachkommission „Bauaufsicht" der „Arbeitsgemeinschaft der für das Bau-, Wohnungs- und Siedlungswesen zuständigen Minister der Länder" (ARGEBAU), wird z.Zt. darüber diskutiert die bisherigen Grenzwerte für die zulässige Brandlast in Gebäuden neu festzulegen. Dabei sollen künftig für „halogenfreie" Kabel höhere Grenzwerte festgelegt werden, wenn diese die Brandprüfung nach DINV-DE 0472, Teil 304, Prüfart C (Bündel-Brand-prüfung) bestehen.

Neben dem heute allgemein üblichen Verfahren zur Bestimmung der Brandlast nach DIN 51900 , dürften zukünftig auch die mit dem „cone calorimeter test" nach ISO 5660-1 (siehe auch 1.2.5.1) ermittelten Werte von Interesse sein.

### 1.2.6 Elektrische Eigenschaften

Das Gebiet der Eigenschaften elektrischer Isolierstoffe ist so weitreichend, daß es im Rahmen dieser Veröffentlichung nur gestreift werden kann und einer getrennten Veröffentlichung vorbehalten bleiben muß.

Alle elektrischen Eigenschaften sind in hohem Maße von der Temperatur und der Frequenz abhängig. Darauf wird in den nachfolgenden Abschnitten nicht noch einmal gesondert hingewiesen.

Weiterhin gilt generell, daß die elektrischen Eigenschaften der Isolier- und Mantelwerkstoffe in hohem Maße von der aufgenommenen Feuchtigkeit abgängig sind. Wie schon unter 2.4.3 gesagt, gibt es aber keine Gesetzmäßigkeiten für die Zusammenhänge zwischen der Wasseraufnahme und den auftretenden Veränderungen der elektrischen Eigenschaften. Sie sind von Werkstoff zu Werkstoff, aber auch innerhalb einer Werkstoffgruppe von Mischung zu Mischung, unterschiedlich

Einige typische Merkmalswerte elektrischer Eigenschaften der in der Kabeltechnik eingesetzten Isolier- und Mantelwerkstoffe können der Beilage „Isolier- und Mantelwerkstoffe“ entnommen werden.

#### *1.2.6.1 Spannungsfestigkeit*

Die Spannungsfestigkeit ist für Energiekabel die wichtigste elektrische Eigenschaft. Sie ist Werkstoff-typisch und kann an Platten ermittelt werden, wird aber in der Regel an extrudierten Adern oder am vollständigen Kabel bestimmt.

Die Spannungsfestigkeit eines Werkstoffes kann durch Verunreinigungen erheblich verschlechtert werden. Dies gilt in ganz besonderem Maße für Energiekabel, die mit hohen Spannungen betrieben werden. Hier wirken sich nicht nur geringste Verunreinigungen, sondern darüber hinaus auch Unregelmäßigkeiten im Gefüge, kleinste Gaseinschlüsse und Vakuolen aus.

Im allgemeinen werden die vollständigen Kabel einer Kurzzeit-Prüfung mit einer gegenüber der Nennspannung erhöhten Prüfspannung unterzogen. Daneben sind, insbesondere für Hochspannungskabel, auch Langzeit-Prüfungen üblich, bei denen die Auswirkungen von Verunreinigungen, Unregelmäßigkeiten beim Extrudieren der Isolierhülle, Feuchtigkeit und Gaseinschlüsse deutlich hervortreten. Dabei kann es unter dem Einfluß hoher Feldstärken zu Teilentladungen kommen, deren Spuren als sogenannte „Bäumchen“ sichtbar werden und aus denen sich vollständige Durchschläge der Isolierung entwickeln können. Man unterscheidet verschiedene Arten von Bäumchen. Die wichtigsten sind die „elektrischen Bäumchen“, die in „trockenen“ Isolierungen entlang von Gefügespalten oder an Verunreinigungen, d.h. an Stellen an denen sich durch

Feldverzerrungen sehr hohe Feldkonzentrationen einstellen, und „Wasserbäumchen“, die sich unter Einfluß von Feuchtigkeit in der Isolierung bilden.

Die verschiedenen Werkstoffe reagieren unterschiedlich auf solche Teilentladungen. Als besonders empfindlich hat sich das thermoplastische Polyethylen erwiesen, während das vernetzte Polyethylen, wie auch andere vernetzte Werkstoffe, sich als widerstandsfähiger gegenüber Teilentladungen zeigen.

Auf weitere Einzelheiten dieses interessanten Themas kann an dieser Stelle nicht eingegangen werden (s. Kap. 6).

Unterschiedliche Reaktionen zeigen die einzelnen Werkstoffe auch gegenüber Beanspruchungen mit Gleichspannung. Hier kann es zu elektrochemischen Vorgängen innerhalb der Polymere kommen, die einen Durchschlag einleiten. Selbst innerhalb ein und derselben Werkstoffgruppe kann es zu erheblichen Unterschieden kommen. Bekannt ist, daß Emulsions-PVC, das heute in der Kabeltechnik, wenn überhaupt noch, nur als Mantelmischung eingesetzt wird, ganz empfindlich gegenüber Gleichspannung reagiert, während das nach dem Suspensions- oder Block-Verfahren hergestellte PVC Geichspannungs-fest ist. Aber nicht nur PVC, sondern auch andere polymere Werkstoffe können durch solche Vorgänge zerstört werden, siehe 1.3.7.

#### *1.2.6.2 Spezifischer Durchgangswiderstand*

Wie die Spannungsfestigkeit ist auch der spezifische Durchgangswiderstand Werkstoff-typisch. Auch er läßt sich an Plattenproben bestimmen. Im allgemeinen wird jedoch der Isolationswiderstand des vollständigen Kabels gemessen. Die dabei ermittelten Werte liegen, besonders bei vieladrigen Kabeln und Fernmeldekabeln günstiger als die an Platten ermittelten Werte, weil im Kabel die zwischen den Adern liegenden luftgefüllten Zwickelräume in die Messung einbezogen werden und die Luft einen wesentlich günstigeren Durchgangswiderstand besitzt als die polymeren Werkstoffe.

Auch der spezifische Durchgangswiderstand ist von der Reinheit des jeweiligen Werkstoffes abhängig, in ganz besonderem Maße aber von der Feuchtigkeit (siehe 1.2.4.3 und Bild 1.5) und der Temperatur, siehe Bild 1.6.

#### *1.2.6.3 Oberflächenwiderstand*

Ausscheidungen aus den Werkstoff-Mischungen, z.B. als Folge der Weichmacherwanderung, lagern sich auf der Oberfläche der Isolierhüllen und Mäntel ab. Dies führt zu einer Veränderung des Widerstandes auf der Oberfläche. Je nach Art der Ablagerung kann sich der Oberflächenwiderstand verschlechtern oder verbessern.

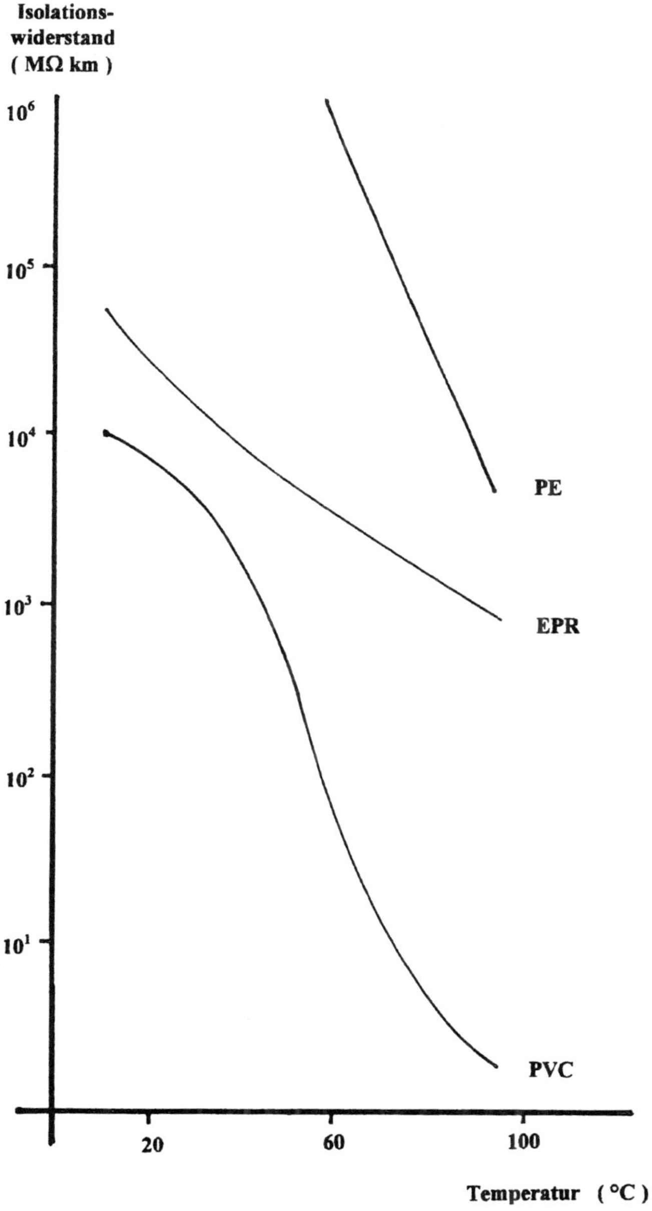


Bild 1.6: Temperaturabhängikeit des Isolationswiderstandes

Verringert sich der Oberflächenwiderstand, so kann dies dazu führen, daß z.B. bei Steckverbindungen von Schlauchleitungen an der Oberfläche des Mantels gefährliche Spannnungen auftreten, wenn der Mantel innerhalb der Verbindung an spannungsführenden Teilen anliegt.

Die Messung des Oberflächenwiderstandes kann zu unterschiedlichen Ergebnissen führen, abhängig davon, ob man den Mantel ohne Unterbau oder mit einem darunter liegenden Metallmantel oder einer metallenen Bewehrung mißt. Liegt unter dem zu messenden Mantel eine gut-leitfähige Schicht, so erhält man bei der Messung einen wesentlich kleineren Wert als den tatsächlichen Oberflächenwiderstand, weil man einen Mischwert aus Oberflächen- und Durchgangswiderstand des zu prüfenden Mantels und dem Längswiderstand der darunterliegenden gut-leitfähigen Schicht, z.B. einem Kupfergeflecht, mißt.

### *1.2.6.4 Dielektrizitätskonstante*

Die Dielektrizitätskonstante ist ein Maß für die Dichte elektrischer Ladungen (Speicherfähigkeit). Sie ist Werkstoff-typisch und variiert für die in der Kabelindustrie eingesetzten Isolierstoffe in einem weiten Bereich. Sie ist außerdem in hohem Maße von der Frequenz abhängig.

Das Produkt aus der Dielektrizitätskonstante und dem Verlustfaktor (siehe 1.2.6.5) bildet die Verlustzahl, ein Maß für die bei der Energieübertragung in der Kabelisolierung entstehenden Verluste. Betrachtet man den Verlauf der Verlustzahl in Abhängigkeit von der Temperatur, so zeigen sich beim Vergleich mehrere Isolierstoffe überraschende Unterschiede, siehe Bild 1.7

### *1.2.6.5 Verlustfaktor*

Wird eine Isolierung mit Wechselspannung belastet, so treten einerseits kapazitive Ladungsverluste und andererseits durch den Durchgangswiderstand verursachte Wirkverluste auf. Der Tangens des Winkels zwischen diesen beiden um 90 ° versetzten Verlustanteilen wird Verlustfaktor genannt und mit tan $\delta$ bezeichnet.

Die dielektrischen Verluste werden in der Isolierung in Wärme umgesetzt sind aber selbst in starkem Maße von der Temperatur abhängig. Bei Energiekabeln geht man davon aus, daß die dielektrischen Verluste 10 % der im Leiter durch den Stromfluß entstehenden Verluste nicht übersteigen sollen. Daraus ergeben sich für höhere Nennspannungen Einschränkungen für den Einsatz der Isolier-Werkstoffe, abhängig von der Höhe ihres Verlustfaktors. Aber auch diese technisch möglichen Grenzen werden heute in der Regel nicht mehr ausgenutzt. So sind z.B. die früher üblichen PVC-Kabel für Nennspannungen bis 12/20 kV, in Einzelfällen sogar 18/30 kV, völlig durch die wesentlich verlustärmeren PE- bzw. VPE-Kabel verdrängt worden, deren Verlustfaktor um etwa das 100-fache kleiner ist als der von PVC-Kabeln. Die gleiche Entwicklung zeichnet sich für die Papier-isolierten Kabel ab.

Bei Papier-isolierten Kabeln mit höherer Nennspannung setzt man die Verlustfaktormessung ein, um ionisierende Hohlräume in der gewickelten Papier-Isolierung nachzuweisen. Diese Methode ist bei modernen Kabeln mit PE- bzw. VPE-Isolierung nicht anwendbar, weil der tan d der PE-Isolierung etwa 10-mal kleiner ist als bei der Papier-Isolierung und die Genauigkeit der verfügbaren Meßverfahren für den tan δ dieser Größe nicht mehr ausreichen. Bei PE- bzw. VPE-Kabeln mißt man deshalb die Teilentladung, siehe 1.2.6.1.

Bei Kommunikationskabeln wird die mögliche Reichweite der Übertragung sehr wesentlich durch den Verlustfaktor mit bestimmt, der wie die Dielektrizitätskonstante von der Frequenz abhängig ist.

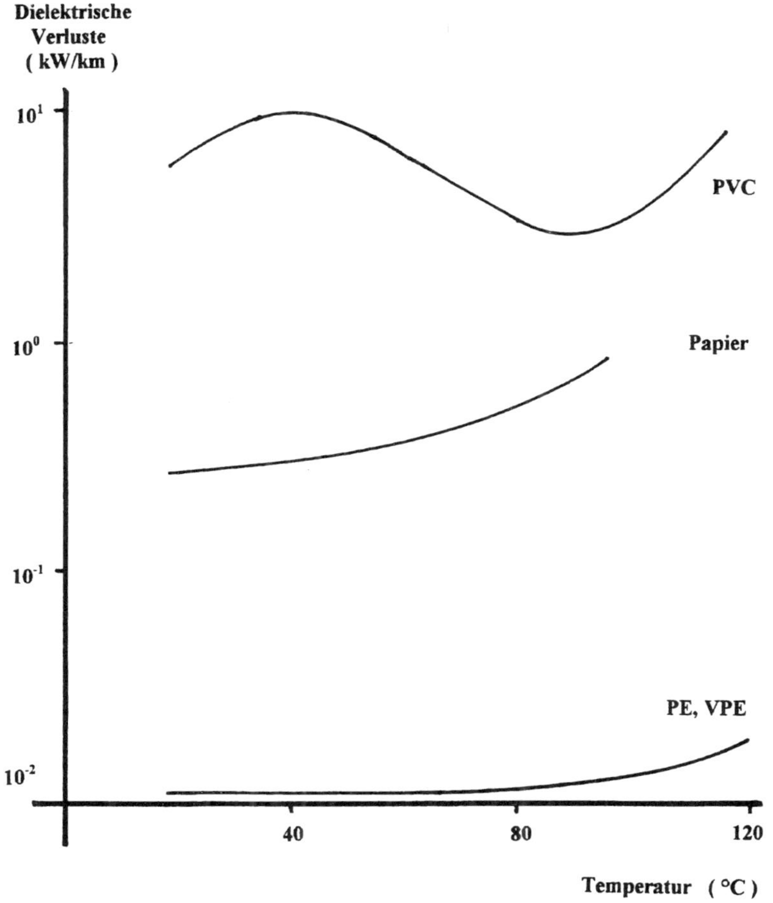


Bild 1.7: Dielektrische Verluste von Mittelspannungskabeln

### 1.2.7 Werkstoff-Zusammensetzung

*1.2.7.1 Rußgehalt*

Es wurde bereits früher gesagt (siehe 1.2.4.4), daß einzelne Werkstoffe besonders empfindlich sind gegenüber Einwirkungen von Ozon- und/oder UV-Licht. Diese Einwirkungen können durch geeignete Stabilisatoren gemildert werden. Ein sehr wirksamer Stabilisator ist fein verteilter Ruß. Er wird in geringen Mengen (2 % bis 3 %), insbesondere PVC und PE zugemischt, wenn diese als Werkstoffe für Mäntel von Kabeln zur Verwendung im Freien eingesetzt werden sollen.

*1.2.7.2 Verseifungszahl*

Nachdem bei der Einführung von Polyurethan an einem Teil der Kabel schon nach kurzer Zeit schwere Schäden aufgetreten waren, zeigten Untersuchungen, daß diese Schäden durch Mikroben, die das Polyurethan zerstören, hervorgerufen wurden. In weitergehenden Untersuchungen stellte sich dann heraus, daß nur Polyester-Urethane von den Mikroben angegriffen werden, während sich Polyether-Urethane sich als Mikroben-beständig erwiesen. Beide Polyurthan-Typen lassen sich leicht durch ihre Verseifungszahlen unterscheiden. Deshalb nutzt man heute diese chemische Prüfung der Verseifungszahl zur Unterscheidung von Mikroben-beständigen von nicht-Mikroben-beständigen Polyurethan-Typen.

| | | |
|---|---|---|
| Polyester-Urethan | Verseifungszahl $\geq$ 300 | nicht Mikroben-beständig |
| Polyether-Urethan | Verseifungszahl $\leq$ 200 | Mikroben-beständig. |

*1.2.7.3 Schmelz-Index*

Der Schmelz-Index gibt Aufschluß über die Länge der Molekülketten eines Polymers und damit auch über das Fließverhalten bei der Verarbeitung.

Typische Werte für den Schmelz-Index des Polyethylen sind:

| | | |
|---|---|---|
| 0,3 g / 10 min | = | lange Kette, zähflüssig<br>geeignet für Extrusion |
| 3,0 g / 10 min | = | kurze Kette, dünnflüssig<br>geeignet für Spritzguß |

Der Schmelz-Indes verdankt jedoch seine Aufnahme in das Normenwerk nicht der Tatsache, daß man damit das Verarbeitungsverhalten eines Werkstoffes beurteilen kann, sondern er gibt vielmehr auch Aufschluß über das sogenannte „Spannungsriß-Verhalten", siehe 1.2.4.8.

Insbesondere Fernmeldekabel werden oft in großen Längen in Kabelkanäle eingezogen. Um die Zugkraft beim Einziehen zu verringern, werden die Kabel mit sogenannten „Ziehfetten“ eingerieben, damit sie in den Kanälen besser gleiten. Diese Ziehfette sind häufig seifenartige Substanzen, die entspannend auf die Oberfläche der PE-Mäntel wirken und die Bildung von Rissen, die Spannungsrisse, begünstigen.

PE mit niedrigem Schmelz-Index ist widerstandsfähiger gegen solche Rißbildung. Deshalb werden bestimmte Höchstwerte des Schmelz-Index für PE vorgeschrieben, wenn damit zu rechnen ist, daß die daraus gefertigten Mäntel mit solchen entspannenden Mitteln in Berührung kommen können. Diese Höchstwerte betragen:

| | |
|---|---|
| 0,4 g / 10 min | für low density PE |
| 0,6 g / 10 min | für low density PE mit Copolymer-Anteilen |
| 2,0 g / 10 min | für linier low density PE mit verzweigten Ketten |

### *1.2.7.4 Kristallit-Schmelzpunkt*

Einige der polymeren Werkstoffe besitzen einen kristallinen Aufbau. Von der Beobachtung des Wärme-Druckverhaltens (siehe 1.2.3.2.2) wissen wir, daß abhängig vom kristallinen Aufbau die Wärmestandfestigkeit dieser Werkstoffe rapide abnimmt, wenn der Kristallit-Schmelzpunkt erreicht und überschritten wird. Man kann also mit der Bestimmung des Kristallit-Schmelzpunktes das Wärmestandverhalten und die Verarbeitbarkeit eines Werkstoffes, ähnlich wie mit dem Schmelz-Index beurteilen. Doch dafür gibt es weniger aufwendige Verfahren.

Der Grund, weshalb sich der Schmelz-Index im Anforderungskatalog bestimmter Werkstoff findet, ist, daß man mit seiner Hilfe innerhalb einer Werkstoffgruppe, insbesondere bei den Fluor-Kohlen-Wasserstoffen, auf einfache Weise die verschiedenen Werkstoff-Typen, z.B. PTFE, FEP und ETFE unterscheiden kann. Auch Polypropylen ist durch seinen Kristallit-Schmelzpunkt zu identifizieren und ebenso lassen sich die Polyamid-Typen P 6, PA 11 und PA 12 durch den Kristallit-Schmelpunkt identifizieren.

### *1.2.7.5 Infrarot-Spektrum (IR-Spektrum)*

An kleinsten Material-Proben lassen sich mit Hilfe des IR-Spektrums die einzelnen Polymere erkennen. Dieses Verfahren wird im allgemeinen nur bei Analysen unbekannter Werkstoff-Mischungen angewendet. Es wird aber auch, ähnlich wie die Bestimmung des Kristallit-Schmelzpunktes, zur Unterscheidung der Polyamid-Typen PA 6, PA 11 und PA 12 herangezogen.

Das IR-Spektrum ist bisher nicht als Prüfverfahren in die Kabelnormung aufgenommen worden, obwohl es z.B. in der DINVDE 0253 „Heizleitungen“ erwähnt wird.

*1.2.7.6 Halogenfreiheit*

Zur Vermeidung korrosiver Brandgase (siehe auch 1.2.5.3) wird bei einem Teil der Kabel die Verwendung halogen*freier* Isolier- und Mantelwerkstoffe vorgeschrieben.. Der Nachweis, daß wirklich nur halogenfreie Werkstoff-Mischungen verwendet wurden, ist nur über eine chemische Analyse der eingesetzten Werkstoffe möglich. Das Verfahren weist aber Meßunsicherheiten auf. Es gelten deshalb Werkstoffemit einem festgestellten Gehalt von

| | |
|---|---|
| ≤ 0,2 % | Chlor |
| ≤ 0,1 % | Fluor |

als halogenfrei. Immer häufiger spricht man, insbesondere in Frankreich, von halogen*armen* Werkstoffen. Hier will man zukünftig in kleinen Mengen (≤ 0,5 %) Bromverbindungen als Flammschutzmittel zulassen.

*1.2.7.7 Dichte*

Die Dichte sagt über Werkstoff-Eigenschaften nichts aus. Werkstoffe der gleichen Basisgruppe können aber in einzelnen Fällen bei unterschiedlicher Dichte unterschiedliche Eigenschaften aufweisen. So unterscheidet man z.B. beim PE nach Typen mit hoher und niedriger Dichte ( high density, low density PE).

## 1.3 Von der Normung erfaßte Isolier- und Mantelwerkstoffe

Die Tabelle 1.7 vermittelt eine grobe Übersicht über die bisher von der deutschen nationalen, der europäischen regionalen und der internationalen Normung erfaßten Isolier- und Mantelwerkstoffe.

Typische Merkmalswerte der Eigenschaften und Hinweise für die Verwendung der nachstehend genannten polymeren Werkstoffe können der Beilage „Isolier- und Mantelwerkstoffe“ entnommen werden.

Vergleicht man die in der Beilage „Isolier- und Mantelwerkstoffe“ aufgeführten Werkstoffe mit den in der Tabelle 1.7 genannten, so zeigt sich, daß ein beachtlicher Teil der verfügbaren und auch eingesetzten Werkstoffe bisher von der Normung noch gar nicht erfaßt sind. Dies gilt in ganz besonderem Maße für die immer stärker in Erscheinung tretenden Thermoplastischen Elastomere (TPE, TPR). Die öffentlichen Normen laufen hier Gefahr, nicht mehr den Stand der Technik wieder zu geben.

Die seit Jahrzehnten bewährte DINVDE 0207 „Isolier- und Mantel-Mischungen für Kabel und Isolierte Leitungen“ verschwindet schrittweise. Ursache ist die vollständige und unveränderte Übernahme der Harmonisierungsdokumente (HD) als VDE-Bestimmung im Vorgriff auf die angekündigte Überführung dieser HDs in Europa Normen (EN). Damit geht die Gemeinsamkeit der Bestimmungen für Werkstoffe der Energie- und Kommunikationskabel und -leitungen verloren. Diese Aufsplitterung setzt sich darüber hinaus in den Gebieten Energiekabel einerseits und Isolierte Leitungen andererseits weiter fort. Es ist zu befürchten, daß sich mit dieser Aufsplitterung in nicht allzu ferner Zeit die Werkstoff-Philosophien für die einzelnen Bereiche von einander entfernen und in der Folge bei gleicher oder zumindest vergleichbarer Verwendung der Werkstoffe unterschiedliche Anforderungen und unterschiedliche Prüfverfahren genormt werden. Es darf bezweifelt werden, daß dies zum Vorteil von Kabelherstellern und Kabelanwendern ist. Im Rahmen von CENELEC eine übergreifende Europa Norm für alle Kabel-Isolier- und Mantelwerkstoffe, vergleichbar der DINVDE 0207, aufzulegen, ist zwar angeregt worden, doch sind die Aussichten für eine Realisierung äußerst gering.

### 1.3.1 Thermoplaste

Thermoplaste sind unvernetzte Werkstoffe, die oberhalb einer bestimmten, vom Basis-Werkstoff abhängigen, Temperatur erweichen, dann in einen plastischen Zustand übergehen und wiederholt umgeformt werden können. Werkstoffe mit diesen Eigenschaften sind gut für das Recycling geeignet.

PVC, lange Zeit „der" Kunststoff in der Kabelindustrie, ist heute bei weitem nicht mehr der einzige Thermoplast, der als Isolier- und Mantelwerkstoff eingesetzt wird. Die Beilage „Isolier- und Mantelwerkstoffe" zeigt die Vielfalt der heute verfügbaren, in der Kabelindustrie eingesetzten Thermoplaste.

In die nationale und regionale sowie in die internationalen Normung haben allerdings bisher nicht alle in der Beilage genannten thermoplastischen Werkstoffe Eingang gefunden. Ursache dafür ist, daß auch die Kabel-Bauarten, bei denen diese Werkstoffe als Isolierung und/oder Mantel eingesetzt werden, bisher noch nicht von der Normung erfaßt sind.

### 1.3.2 Elastomere

Elastomere sind vernetzte (vulkanisierte), Gummi-artige Werkstoffe. Sie sind über einen weiten Temperaturbereich, von tiefen Temperaturen bis zur Zersetzung, elastisch. Elastomere lassen sich, wenn sie einmal vernetzt sind, nicht erneut umformen. Das Recycling ist deshalb mit erheblichen Schwierigkeiten verbunden.

Naturkautschuk als Basiswerkstoff für Gummi-Mischungen der Kabelindustrie ist bis auf äußerst geringe Ausnahmen durch synthetische Kautschuke verdrängt worden. Der Vorteil synthetischer Werkstoffe ist die größere Reinheit und eine

| lfd. | Werkstoff | VDE 0207 Teil | HD 21 Teil | HD 22 Teil | HD 624 Teil | IEC 227 Teil | IEC 245 Teil | IEC 502 Teil |
|---|---|---|---|---|---|---|---|---|
| **1** | **Thermoplaste** | | | | | | | |
| 1.1 | PVC-Isolierungen | 4 | 1 | | 1 | 1 | | 1 |
| 1.2 | PVC-Mäntel | 5 | 1 | | 2 | 1 | | 1 |
| 1.3 | PE-Isolierungen | 2 | | | 3 | | | 1 |
| 1.4 | PE-Mäntel | 3 | | | 4 | | | 1 |
| 1.5 | PP-Isolierungen | 7 | | | 5 | | | |
| 1.6 | TPU-Mantel | | | 10 | | | | |
| 1.7 | Fluor-Polymere | 6 | | | | | | |
| **2** | **Elastomere** | | | | | | | |
| 2.1 | Gummi-Isolierungen | 20 | | 1 | | 1 | | 1 |
| 2.2 | Gummi-Mäntel | 21 | | 1 | | 1 | | |
| 2.3 | VPE-Isolierungen | 22 | | | | | | 1 |
| 2.4 | XPVC-Isolierungen | | | 14 | | | | |
| 2.5 | XPVC-Mäntel | | | 14 | | | | |
| **3** | **Halogenfreie Werkstoffe** | | | | | | | |
| 3.1 | Isolierungen | 23 | | | 6 | | | |
| 3.2 | Mäntel | 24 | | | 7 | | | |

Tabelle 1.7: Normen für Isolier- und Mantelwerkstoffe

breite Auswahl unterschiedlicher Eigenschaften, die eine nahezu optimale Anpassung der Mischungen an die vorgesehene Verwendung ermöglichen. Die Beilage „Isolier- und Mantelwerkstoffe“ zeigt die große Zahl der heute verfügbaren synthetischen Kautschuke, ihre besonderen Eigenschaften und ihre Verwendung.

Alle in der Beilage genannten elastomeren Basis-Werkstoffe sind in den nationalen, regionalen und internationalen Bestimmungen für Isolier- und Mantelwerkstoffe wiederzufinden.

### 1.3.3 Thermoplastische Elastomere

Die Thermoplastischen Elastomere (TPE), englisch auch „thermoplastic rubber“ (TPR) genannt, bilden eine Werkstoffgruppe, die zunehmend an Bedeutung gewinnt. Es handelt sich um thermoplastische Werkstoffe, die, besonders im unteren Temperaturbereich, Gummi-elastische Eigenschaften aufweisen, sich aber bei höheren Temperaturen wie Thermoplaste verhalten, d.h. sie erweichen und schmelzen schließlich. Thermoplastische Elastomere sind wie die Thermoplaste gut zum Recyclen geeignet.

Mit Ausnahme des bereits seit Mitte der 60er Jahre eingesetzten Polyurethans, hat bisher kein Thermoplastischer Elastomer Aufnahme in die nationalen, regionalen oder internationalen Normen gefunden, obwohl, wie die Beilage „Isolier- und Mantelwerkstoffe" zeigt, eine reiche Auswahl zur Verfügung steht und diese Werkstoffe immer häufiger eingesetzt werden. Siehe hierzu auch 1.3.7.

### 1.3.4 Strahlenvernetzte Werkstoffe

Alle Elastomere lassen sich problemlos auf chemischem Wege vernetzen. Dies ist in gleicher Weise auch mit einigen thermoplastischen Werkstoffen möglich, andere entziehen sich jedoch den klassischen Vernetzungsverfahren. Erst mit der Einführung der physikalischen Vernetzung mit Hilfe von Elektronenstrahlen ist es möglich geworden, auch diese Thermoplaste zu vernetzen

Der große Vorteil der Strahlenvernetzung liegt in der Verbesserung der Wärme-Standfestigkeit der ursprünglich thermoplastischen Werkstoffe, wenn diese erhöhten Temperaturen und Druckbelastungen ausgesetzt sind. Eine Erhöhung der zulässigen Dauertemperatur ist damit in der Regel jedoch nicht verbunden. Auch der Alterungsprozeß wird durch die Vernetzung nicht wesentlich beeinflußt.

Mit der Strahlenvernetzung lassen sich neben der Verbesserung der Wärmestandfestigkeit teilweise auch andere Eigenschaften verbessern, z.B. die chemische Beständigkeit und das Brandverhalten des Polyurethans.

Von den strahlenvernetzten Werkstoffen wurde bisher nur das strahlenvernetzte PVC in die nationale und regionale Normung aufgenommen. Die Aufnahme in IEC-Standards wird z.Zt. vorbereitet. Es wird als Isolier- und Mantelwerkstoff für Anschlußleitungen mit besonders hohen Biegebeanspruchungen und gleichzeitiger Einwirkung erhöhter Temperaturen eingesetzt, z.B. zum Anschluß von elektrischen Bügeleisen oder Toastern.

Die Beilage „Isolier- und Mantelwerkstoffe" zeigt die breite Palette der zur Verfügung stehenden strahlenvernetzten Werkstoffe mit ihren typischen Merkmalen und Hinweisen für ihre Verwendung.

### 1.3.5 Hochtemperatur-Werkstoffe

In der Gruppe der Hochtemperatur-Werkstoffe sind alle jene Werkstoffe zu finden, die sich gegenüber den zuvor genannten Thermoplasten, Elastomeren und Thermoplastischen Elastomeren durch eine wesentlich höhere Temperatur-Beständigkeit auszeichnen. Mit Ausnahme des Silikon-Gummis handelt es sich dabei um hocharomatische Thermoplaste. Eine herausragende Stellung nehmen dabei die fluorierten Kohlen-Wasserstoffe ein.

Die Verwendung der teueren Hochtemperatur-Werkstoffe ist aus Kostengründen auf Sonderleitungen, z.B. im Bereich der Luftfahrt und der Wehrtechnik beschränkt. Die regionale Normung hat sich bisher auf die Kabel- und Leitungs-Bauarten beschränkt, die im großen Umfang am grenzüberschreitenden Handel beteiligt sind und z.B. als Geräte-Anschlußleitung direkt in die Hände des Anwenders gelangen. Erst jetzt beginnt die regionale Normung mit den Kabeln für die Verwendung in der Industrie, den öffentlichen Energieversorgungsnetzen und dem rollenden Wagenpark der Bahnen. Auch die regionale Normung der Kommunikationskabel hat gerade erst begonnen. Kabel für spezielle Anwendungen, z.B. Bergbau-Leitungen, werden auch weiterhin noch nicht in der regionalen Normung behandelt. Es wird also noch eine ganze Weile dauern, bis auch Hochtemperatur-Werkstoffe von der regionalen Normung erfaßt werden.

In der Beilage „Isolier- und Mantelwerkstoffe" sind die Hochtemperatur-Werkstoffe mit ihren typischen Merkmalen und Hinweisen für die Anwendung aufgelistet.

### 1.3.6 Halogenfreie Werkstoffe

„Halogenfreie Werkstoffe" werden seit einiger Zeit verstärkt für „Kabel mit besonderen Eigenschaften im Brandfall" angeboten. Leider hat sich sowohl bei Kabelherstellern als auch bei Anwendern eingebürgert, mit dem Begriff „halogenfrei" eine Reihe anderer Begriffe fest zu verbinden. Geringe Brandweiterleitung, Isolationserhalt unter Flammeneinwirkung, keine korrosiven Gase, geringe Rauchgas-Dichte sowie geringe Toxizität der Rauchgase sind wohl Eigenschaften der genannten „Kabel mit besonderen Eigenschaften im Brandfall", sie haben aber mit Halogenfreiheit nichts zu tun. Zumindest ein Teil dieser Eigenschaften, kann auch mit halogenhaltigen Werkstoffen erreicht werden. Andererseits können halogenfreie Kabel sehr wohl Korrosionen hervorrufen, dichten Qualm sowie auch giftige Rauchgase erzeugen und auch halogenfreie Kabel können den Brand weiterleiten. Neben der Halogenfreiheit haben andere Merkmale der Werkstoffe und nicht zuletzt auch die Kabelkonstruktionen einen Einfluß auf die oben genannten Kabeleigenschaften.

De Tabelle 1.8 gibt einen Überblick über halogenfreie Isolier- und Mantelwerkstoffe. Die Angaben dieser Tabelle können nur eine grobe Orientierung sein, weil die von den einzelnen Kabelherstellern eingesetzten Mischungen sehr unterschiedlich sind. Es ist aber leicht zu erkennen, daß die für „Kabel mit besonderen Eigenschaften im Brandfall" eingesetzten Werkstoffe alle auf Thermoplasten, Elastomeren und Thermoplastischen Elastomeren aufbauen, die ohnehin schon halogenfrei, weitgehend raucharm und nur gering toxisch sind. Lediglich die Flammwidrigkeit (LOI) wird durch Additive wesentlich verbessert. Dafür wird nicht selten eine Verschlechterung der mechanischen Eigenschaften in Kauf genommen.

Das verbesserte Brandverhalten halogenfreier Polymer-Mischungen wird vorallem durch die Zugabe von AL- und Mg-Hydroxid als flammhemmende Füllstoffe erreicht. Al-Hydroxid zersetzt sich bei Temperaturen oberhalb 200 °C, Mg-Hydroxid benötigt dazu mindestens 340 °C. Bei dieser Zersetzung werden große Energiemengen verbraucht, die dem Brand entzogen werden. Der bei der Zersetzung entstehende Wasserdampf verdrängt den zur Verbrennung notwendigen Sauerstoff und umgibt die Brandstelle mit einer Schutzgasatmosphäre.

An der Oberfläche der brennenden Kabel bildet sich zusätzlich aus den aus der Zersetzung der Hydroxide stammenden Oxiden und aus den aus der Polymer-Mischung stammenden Zersetzung-produkten der Polymere eine Verkrustung aus mineralischen Verbindungen, die wie ein Schutzschild gegen die von außen auf das Kabel einwirkende Brandhitze wirken und das Weiterbrennen verlangsamen.

Darüber hinaus absorbieren die aus der Zersetzung der Hydroxide stammenden AL- und Mg-Oxide die bei der Verbrennung der Polymer-Mischungen entstehenden Teer- und Rußpartikel und reduzieren auf diese Weise die Rauchgas-Dichte.

Die Zersetzungsprodukte der Al- und Mg-Hydroxide bilden im Gegensatz zu halogenhaltigen Flammschutzmitteln weder giftige noch korrosive Gase.

Isolier- und Mantelwerkstoffe mit besonderen Eigenschaften im Brandfall sind bisher nur in die VDE-Bestimmungen aufgenommen worden, nicht aber in die regionalen oder internationalen Normen.

### 1.3.7 Nicht genormte Werkstoffe

Die Chemische Industrie bietet ständig neue Werkstoffe und Werkstoff-Kombinationen an, die sich z.T. erheblich von den klassischen, bisher von der Normung erfaßten Werkstoffen unterscheiden. Allen voran sind hier die Thermoplastischen Elastomere (TPE / TPR) und die sogenannten Polymer Alloys zu nennen. Hinzu kommen ungezählte Rezepturen der Hersteller für Mischungen, die für besondere Anwendungen entwickelt wurden. Dies gilt in besonderem Maße für die Mischungen der „Kabel mit besonderen Eigenschaften im Brandfall".

Kabel-Hersteller wie Anwender sind zunehmend daran interessiert, für Produkte, die mit diesen, bisher nicht von der Normung erfaßten Werkstoffen hergestellt sind, die Approbation einer anerkannten, neutralen Zertifizierungsstelle zu erhalten. Diese Zertifizierungsstellen haben sich in der Vergangenheit auf bestehende Werkstoff-Normen und die dort für die Charakterisierung der Werkstoff-Art benutzte Formulierung „Basis im Regelfall" oder „Mischung auf der Basis von..... oder ähnlichem Werkstoff" als Stand der Technik abgestützt.

Bei der breiten Palette der Werkstoffe, die heute angeboten wird, die aber bisher in der Normung nicht wiederzufinden ist und den breiten Überschneidungen, ist ein solches Vorgehen, sofern überhaupt möglich, mit großen Risiken verbunden.

Die bisherigen Anforderungen an die Werkstoffe gehen von z.T. jahrzehntelangen Erfahrungen und davon aus, daß ein geeigneter Ersatz für die in den Bestimmungen genannten Basis-Werkstoffe nicht zur Verfügung steht, sieht man von geringfügigen Variationen, z.B. den Polymerisationsprozessen, ab. Ein PE bleibt PE, unabhängig davon, ob es als Hoch- oder Niederdruck-PE, mit niedriger oder hoher Dichte hergestellt wird.

Die heutigen Anforderungen an Isolier- und Mantelwerkstoffe verlangen nur die Prüfung einiger weniger typischer Merkmale. Bei anderen geht man davon aus, daß sie unzertrennlich mit dem betreffenden Werkstoff verbunden sind und verzichtet deshalb auf ihre Prüfung.

Ein Beispiel hierfür ist die Hydrolyse-Beständigkeit. PE gehört zur Gruppe der Olefine. Viele der heute verwendeten halogenfreien Mischungen bauen ebenfalls auf Basis-Werkstoffen dieser Gruppe auf, z.B. Polypropylen und seinen Co-Polymeren. Weil PE Hydrolyse-beständig ist und deshalb diese Eigenschaft beim PE nicht geprüft wird, hat man auch bei den halogenfreien Mischungen auf die Prüfung der Hydrolyse-Beständigkeit verzichtet, mit der Folge, daß viele der damit hergestellten Leitungen schon nach kurzer Betriebszeit ausfielen. In dieser Hinsicht besonders gefährdet sind Polyester.

Ähnlich verhält es sich mit der Wärme-Dehnung. Über 7 Jahrzehnte ist man davon ausgegangen, daß Gummi-Isolierungen und Gummi-Mäntel stets vernetzt sind. Erst in den 70er Jahren hat man damit begonnen die Wärme-Dehnung als Nachweis für die Vernetzung in die Werkstoff-Normen aufzunehmen. Anlaß waren Stegleitungen, deren Umhüllung gemäß der Aufbau-Vorschrift aus Gummi bestehen sollte, von dem man traditionsgemäß erwartete, daß er vernetzt ist. Einige der Leitungen besaßen zwar eine Umhüllung aus Gummi, sie

| Lfd Nr. | Werkstoff Chem. Bezeichnung (Basis-Werkstoff) | Kurzzeichen Chem. | VDE | Eigenschaften flamm-widrig (LOI) | rauch-arm 1) | korrosive Gase 2) | giftige Gase 3) |
|---|---|---|---|---|---|---|---|
| **Thermoplaste** | | | | | | | |
| 1 | Polyethylen | PE | 2Y | ≤ 22 | j | n | n |
| 2 | Polyamid | PA | 4Y | ≤ 22 | j | n | n |
| 3 | Polypropylen | PP | 9Y | ≤ 22 | j | n | n |
| **Thermoplastische Elastomere (TPE)** | | | | | | | |
| 4 | Polyamid | TPE-A | 4Y | ≤ 22 | j | n | n |
| 5 | Polyurethan[5)] | TPU | 11Y | ≤ 26 | j | n | j[4)] |
| 6 | Polyester | TPE-E | 13Y[6)] | ≤ 28 | j | n | n |
| 7 | Polyolefin | TPE-O | 18Y[6)] | ≤ 25 | j | n | n |
| 8 | Styrol-Ethenbuten | TPE-S | 17Y[6)] | ≤ 27 | n | n | n |
| **Elastomere (vernetzte Werkstoffe)** | | | | | | | |
| 9 | Naturkautschuk | NR | G | ≤ 22 | n | n[7)] | n |
| 10 | Styrol-Butadien | SBR | G | ≤ 22 | n | n[7)] | n |
| 11 | Ethylen-Propylen | EPR | 3G | ≤ 22 | j | n | n |
| 12 | Ethylen-Vinylacetat | EVA | 4G | ≤ 22 | j | n | n |
| 13 | Silikon | SIR | 2G | ≤ 30 | j | n | n |
| 14 | Polyethylen, vernetzt | PE | 2X | ≤ 22 | j | n | n |
| **Werkstoffe für Kabel mit besonderen Eigenschaften im Brandfall** | | | | | | | |
| 15 | Olefine[8)] | PE-Cop. | HI/HM | ≤ 40 | j | n | n |
| 16 | Polyurethan[5)] | TPU | 11Y | ≤ 29 | j | n | j[4)] |
| 17 | Polyester | TPE-E | 13Y | ≤ 28 | j | n | n |
| 18 | Polypropylen | PP | 9Y | ≤ 28 | j | n | n |
| 19 | Etylen-Vinylacetat | EVA | 4G | ≤ 34 | j | n | n |
| 20 | Etherimid | PEIC | 21Y[6)] | ≤ 45 | j | n | n |
| 21 | Silikon | SIR | 2G | ≤ 34 | j | n | n |
| 22 | Polyetheretherketon | PEEK | 20Y[6)] | ≤ 35 | j | n | n |

j = ja  n = nein

1) raucharm ⇒ Lichtintensität ≥ 70 %, nach DINVDE 0472 Teil 816.
2) keine korrosiven Gase ⇒ pH-Wert ≥ 4,3 ; Leitfähigkeit ≤ 100 mS/cm, nach DINVDE 0472 Teil 813.
3) keine giftigen Gase ⇒ Gift-Index ≤ 5, nach NES 713.
4) größter Anteil: HCN.
5) auch vernetzt, mit Kurzzeichen: 11X.
6) diese Kurzzeichen sind noch nicht in DINVDE 0207 übernommen.
7) bei Schwefel-Vernetzung korrosive Gase möglich.
8) auch vernetzt, mit Kurzzeichen: 2X.

Tabelle 1.8: Eigenschaften im Brandfall von halogenfreien Kabelwerkstoffen war aber nur unzureichend oder gar nicht vernetzt. Dies entsprach zwar formal der Aufbau-Vorschrift, weil eine Vernetzung nicht ausdrücklich gefordert war, aber es war nicht im Einklang mit dem Geist dieser Bestimmung.

Heute erfüllen allerdings auch schon einige Thermoplastische Elastomere (TPE) die Anforderungen an die Wärmedehnung, obwohl es gar keine Elastomere sind. Damit ist nicht grundsätzlich verbunden, daß es sich bei den daraus hergestellten Kabeln um minderwertige Qualitäten handelt, aber sie erfüllen zumindest teilweise nicht die Anforderungen, die in der Praxis an sie gestellt werden, wenn sie als Gummi-Leitungen in die Hände der Anwender gelangen. Von einer Gummi-Schlauchleitung erwartet man, daß sie für den Anschluß an Heißgeräte geeignet ist. Kommt jedoch eine vermeintliche Gummi-Schlauchleitung, mit Isolierung und Mantel aus einem Thermoplastischen Elastomer, mit heißen Teilen des Gerätes in Berührung, so können Mantel und Isolierung schmelzen. Es kann zu einem Kurz- oder Erdschluß kommen und Menschen, die mit dem Gerät umgehen, können einen elektrischen Schlag erleiden. Damit kann die Verwendung Thermoplastischer Elastomere anstelle von Gummi zu einem Sicherheitsrisiko werden.

Wie aber soll man sich vor Schäden schützen, wenn man neue, weitgehend unbekannte Werkstoffe für Isolierungen und Mäntel von Kabeln einsetzt? Welche Maßstäbe sollten Zertifizierungsstellen bei der Beurteilung neuer Werkstoffe anlegen, damit Approbationen, die von unterschiedlichen Stellen herausgegeben werden, sich auf vergleichbarem Niveau bewegen?

#### *1.3.7.1 Angabe der verwendeten Basis-Werkstoffe*

Jeder Hersteller legt die von ihm verwendeten Basis-Werkstoffe für Isolierung und Mantel offen (keine Rezeptur) und gibt an, ob der Werkstoff vernetzt ist oder nicht.

Bei den klassischen von der Normung bereits erfaßten Werkstoffe sind keine weiteren Angaben erforderlich. Bei neuen Werkstoffen oder erheblichen Abweichungen von den Rezepturen der klassischen Werkstoffe, sollten zumindest die unter 1.2.7.2 und folgend genannten Untersuchungen durchgeführt werden.

Weil für neue Werkstoffe keine ausreichende Langzeit-Erfahrungen und statistische Untersuchungen vorliegen, sondern die Beurteilung nur an Hand von Einzelwerten erfolgen kann, müssen die Anforderungen an neue Werkstoffe schärfer gefaßt werden, als für die bereits seit längerem bekannten Werkstoffe.

#### *1.3.7.2 IR-Spektrum*

Zur Identifizierung der verwendeten Werkstoffe bei späteren Nachprüfungen wird ein IR-Spektrum hinterlegt.

*1.3.7.3 Zulässige Betriebstemperaturen*

*1.3.7.3.1 oberer Grenzwert*

Zur Bestimmung der zulässigen oberen Betriebstemperatur ist eine Arrhenius-Kurve aufzunehmen. Als Prüfkriterium ist eine Restdehnung von 50 % anzusetzen. Der für 20.000 h gefundene Wert, auf die nächsten 5 °C bzw. 10 °C abgerundet, gilt als zulässige obere Grenztemperatur.

*1.3.7.3.2 unterer Grenzwert*

Der untere Grenzwert darf nicht oberhalb - 5 °C liegen.

*1.3.7.3.3 Kurzschlußtemperatur*

Es wird davon ausgegangen, daß die Abschaltzeiten im Kurzschlußfall sehr gering sind und die Temperatur-Erhöhung im Kurzschlußfall adiabatisch von den Leitern aufgenommen wird, d.h. die Temperatur der Isolierung sich nicht sehr wesentlich erhöht. Mit Rücksicht auf evtl. Lötverbindungen darf die höchste Temperatur des Leiters von Isolierten Leitungen 160 °C nicht übersteigt.

*1.3.7.4 Alterungsverhalten*

Um einen sicheren Betrieb auch nach längerer Betriebszeit noch gewährleisten zu können, muß das Alterungsverhalten bekannt sein. Es dürfen nur Werkstoffe eingesetzt werden, deren Alterungsverhalten über einen längeren Zeitraum, mindestens ½ Jahr beobachtet, eine ausreichende Lebensdauer erwarten läßt.

Die Alterung ist bei einer Temperatur, die 20 °C über der zulässigen höchsten Betriebstemperatur liegt, durchzuführen. Die Alterungskurve (siehe Bild 1.3) ist mit mindestens 7 Meßpunkten zu bestimmen. Bei späteren Nachprüfungen kann der Beobachtungszeitraum abgekürzt werden, wenn feststeht, daß der Verlauf der neuen Kurve mit der Originalkurve vergleichbar ist. Es müssen bei der verkürzten Prüfung ebenfalls mindestens 7 Meßpunkte vorliegen.

*1.3.7.5 Thermisches Verhalten*

*1.3.7.5.1 Wärme-Formbeständigkeit*

Es ist der Verlauf der Wärme-Druckbeständigkeit in Abhängigkeit von der Temperatur zu bestimmen. (siehe Bild 1.4).

Bei Werkstoffen mit stetig über der Temperatur ansteigender Verformung (siehe PVC in Bild 1.4) darf die Verformung bei einer Temperatur von 20 °C über der zulässigen höchsten Betriebstemperatur nicht mehr als 50 % betragen.

Bei Werkstoffen, die über einen längeren Zeitraum nahezu formstabil bleiben, dann aber plötzlich abfallen (siehe PE in Bild 1.4 ), muß die zulässige höchste Betriebstemperatur mindestens 20 °C unterhalb dieser Unstetigkeit liegen.

*1.3.7.5.2 Kälte-Beständigkeit*

Durchmesser-abhängig ist eine Kälte-Schlag- bzw. Wickelprüfung bei einer Temperatur 15 °C unter der zulässigen kleinsten Betriebstemperatur, an der fertigen Ader und/oder der fertigen Leitung durchzuführen.

Es kann auch die Kälte-Dehnung zur Beurteilung herangezogen werden.

*1.3.7.6 Mechanische Festigkeit*

*1.3.7.6.1 Zugfestigkeit und Reißdehnung*

Die nachstehenden Grenzwerte sollten vor und nach der Alterung nicht unterschritten werden:

Zugfestigkeit: 5 $N/mm^2$ Reißdehnung: 100 %

*1.3.7.6.2 Weiterreißwiderstand*

Insbesondere bei Mantel-Mischungen ist der Weiterreißwiderstand zu bestimmen. Er darf nicht unter 10 N/mm liegen (entspricht PVC).

*1.3.7.6.3 Abrieb*

Der Abrieb ist nur an Mantel-Mischungen zu bestimmen. Er darf nicht größer als 400 $mm^3$ sein.

*1.3.7.7 Brandverhalten*

Das Brandverhalten ist nur dann zu prüfen, wenn die Werkstoffe ausdrücklich als Werkstoffe mit besonderen Eigenschaften im Brandfall ausgezeichnet sind.

*1.3.7.8 Umwelt-Einflüsse*

Prüfungen zur Beurteilung des Verhaltens gegenüber Umwelt-Einflüssen (Öl, Chemikalien, Witterung) sind nur dann durchzuführen, wenn die Werkstoffe als besonders widerstandsfähig gegenüber solchen Umwelteinflüssen ausgezeichnet sind.

Eine Ausnahme bilden Mischungen, die für Leitungen bestimmt sind, die in feuchten oder nasser Umgebung eingesetzt werden. Hier ist dringend zu empfehlen die Hydrolyse-Beständigkeit zu prüfen. Das Gleiche gilt für Isolierungen, die im Betrieb Gleichspannungen ausgesetzt sind.

## 1.4 Ausblick

Sowohl die nationalen als auch die regionalen und internationalen Bestimmungen für Isolier- und Mantelwerkstoffe der Kabelindustrie müssen sich zukünftig stärker als in der Vergangenheit auch an der Verwendung der Werkstoffe orientieren. Die bestehenden Anforderungen und Prüfverfahren müssen angepaßt und wenn notwendig neue Anforderungen und Prüfverfahren eingeführt werden. Beispiele hierfür sind die Alterungsprüfungen und die 3-Jahres-Grenztemperatur für alle Werkstoffe und der Weiterreißwiderstand von Mantel-Mischungen.

Die Definitionen der Werkstoffe in den Normen: „Basis im Regelfall" oder „Mischung auf der Basis von...... oder ähnlicher Werkstoff" müssen durch eindeutige Werkstoff-Bezeichnungen ersetzt werden.

Die auf den Markt drängenden Thermoplastischen Elastomere (TPE / TPR) sowie die Polymer-Alloys müssen rechtzeitig von der Normung erfaßt werden, um Produkte hinsichtlich ihrer Eignung für bestimmte Verwendungen vergleichbar zu machen und um Fehlentwicklungen zu vermeiden, die Leben und Gut der Anwender gefährden können..

Wenn das Ansehen der Kabel-Normung nicht nachhaltig geschädigt werden soll, ist das schnelle Umsetzen eines gemeinsamen Konzeptes für Isolier- und Mantelwerkstoffe der Energie- und Kommunikationskabel und -leitungen notwendig.

# 2 Polyolefine (PE und PP) für Kabel und Leitungen

H. Vogt

## 2.1 Einleitung

PE stellt neben PVC den heute gebräuchlichsten Werkstoff zur Isolierung und Ummantelung von Kabeln und Drähten dar und hat sich seit Jahrzehnten als zuverlässiger und hochwertiger Werkstoff bewährt.

Im Vergleich zu PVC hat PE u.a. die günstigeren dielektrischen und mechanischen Eigenschaften und eine niedrigere Versprödungstemperatur. Die niedrigere Dauergebrauchstemperatur von thermoplastischem PE läßt sich durch Vernetzen deutlich anheben. Seine einfache Extrudierbarkeit ermöglicht eine kostengünstige Verarbeitung, seine ausgezeichnete Langzeitstabilität gewährleistet über Jahrzehnte den Funktionserhalt von Kabeln und Leitungen.

Der überwiegende Anteil des PE wird zur Isolierung und Ummantelung von Nachrichten- und Energiekabeln eingesetzt. Weitere Einsatzgebiete stellen Kabel und Leitungen für Meß- und Regeleinrichtungen sowie die Kommunikationstechnik dar. Für diese Anwendungen werden spezielle PE-Produkte angeboten, die in hohem Maße die gestellten Anforderungen erfüllen.

## 2.2 Eigenschaften von PE

Die Makromoleküle des PE und seiner Copolymeren bilden Ketten aus vielen tausend $CH_2$-Gliedern, die je nach Polymerisationsbedingungen in verschiedener Weise verzweigt sein können (Bild 2.1).
Bei Raumtemperatur sind die linearen, unverzweigten Sequenzen der Ketten zu Kristall-Lamellen gefaltet. Diese flächigen Gebilde einheitlicher Dicke werden als Kristallite bezeichnet. Die Dicke der Kristall-Lamellen hängt vom Verzweigungsgrad der Moleküle und von ihrer thermischen Vorgeschichte ab. Zwischen den Kristall-Lamellen liegen amorphe Bereiche. In ihnen befinden sich aus den Kristall-Lamellen herausragende Molekülschlaufen, verzweigte Kettensegmente sowie kovalent oder ionisch gebildete Vernetzungsstellen der Ketten (Bild 2.2).

Oberhalb des Kristallit-Schmelzpunktes wird der teilkristalline Ordnungszustand aufgelöst und die Makromoleküle liegen dann knäuelartig ineinander verschlungen vor.
In PE-HD sind die Molekülketten praktisch ohne Verzweigungen. PE-MD und

**PE-HD**
**Dichte: 0,94 - 0,97 g/cm³**
**Schmelzpunkt (DSC): ca.. 128 - 136 °C**

**PE-MD**
**Dichte: 0,93 - 0,94 g/cm³**
**Schmelzpunkt (DSC): ca. 125- 128 °C**

**PE-LLD/PE-VLD**
**Dichte: 0,90 - 0,93 g/cm³**
**Schmelzpunkt (DSC): ca. 115 - 125 °C**

**PE-LD**
**Dichte: 0,915 - 0,935 g/cm³**
**Schmelzpunkt (DSC): ca. 106 - 118 °C**

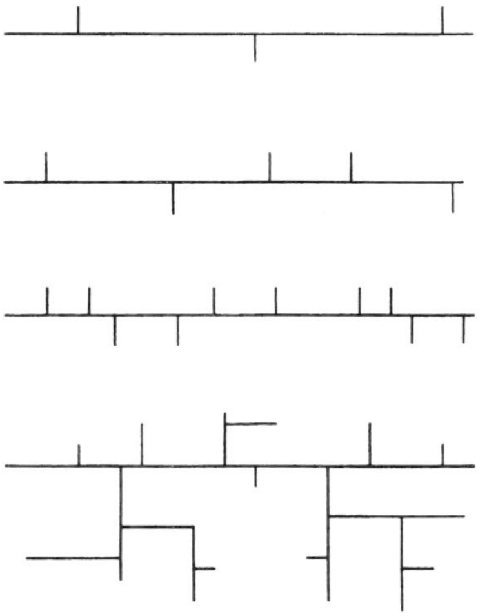

Bild 2.1: Schematische Darstellung der unterschiedlichen Strukturen und Verzweigungen bei PE

- **unterhalb des Kristallit-Schmelzbereiches**
  (Schematische Darstellung der Kristall-Lamellen und der amorphen Bereiche

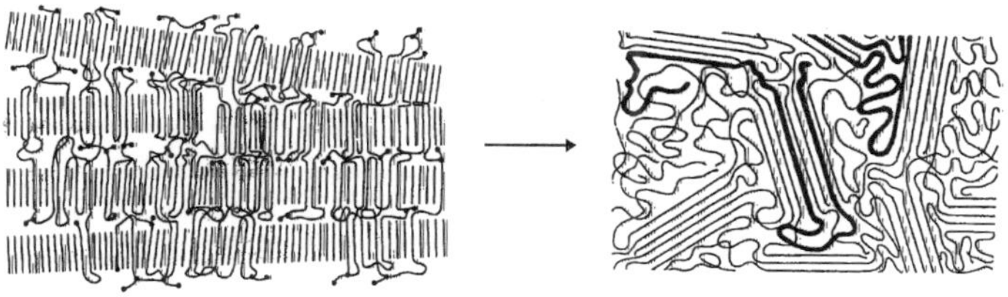

- **oberhalb des Kristallit-Schmelzbereiches**

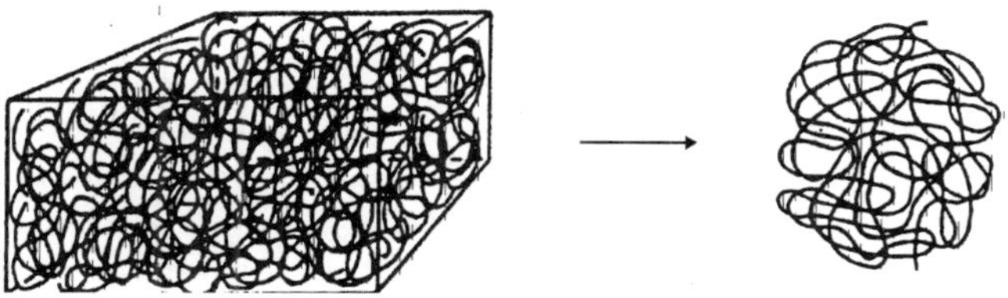

Bild 2.2: Schematische Darstellung des Ordnungszustandes von PE

PE-LLD entstehen durch Copolymerisation des Ethylens mit geringen Mengen an unpolaren α-Olefinen; dies führt zu sehr kurzen, definierten Seitenketten in den linearen Molekülketten. Der Einbau der α-Olefine in die Molekülketten verringert die Kristallinität und die Polymerdichte kann in weiten Bereichen variiert werden.

Diese „linearen" PE-Typen werden nach dem Niederdruckverfahren mittels spezieller Übergangsmetall-Katalysatoren hergestellt.

Im Gegensatz zu „linearem" PE entsteht PE-LD durch radikalische Polymerisation des Ethylens nach dem Hochdruckverfahren und zeichnet sich durch Molekülverzweigungen mit unterschiedlich langen Seitenketten, niedrigen Kristallinitäten und Dichten aus. Nach diesem Verfahren können die polaren EVA- oder EBA-Copolymeren durch Einbau von Vinylacetat oder Acrylester in die PE-Ketten gefertigt werden.

Die Homopolymeren PE-LD, PE-HD und die Copolymeren mit unpolaren α-Olefinen PE-MD oder PE-LLD werden neben dem Schmelzindex durch ihre Dichte charakterisiert. Je höher die Dichte des PE, desto größer ist der kristalline Anteil und um so geringer der Verzweigungsgrad.

Die Eigenschaften von PE werden im wesentlichen bestimmt durch:

- Molmasse
- Molmassenverteilung
- Kristallinität
- Molekülstruktur (Verzweigungsgrad, Comonomere)

Die mechanischen Eigenschaften, die Beständigkeit gegenüber Spannungsrißbildung (ESCR), sowie die Schmelzeviskosität und damit das Verarbeitungsverhalten korrelieren mit der mittleren molaren Masse und der Molmassenverteilung. Steifigkeit und Oberflächenhärte lassen sich über die Kristallinität und dem molekularen Aufbau steuern.

Durch Veränderung des molekularen Aufbaus, z.B. durch Einbau von polaren Comonomeren, lassen sich die physikalisch-chemischen Eigenschaften, insbesondere das Verhalten gegenüber Chemikalien positiv beeinflussen.

## 2.3 PE für Nachrichtenkabel

PE hat sich seit Jahrzehnten als zuverlässiger und hochwertiger Werkstoff zur Isolierung und Ummantelung von Nachrichtenkabeln bewährt. Die Einsatzgebiete reichen vom einfachen Fernsprech-Teilnehmerkabel über Ortskabel bis hin zu Mäntel für moderne Glasfaserkabel. Hochfrequenz-Koaxialkabel sowie das neue Breitbandkabelnetz der Deutschen Telekom enthalten PE als Isolier- und Mantelwerkstoff (Bild 2.3).

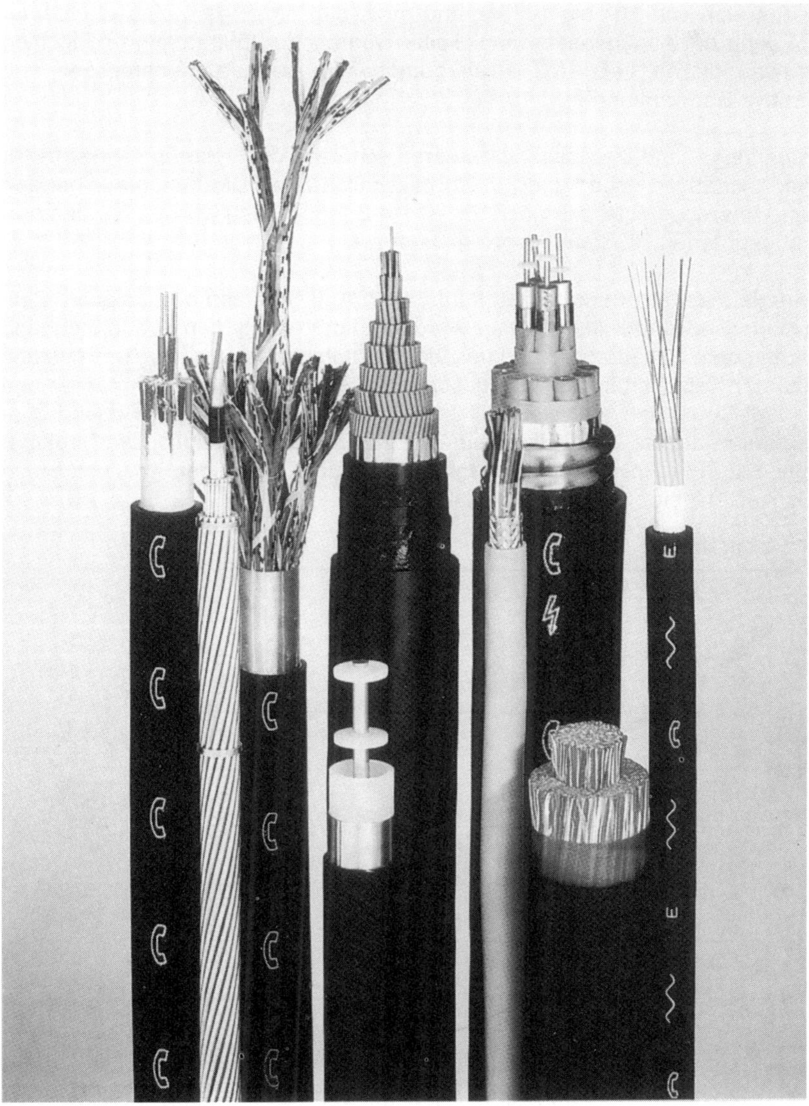

Bild 2.3: Nachrichtenkabel mit Isolierungen und Mäntel aus PE

### 2.3.1 Isolierung von Nachrichtenkabeln

Als Isoliermaterial für Kupferkabel haben sich hochmolekulare PE-LD-Spezialprodukte mit Dichten von 0,918 - 0,930 $g/cm^3$ bestens bewährt. Sie erfüllen die Forderungen nach konstanten dielektrischen Eigenschaften über einen Frequenzbereich von $10^2$ bis $10^9$ Hz und nach gleichmäßigen, glatten Oberflächen, auch bei Abzugsgeschwindigkeiten von bis zu 2000 m/min und kleinen Isolierwanddicken. Letzteres ist unabdingbar für geringe Durchmesser- und kapazitive Schwankungen.

Verarbeitungs- und Langzeitstabilisatoren schützen die Isolierung wirksam vor thermo-oxidativer Schädigung in Kontakt mit Kupfer. Die beschleunigenden Wärme-Alterungstests, z.B. nach IEC 811-4-2 (Wickeltest) werden von den derzeit angebotenen PE-Typen problemlos erfüllt.

Bei vergleichbarer Aderkapazität kann durch Aufschäumen der Isolation (Zell-PE) die Isolierwanddicke reduziert werden. Bild 2.4 zeigt den Zusammenhang zwischen dem Schäumgrad und der Dielekrizitätszahl $e_r$ von PE. Zur Erzielung konstanter Kapazitäten muß die geschäumte Isolation sehr gleichmäßige und feine Zell-Strukturen aufweisen. Das Aufschäumen erfolgt überwiegend chemisch durch Zusatz von Treibmitteln, wie z.B. Azodicarbonamid. Die Direktbegasung mit Stickstoff wird vorwiegend bei Schäumgraden über 50 % und dickeren Isolierschichten angewandt.

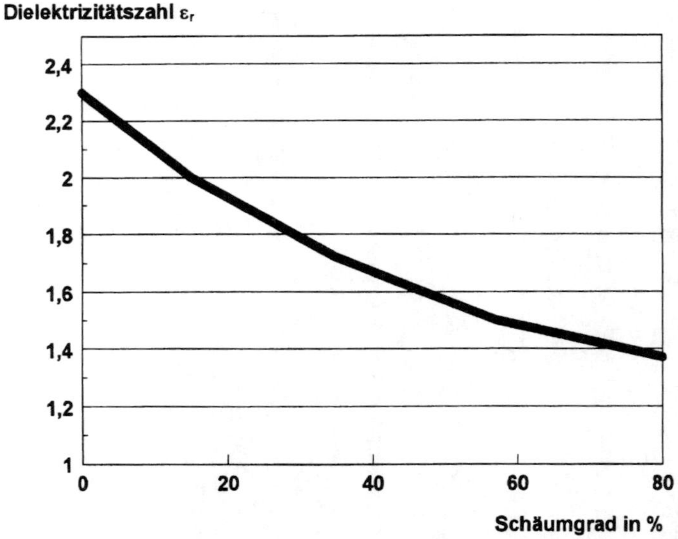


Bild 2.4: Zusammenhang zwischen Schäumgrad und Dielektrizitätszahl $e_r$ bei Zell-PE

Die Nachteile gegenüber der kompakten PE-Isolierung bezüglich mechanischer Festigkeit und stärkerer Deformierbarkeit können durch eine coextrudierte Schutzschicht aus kompaktem PE-MD, PE-HD oder PP weitgehend beseitigt werden. Diese Art der Isolation als „foam skin" bezeichnet. Die Wanddicken der beiden Schichten stehen üblicherweise im Verhältnis 5:1.

Da etwa die Hälfte des Kabelquerschnitts nicht durch die isolierten Kupferleiter ausgefüllt wird, könnte z.B. bei Beschädigung des Kabelmantels Feuchtigkeit eindringen und sich rasch im Kabel ausbreiten und Schäden verursachen. Durch Ausfüllung des Kabels mit Wachs/Ölgemisch aus Kohlenwasserstoffen - Petrolat oder Vaseline - wird bei derartigen Fällen der Eintritt von Feuchtigkeit verhindert.

Bei petrolatgefüllten Kabeln wird PE-LD mit mittleren Dichten bevorzugt, da die Quellung mit steigender Dichte abnimmt (Bild 2.5). Für Kabel mit größeren Isolations-Wanddicken, die nicht mit Petrolat in Kontakt kommen, eignet sich auch hochmolekulares PE-LD niedriger Dichte.

### 2.3.2 Ummantelung von Nachrichtenkabel

Die hervorragenden mechanischen Eigenschaften von PE, wie Abrieb- und Biegewechselfestigkeit, sowie eine hohe Kerbschlagzähigkeit und die geringe Was-

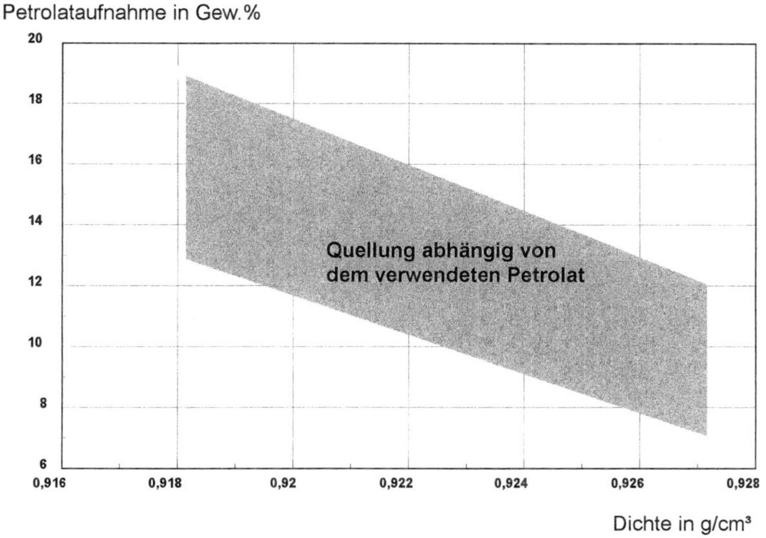


Bild 2.5: Zusammenhang zwischen der Dichte des PE und der Quellung durch Petrolat

serdampf-Durchlässigkeit schützen die Nachrichtenkabel wirksam vor Feuchtigkeit und mechanischen Verlegeschäden.

Standardprodukte für Kabelmäntel sind heute rußhaltige PE-LD-Copolymere mit ausgezeichneter Beständigkeit gegenüber Spannungsrißbildung (Tabelle 2.1). Der Zusatz von 2.5 % Ruß in feinstverteilter Form macht sie unempfindlich gegenüber Umwelteinflüssen. Daneben wird auch PE-LLD mit breiter Molmassenverteilung als Mantelmaterial eingesetzt.
Mit dem heute gebräuchlichen Aluminiumschichtenmantel wird zusätzlich eine effektive Sperrwirkung für eindringende Feuchtigkeit erreicht. Den prinzipiellen Aufbau dieser Konstruktion zeigt Bild 2.6.

## 2.4 PE für Energiekabel

Nach der Höhe der Nennspannung unterscheidet man zwischen:

- Niederspannung 1 kV bis 10 kV
- Mittelspannung > 10 kV bis 30 kV
- Hochspannung 30 kV bis 110 kV
- Höchstspannung > 110 kV

Nahezu alle Niederspannungskabel und der überwiegende Teil der Mittelspannungskabel sind bereits mit einer extrudierten Kunststoffhülle isoliert. Bei Hoch- und Höchstspannungskabeln konnte sich die Kunststoffisolierung bisher noch nicht im gleichen Umfang durchsetzen, wenn gleich bei den neuinstallierten Kabeln die Kunststoffisolierung einen überdurchschnittlichen Anteil ausweist.

| **Lupolen** | | **ESCR ( Fo in h)** | | |
|---|---|---|---|---|
| | | **Prüfmethode A** | **B** | **C** |
| **1842 D sw 00413** | **PE-LD** | **> 1000** | **> 1000** | **-** |
| **2012 D sw 00413** | **PE-LD** | **> 1000** | **> 1000** | **> 1000** |
| **3652 D sw 00413** | **PE-MD** | **> 1000** | **> 1000** | **> 1000** |

A = ASTM D 1693, Probe mit 15 K/min abgekühlt
B = ASTM D 1693, Probe mit 5 K/min abgekühlt
C = ASTM D 1693, Probe 1 h geknetet und 16 h bei 70 °C konditioniert

Tabelle 2.1: ESCR von Lupolen® für Kabelmäntel

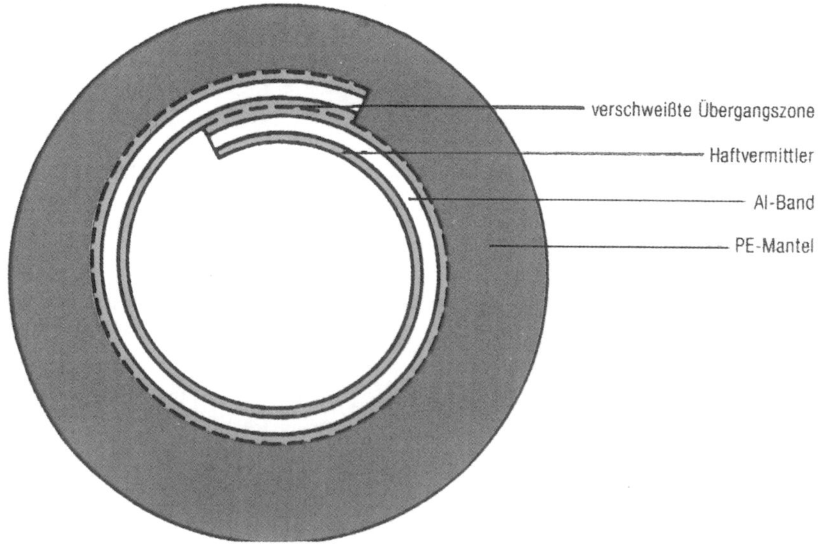


Bild 2.6: Aufbau eines Aluminiumschichtenmantels

Gemäß DIN VDE dürfen derzeit nur die in Tabelle 2.2 aufgelisteten Kunststoffe zur Isolierung und Ummantelung von Energiekabeln eingesetzt werden. Für Hoch- und Höchstspannungskabel gibt es derzeit noch keine entsprechenden Vorschriften.

Die unterschiedlichen Eigenschaften von PVC und PE bestimmen im wesentlichen das jeweilige Einsatzgebiet. Im Vergleich zu PVC hat PE u.a. die günstigeren dielektrischen und mechanischen Eigenschaften und eine niedrigere Versprödungstemperatur, wie aus Tabelle 2.3 hervorgeht. Die niedrigere Dauergebrauchstemperatur von thermoplastischem PE läßt sich durch Vernetzung anheben.

### 2.4.1 Niederspannung

Im Niederspannungsbereich bis 1 kV ist vorwiegend PVC als Isoliermaterial anzutreffen. Aufgrund der hohen Flexibilität und des besseren Brandverhaltens von Weich-PVC im Vergleich zu PE, wird PVC überall dort eingesetzt, wo diese speziellen Eigenschaften in hohem Maße erforderlich sind und das niedrigere Isolationsvermögen akzeptierbar ist.

| DIN VDE | Nennspannung | Isolierung | Mantel |
|---|---|---|---|
| 0271 [3] | bis 6 / 10 kV [1] | PVC | PVC |
| 0272 | 0,6 / 1 kV | PE-X | PVC |
| 0262 | 0,6 / 1 kV | PE-X | PVC |
| 0274 | 0,6 / 1 kV | PE-X | - |
| 0273 [3] | 6 / 10, 12 / 20, 18 / 30 kV | PE-X | [2] |
| 0276-620 | 3,6 / 6 kV bis 20,8 / 36 kV | PE-X | [2] |

1) Mit Beschränkung auf 1-kV-Kabel

2) Vorzugsweise PE-HD

3) Teilweise Ersatz durch DIN VDE 0276-620

Tabelle 2.2: Kunststoffe für Energiekabel gemäß DIN VDE

Trotz der durch Greenpeace u.a. vehement geführten Anti-PVC-Kampagne hat sich vernetztes PE als alternatives Isolationsmaterial bei Niederspannungskabeln bisher nur in wenigen Anwendungen durchsetzen können. So bieten Kabel mit einer Isolation aus vernetztem PE-LD auch noch bei massiver Kontamination mit Chemikalien, wie in Bild 2.7 demonstriert, einen hohen Funktionserhalt, wie er z.B. bei Störfällen in der chemischen Industrie unabdingbar ist.

Die Vernetzung der PE-Isolation bei 1-kV-Kabel erfolgt vorwiegend über reaktive Silane, da diese gegenüber den anderen Vernetzungsverfahren wirtschaftliche Vorteile besitzt.

### 2.4.2 Mittel- und Hochspannung

Als Isoliermaterial wird PE wegen seiner ausgezeichneten dielektrischen Eigenschaften vorallem für Spannungen ab 10 kV eingesetzt. Vernetztes PE-LD ist heute im Mittel- und Hochspannungsbereich das gebräuchlichste Isolationsmaterial. Der wesentliche Vorteil von vernetztem PE (PE-X) ist die Standfestigkeit oberhalb der Kristallitschmelztemperatur. Höhere Spannungen und Temperaturen am Leiter (bis 90 °C Dauertemperatur, im Notstrombetrieb sogar bis 130 °C) sind dadurch möglich.
Bei Mittelspannungskabeln hat sich die Trockenvernetzung in kontinuierlichen CV-Linien mittels Peroxiden besonders bewährt. Mit einem Anteil von 95 % stellt die Peroxdvernetzung in Westeuropa das gebräuchlichste Vernetzungsverfahren dar.

| Eigenschaften | Einheit | PVC | PE | PE-X |
|---|---|---|---|---|
| Reißfestigkeit | MPa | 15 20 | 15 | > 15 |
| Reißdehnung | % | 200 - 400 | > 400 | > 400 |
| Abriebfestigkeit | | gut | gut | gut |
| Alterungsbeständigkeit bei 150 °C | | nicht gegeben | nicht gegeben | ausreichend |
| Max. Dauertemperatur | °C | 70 - 90 | 70 - 90 | 90 |
| Kurzschlußtemperatur | °C | 140 - 160 | 150 | 250 |
| Wärmeformbeständigkeit bei 150 °C | | nicht ausreichend | nicht ausreichend | gut |
| Versprödungstemperatur | °C | - 10 bis - 30 | - 60 | - 60 |
| Dielektrizitätszahl $\varepsilon_r$ | | 4 - 6 | 2,3 | 2,3 |
| Dielektr. Verlustfaktor tan δ | | $5 \cdot 10^{-3}$ | $2 \cdot 10^{-4}$ | $3 \cdot 10^{-4}$ |
| Durchgangswiderstand | Ω·cm | $10^{13} - 10^{15}$ | $> 10^{16}$ | $> 10^{16}$ |
| Brandverhalten (LOI) | % | 25 | 18 | 18 |

Tabelle 2.3: Vergleich der Eigenschaften von PVC und PE

Bild 2.7: Vergleich von 1-kV-Kabel mit PVC- und VPE-Isolierung nach einer Kontamination mit Lösungsmittel

Bild 2.8 zeigt verschiedene Mittelspannungskabel mit dem typischen Grundaufbau aus metallischem Leiter, PE-X-Isolierung mit innerer und äußerer Leitschicht und PE-Mantel.

Die Verarbeitung erfolgt hauptsächlich auf Dreifach-Extrusionsanlagen, wobei Isolierschicht, innere und äußere Leitschicht in einem Arbeitsgang aufgebracht werden. Zum Einsatz kommen überwiegend bereits mit Peroxid ausgerüstete Spezialprodukte. Die zur Vernetzung der Isolierung erforderlichen Peroxide und Alterungsschutzmittel können aber auch direkt beim Kabelhersteller entweder über Eigencompoundierung oder mittels der „Peroxid-Direktdosierung" eingebracht werden. Die Arbeitsweise bei diesem Verfahren ist in Bild 2.9 aufgezeigt.

An die Isoliermaterialien werden höchste Anforderungen bezüglich Reinheit und elektrischer Alterungsbeständigkeit gestellt, da Inhomogenitäten Auslöser von Durchschlägen sein können. Die Vorgaben sind in der DIN VDE 0276-620 bzw. DIN VDE 0273 festgelegt.

Halbleitende Compounds auf Basis EBA kommen zur spaltfreien Verbindung der Isolierung mit dem metallischen Leiter oder Schirm zum Einsatz. Sie enthalten bis zu 40 Gew. % an hochreinen, feinteiligen leitfähigen Rußteilchen.

PE-MD und PE-HD haben PVC als Mantelmaterial bei Mittel- und Hochspannungskabeln vorallem wegen ihrer größeren Abriebfestigkeit, geringeren Kerbempfindlichkeit und Wasserdampfdurchlässigkeit weitgehend abgelöst. Tabelle 2.4 gibt eine Übersicht der wichtigsten Eigenschaften der einzelnen Mantelmaterialien.

### 2.4.3 Vernetzung von PE

Bei der Vernetzung werden die PE-Ketten chemisch miteinander verknüpft. Dabei entsteht ein räumliches Netzwerk, in das die Kettenmoleküle je nach Vernetzungszustand mehr oder weniger eingebunden sind. Durch die Vernetzung werden wichtige Eigenschaften von PE wesentlich verbessert und weit über das Niveau von thermoplastischem PE angehoben. Dies gilt vorallem für die Spannungsrißbeständigkeit, die Abriebfestigkeit, die Kerbempfindlichkeit und die Wärme-Formbeständigkeit. Erfolgt die Vernetzung unterhalb der Kristallit-Schmelztemperatur von PE ändern sich Steifigkeit und Härte des eingesetzten PE nur unwesentlich, da nur die amorphen Bereiche an der Vernetzung teilnehmen. Bei einer Vernetzung oberhalb der Kristallit-Schmelztemperatur sinken mit zunehmendem Vernetzungsgrad Kristallinität und Dichte ab.
Zur Charakterisierung des Vernetzungszustandes ist gemäß DIN VDE 0472 T 615 die Wärmedehnung als Maß heranzuziehen (Bild 2.10).

Zur Vernetzung von PE bieten sich organische Peroxide, Elektronen- oder $\gamma$-Strahlung und reaktive Silane an.

Bild 2.8: Mittelspannungskabel mit Isolierung und Mantel aus PE

Bei allen drei Verfahren gilt es in einem ersten Schritt die PE-Moleküle durch eine Abstraktion von Wasserstoff-Radikalen zu „aktivieren“. Zur Initiierung dieses Prozesses werden bei der Peroxid- und Silanvernetzung dem Isoliermaterial thermisch labile organische Peroxide zugesetzt oder die isolierte Ader energiereicher Strahlung ausgesetzt, um eine Spaltung der kovalenten Kohlenstoff-Wasserstoff-Bindung unter Bildung von Radikalen an der Polymerkette auszulösen. Die nachstehenden Parameter beeinflussen dabei die Radikalausbeute:

- Molekularer Aufbau (Molare Masse, Molmassenverteilung, Polymerstruktur)
- Art und Menge der zugesetzten Verarbeitungs- und Alterungsschutzmittel

Im Falle der Peroxid- bzw. Strahlenvernetzung reagieren diese „aktivierten“ PE-Ketten oder Kettensegmente unter Ausbildung neuer Kohlenstoff-Kohlenstoff-Bindungen zu vernetzten Molekülen ab (Bild 2.11).

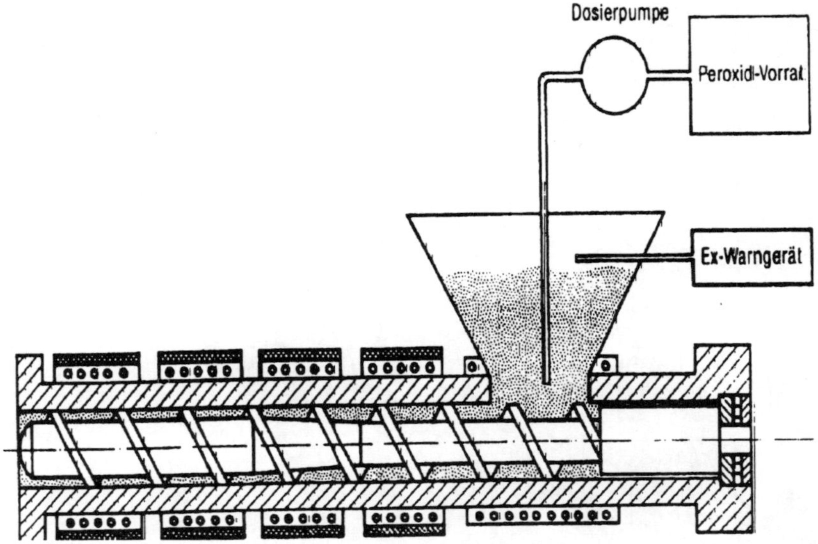


Bild 2.9: Prinzip der „Peroxid-Direkdosierung“

| Eigenschaften | PVC | PE-LD/ PE-LLD | PE-MD | PE-HD |
|---|---|---|---|---|
| Reißdehnung | - | + | + | ++ |
| Shore-D-Härte | - | o | + | ++ |
| Kerbschlagzähigkeit | - | + | + | + |
| Abriebfestigkeit | - | o | + | ++ |
| Kältebeständigkeit | o | ++ | ++ | ++ |
| Flexibilität | ++ | + | o | - |
| Wärmedruckfestigkeit bis 115 °C | o | - | + | ++ |
| Flammwidrigkeit | ++ | - | - | - |
| Wasseraufnahme | hoch | gering | gering | gering |
| Verarbeitbarkeit | ++ | + | o | o |

++ sehr gut + gut o ausreichend - nicht ausreichend

Tabelle 2.4: Werkstoffe für Kabelmäntel

- **Gleichgewichtsquellung (Quellwert)**

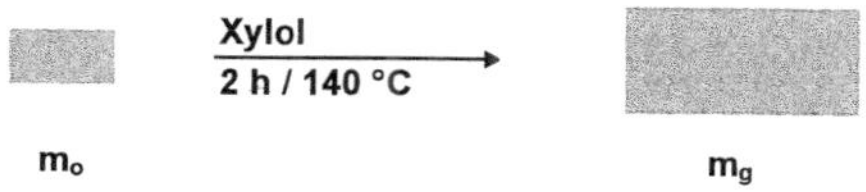


$$Q = \frac{m_g}{m_o}$$

- **Vernetzungsgrad (Geltest)**

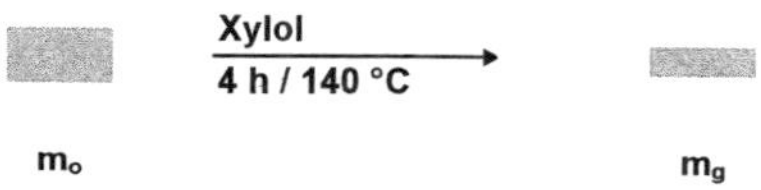


$$Gel = \frac{m_g}{m_o} \cdot 100\ \%$$

- **Wärmedehnung (HOT SET) - DIN VDE 0472 T 615**

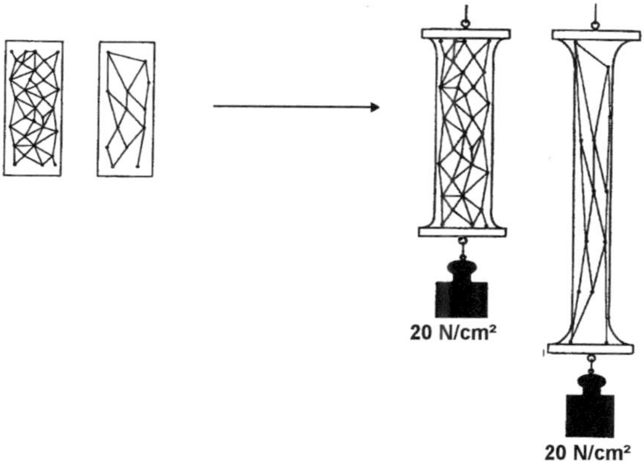


Bild 2.10: Meßmethoden zur Bestimmung des Vernetzungsgrades bei PE

Bei der Silanvernetzung werden die „aktivierten“ PE-Ketten oder Kettensegmente zum Aufpfropfen reaktiver Vinylsilanester genutzt, die in einem separaten Schritt die chemische Vernetzung auslösen. In Gegenwart von Wasser und einem Vernetzungskatalysator tritt zunächst eine Hydrolyse der Alkoxysilan-Gruppen ein, die dann durch Wasserabspaltung zu Silylether (Si-O-Si) -Strukturen vernetzen (Bild 2.11).

Die Peroxidvernetzung eignet sich prinzipiell für alle Spannungsebenen, die beiden anderen Verfahren werden nahezu ausschließlich im Niederspannungs-

bereich angewandt. Nachteilig sind aber die relativ hohen Investitionskosten sowie der hohe Energiebedarf. Aufgrund niedrigerer Extrusionstemperaturen (max. 145 °C), um den vorzeitigen Peroxidzerfall zu verhindern, sind nur geringe Fertigungsgeschwindigkeiten realisierbar.
Die Silanvernetzung erfordert zwar das niedrigste Investment und erlaubt hohe Produktionsraten, ist aber auf geringe Isolations-Wanddicken beschränkt.
Die Vernetzung erfolgt unterhalb der Kristallit-Schmelztemperatur, Dichte und Kristallinität des eingesetzten Polymeren ändern sich deshalb nur unwesentlich. Es lassen sich auch hochmolekulares PE-LD oder PE-LLD vernetzen, da bei höheren Massetemperaturen extrudiert werden kann.

Im Gegensatz zur Peroxid- und Strahlenvernetzung, bei denen Extrusion der isolierten Ader und die Vernetzung der Isolation in einem Arbeitsschritt ausführbar sind, stellt die Silanvernetzung ein diskontinuierliches Verfahren dar. Für die Vernetzung ist hier bisher noch ein zweiter Arbeitsschritt nötig.

Derzeit gibt es zwei kommerzielle Produktionsverfahren zur Herstellung silanvernetzter Isolierungen:

- Sioplasverfahren
- Monosilverfahren

Das Sioplasverfahren ist ein zweistufiger Prozeß, bei dem das gepfropfte Polymer und ein Katalysator in getrennten Arbeitsgängen als lagerfähige Granulate

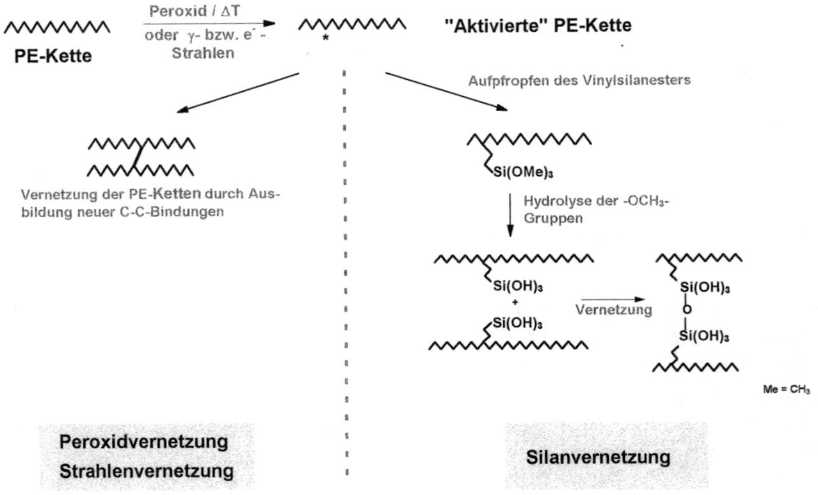


Bild 2.11: Vernetzungsmechanismen

hergestellt werden. Gepfropftes Polymer und Katalysatorbatch werden im Verhältnis 95 : 5 Gew.-Teilen gemischt und zur Kabelisolierung extrudiert (Bild 2.12)

Wesentlich eleganter arbeitet das einstufige Monosil-Verfahren, bei dem die zur Pfropfung und Vernetzung benötigten Komponenten, wie Silanester, Peroxid, Vernetzungskatalysator und Stabilisatoren, mit dem PE in den Einzugstrichter des Extruders dosiert werden. Mischen, Pfropfen, Homogenisieren und Extrusion der Isolierung finden in einem Arbeitsschritt statt.

Die Vernetzung der Isolationsschicht erfolgt dann bei beiden Verfahren entweder durch Eintauchen des Kabels in ein Wasserbecken oder durch Lagerung in einer Klimakammer bei 100 % rel. Feuchte bei Temperaturen von ca. 80 bis 95 °C.

Die Vernetzung von PE mittels energiereicher Strahlen ermöglicht ebenfalls hohe Produktionsgeschwindigkeiten bei niedrigem Energiebedarf. Die mit Abstand höchsten Investitionskosten sowie der ebenfalls eingeschränkte Einsatzbereich wirken sich nachteilig für dieses Verfahren aus. Die Eindringtiefe der energiereichen Strahlung hängt von der Teilchenenergie, der Polymerdichte und von der Wanddicke der Isolation ab. Analog zur Silanvernetzung erfolgt die Strahlenvernetzung unterhalb des Kristallit-Schmelztemperatur; Dichte und Kristallinität des eingesetzten Polymeren ändern sich deshalb kaum.

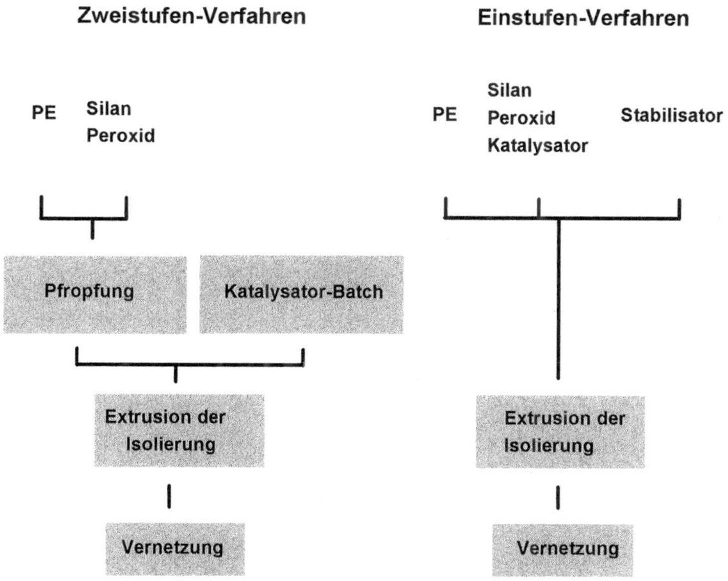


Bild 2.12: Produktionsverfahren für die Silanvernetzung

## 2.5 Metallocen-PE

Der Name „Metallocen“ ist ein Synonym für die komplexe Struktur neuartiger Katalysatoren zur Herstellung von „linearem“ PE nach dem Niederdruckverfahren.

Die Metallocen-Katalysatoren bestehen aus weitgehend gleichartigen polymerisations-aktiven Zentren, die zu Produkten mit einheitlicheren Kettenlängen und gleichmäßigem Comonomereinbau führen (Bild 2.13). So lassen sich mit Metallocenen auch noch Produkte mit sehr hohen Comonomergehalten und Dichten von 0,88 g/cm$^3$ realisieren, die mit den herkömmlichen Katalysatoren nicht zugänglich sind. Derartige Produkte waren mit den „klassischen“ Übergangsmetall-Katalysatoren bisher nicht zugänglich.

Die Vorteile von Metallocen-PE liegen seinen besonderen Eigenschaften begründet:

- Höhere Mechanik und ESCR (Bei gleicher Kristallinität/Dichte)
- Niedrigerer Schmelzpunkt
- Sehr flexible, elastomer-ähnliche Einstellungen möglich
- Hohe Transparenz
- Hervorragendes Vernetzungsverhalten
- Ausgezeichnetes WTR-Verhalten
- Hohe Wasserdampfdurchlässigkeit
- Hervorragende Füllstoffverträglichkeit

Die möglichen Einsatzgebiete bei Kabeln und Leitungen gilt es derzeit auszuloten.

Das Verarbeitungsverhalten des derzeit angebotenen Metallocen-PE ist wegen ihrer wesentlich engeren Molmassenverteilung generell ungünstiger, da die Schmelze wegen des homogenen molekularen Aufbaus nur eine geringe Strukturviskosität aufweist Hier sind sicherlich noch Weiterentwicklungen nötig.

## 2.6 PE für HFFR-Kabel

PE weist aufgrund seines molekularen Aufbaus ein denkbar ungünstiges Brandverhalten auf. Oberhalb 300 °C beginnt es sich unter Freisetzung brennbarer Gase zu zersetzen und läßt sich ab 340 °C leicht entzünden und verbrennt dann im Idealfall rückstandslos (Tabelle 2.5). Brennend abtropfendes PE unterstützt zudem die Flammenausbreitung. Zur Verbesserung des Brandverhaltens, müssen dem PE geeignete Flammschutzmittel zugesetzt werden.

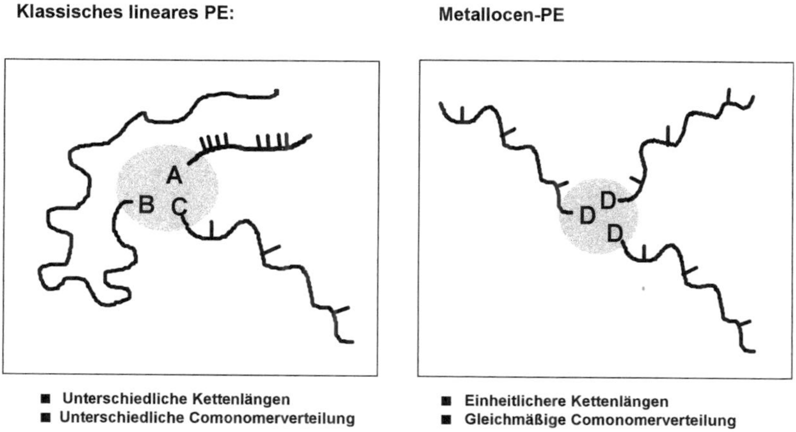


Bild 2.13: Struktur von Metallocen-PE

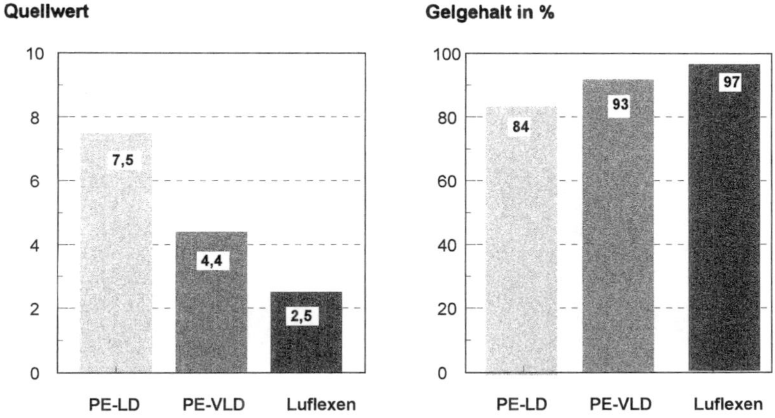


| | PE-LD | PE-VLD | Luflexen 0322 H |
|---|---|---|---|
| Dichte: | 0,918 g/cm³ | 0,903 g/cm³ | 0,903 g/cm³ |
| Schmelzindex MFI: (190/2,16) | 1,8 g/10min | 1,5 g/10min | 1,4 g/10min |

Bild 2.14: Vernetzungsverhalten von Luflexen®

| Polymer | Chem.Struktur | Zersetzung ab ... °C | EMF °C | LOI % |
|---|---|---|---|---|
| PE | ...$CH_2CH_2CH_2CH_2CH_2CH_2$... | > 300 | 340 | 17 |
| EVA | ...$CH_2CH_2CHCH_2CH_2CH_2$...<br>$OCOCH_3$ | > 300 | 340 | 18 |
| EAA | ...$CH_2CH_2CHCH_2CH_2CH_2$...<br>$CO_2R$ | > 300 | 350 | 17 |
| PP | ...$CH_2CHCH_2CHCH_2CH$...<br>$CH_3$ $CH_3$ $CH_3$ | > 300 | 350 | 17 |
| PVC | ...$CH_2CHCH_2CHCH_2CH$...<br>Cl Cl Cl | > 300 | 390 | 25 |

EMF = Entzündungstemperaturen mit Fremdzündung

Tabelle 2.5: Zusammenhang zwischen Struktur und Brandverhalten bei Polyolefinen und PVC

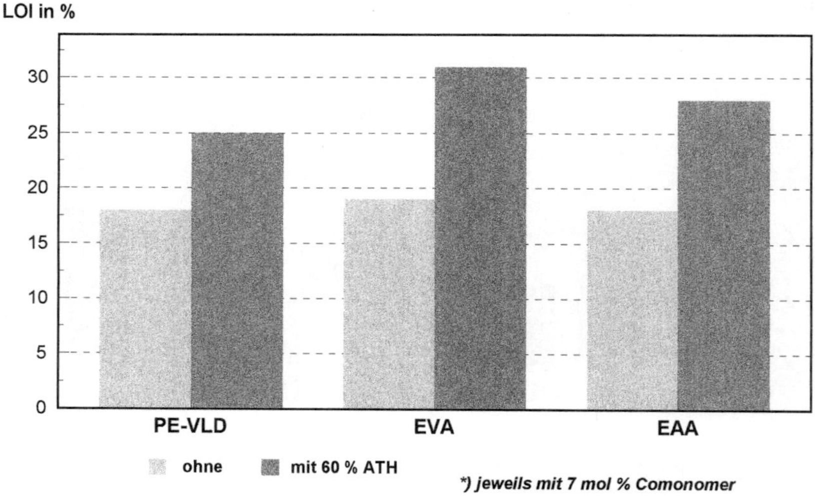


Bild 2.15: Einfluß des Basispolymers auf LOI

Die mengenmäßig wichtigsten halogenfreien Brandschutzmittel für PE stellen Aluminiumhydroxid (ATH) und Magnesiumhydroxid dar, die allerdings erst in hoher Konzentration (60 - 70 Gew.%) wirksam werden. Im Brandfall spalten sie Wasser ab, und verdünnen so die bei der Zersetzung freiwerdenden, brennbaren Gase und kühlen gleichzeitig die Oberfläche der PE-Schicht.

Als Basispolymere bieten sich vorallem höherprozentige EVA-Copolymere. Im Vergleich zu anderen PE-Copolymeren lassen sich bei gleichem Gehalt an Brandschutzmittel Produkte mit verbessertem Brandverhalten nach ISO 4589 (LOI) und aufgrund ihrer ausgezeichneten Füllstoffverträglichkeit auch bei hohen Füllgraden noch ausreichende mechanische Festigkeit erhalten, wie Bild 2.15 verdeutlicht.

Die Anbindung der Feststoffpartikel an die Polymermatrix läßt sich durch spezielle Coatings des Füllstoffs auf Silan-Basis deutlich steigern.

Intumineszent wirkende Brandschutzmittel, z.B. Ammoniumpolyphosphat spielen bei PE bisher nur eine untergeordnete Rolle. Sie sind nicht nur wesentlich teurer, problematisch ist u.a. auch die Korrosivität der Brandgase.

Die Verarbeitung der HFFR-Werkstoffe ist generell schwieriger. Sie müssen vorgetrocknet und bei Verwendung von ATH als Brandschutzmittel bei maximalem Massetemperaturen < 180 °C verarbeitet werden.

Erschwerend kommt hinzu, daß die brandhemmende Wirkung ganz wesentlich von der Wanddicke der Isolier- bzw. Mantelschicht abhängt. Je dünner desto schwieriger wird es, die Anforderungen nach Selbstverlöschung im Brandfall zu erfüllen.

## 2.7 PP für Spezialkabel

Im Gegensatz zu PE spielt PP als Isolier- und Mantelmaterial bei Kabeln und Leitungen bis heute nur eine untergeordnete Rolle. Die Gründe sind vielschichtig: Trotz seiner hervorragenden dielektrischen und thermo-mechanischen Eigenschaften haben vorallem die wesentlich geringere Oxidationsbeständigkeit gegenüber Kupfer und UV-Einstrahlung sowie die unzureichende Kälteflexibilität der PP-Homopolymeren den breiten Einsatz bei Kabeln und Leitungen auf wenige Ausnahmen, wie z.B. die Isolierung von Telefonwendelschnüren und als „foam skin"-Schicht bei Telefonadern mit Isolierungen aus Zell-PE, beschränkt.

Sicherlich hat hierzu auch die im Vergleich zu PE schwierigere Verarbeitung und die wesentlich höhere Steifigkeit der bisher verfügbaren PP-Produkte beigetragen.

Mit der Entwicklung der mehrphasigen PP-Block- und Randomblockcopolymerisate stehen jetzt weitere PP-Produktklassen mit neuen interessanten Eigenschaften zur Verfügung. Bild 2.16 zeigt den schematischen Aufbau der PP-Produktklassen.

| **Produktmerkmale** | **Einheit** | **PP-Homopolymer** | **PP-Random-copolymer** | **PP-Block-copolymer** | **PP-Randomblock-copolymer** |
|---|---|---|---|---|---|
| **Schmelztemperatur (DSC)** | **°C** | **162** | **130 - 150** | **162** | **140 - 150** |
| **Zug-E-Modul** | **Mpa** | **1400 - 1700** | **500 - 1100** | **500 - 1400** | **300 - 1000** |
| **Vicat-Erweichungstemperatur VST/A/50 (10N)** | **°C** | **138 - 154** | **90 - 154** | **110 - 135** | **80 - 130** |
| **Dielektrizitätszahl $\varepsilon_r$** | | **2,3** | **2,3** | **2,3** | **2,3** |
| **Dielektr. Verlustfaktor tan $\delta$ bei 50 Hz** | | **$2 \cdot 10^{-4}$** | **$2 \cdot 10^{-4}$** | **$2 \cdot 10^{-4}$** | **$2 \cdot 10^{-4}$** |

Die Angaben basieren auf ISO/IEC-Prüfnormen

Tabelle 2.6: Grundeigenschaften der PP-Produktklassen

Als Matrix werden PP-Homopolymere bzw. PP-Randomcopolymere verwendet, die mit Ethylen-Propylen-Kautschuk abgemischt werden.

Im Vergleich zu den schon länger verfügbaren PP-Extruder-Blends, läßt sich bei den Reaktorblends eine sehr viel gleichmäßigere Morphologie der Elastomerteilchen erzielen. Dies wirkt sich u.a. vorteilhaft auf die Kälteschlagzähigkeit der Blends aus.
Die Produkteigenschaften können durch die Matrix und vorallem aber über Art und Menge des zugesetzten EP-Kautschuks gesteuert und damit für die jeweiligen Einsatzgebiete angepaßt werden. In Tabelle 2.6 sind die Grundeigenschaften der vier PP-Produktklasssen zusammengestellt.

Während die Blockcopolymeren generell in ihrem thermischen Verhalten PP-Homopolymeren entsprechen, verschiebt sich dagegen der Kristallit-Schmelzpunkt von Randomcopolymeren mit zunehmendem Kautschuk-Anteil zu tieferen Temperaturen. Er liegt aber auch bei sehr hohen Kautschuk-Gehalten noch über dem von PE-HD.

Neben der sehr guten Kälteflexibilität zeichnen sich die beiden neuen Produktklasssen speziell durch ihre wesentlich geringere Steifigkeit aus. Besonders weiche, flexible Produkte lassen sich bei den Random-Blockcopolymeren mit hohem EP-Kautschuk-Anteil erhalten, die sogar das Niveau sehr flexibler Weich-PVC Einstellungen erreichen. Bild 2.17 gibt die Bandbreiten für die bisher erreichten Zug-E-Modul-Werte wieder.

- **Homopolymere**

  P-P-P-P-P-....-P-P-P-P-

  **Polymerkette besteht nur aus Propylen-Einheiten**

- **Randomcopolymere**

  P-P-P-C-P-P-C-P-...-P-P-C-P-P-P-P-

  **Polymerkette besteht aus Propylen- u. Comonomer-Einheiten in statistischer Verteilung**

- **Blockcopolymere**

  | P-P-P-P-...P | P-E-P-E-E-P-...-E-P | E-E-E-...-E-E- |
  |---|---|---|

  **PP-Homopolymer + EP-Kautschuk**

- **Random-Blockcopolymere**

  | P-P-C-P-...P | P-E-P-E-E-P-...-E-P | E-E-E-...E-E |
  |---|---|---|

  **PP-Randomcopolymer + EP-Kautschuk**

Bild 2.16: Schematischer Aufbau der PP-Produktklassen

Steigender Kautschuk-Gehalt ermöglicht daneben eine hohe Füllstoffaufnahme, wie sie zur Erzielung selbstverlöschender, flammhemmender Einstellungen erforderlich sind, ohne die mechanischen Eigenschaften wesentlich zu beeinträchtigen.

Der beschleunigten Alterung durch Kupfer kann heute durch geeignete Stabilisatoren in Kombination mit sogen. Metalldesaktivatoren weitaus besser begegnet werden, der Einsatz derartiger Produkte für Isolierschichten sollte deshalb prinzipiell möglich sein.

Fortschritte konnten auch bei der Verbesserung der Wärmealterungsbeständigkeit von rußgefüllten Produkten erreicht werden. Mittels spezieller Ruß-Typen lassen sich deutliche Verbesserungen erreichen, vergleichbare Rußgehalte wie sie bei PE-Mantelprodukten als protektiver UV-Schutz vorgeschrieben sind, beeinträchtigen aber immer noch sehr stark die Langzeitbeständigkeit.

Die nächsten Jahre werden zeigen, inwieweit diese neuen Produktklassen als Isolier- und Mantelmaterialien von Kabeln und Leitungen Eingang finden werden.

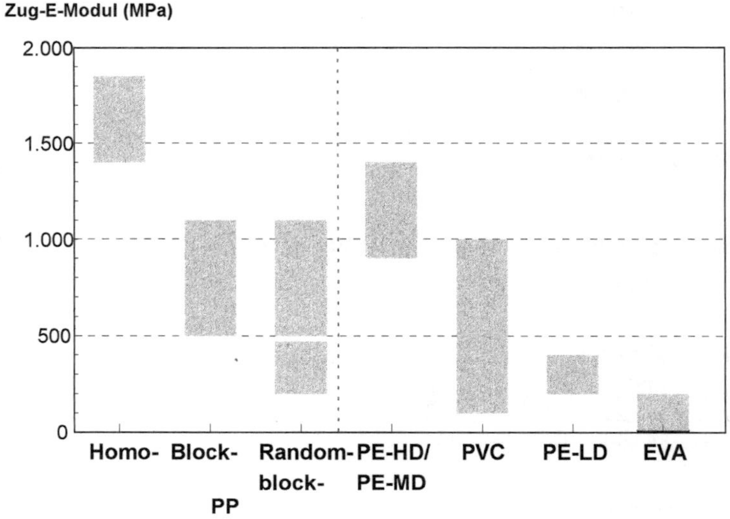


Bild 2.17: Bandbreiten des Zug-E-Moduls bei Polyolefinen und PVC

## 2.8 Zusammenfassung

PE hat als Werkstoff zur Kabelisolierungen und Kabelmäntel einen bedeutenden Stellenwert erlangt. Seine hervorragenden Eigenschaften ermöglichen den Einsatz für anspruchsvolle Anwendungen bei Nachrichten- und Energiekabeln. Die Entwicklungen sind längst noch nicht abgeschlossen. Mit den Metallocen-Katalysatoren bieten sich interessante Aspekte zur Modifizierung der Eigenschaften von PE. So ermöglichen sie den Einbau von bisher nicht zugänglichen Monomeren, wie z.B. cyclischen Olefinen und ermöglichen damit den Zugang zu vollkommen neuen Produktklassen. Bei PE ist sicherlich in den kommenden Jahren mit interessanten Entwicklungen zu rechnen.

# 3 Thermoplastisches Polyurethan für Kabel und Leitungen

A. Bertels

## 3.1 Einführung

Thermoplastisches Polyurethan (TPU) gehört zu der Produktklasse der thermoplastischen Elastomere (TPE). Diese Werkstoffgruppe kann man aufgrund ihres deformationsmechanischen Verhaltens zwischen Thermoplasten und vernetzten Elastomeren einordnen.

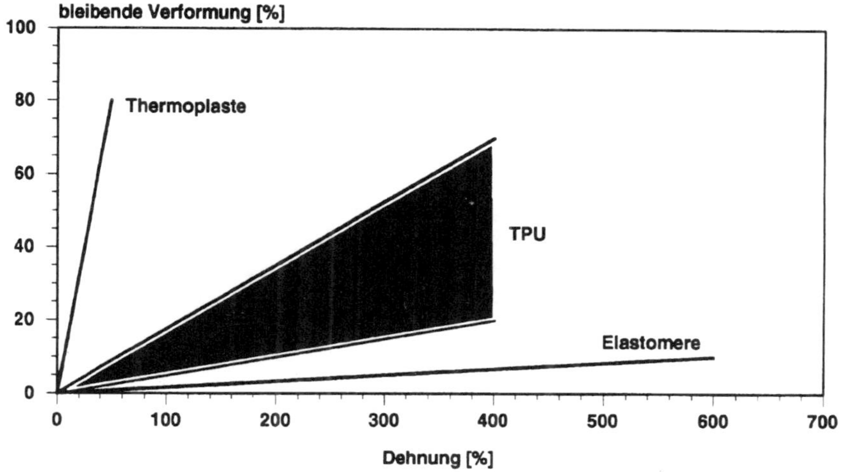


Bild 3.1: Bleibende Verformung von Kunststoffen

Für viele Anwendungen ist das fast gummielastische Verhalten des TPU, das auch bei tiefen Temperaturen erhalten bleibt, von entscheidender Bedeutung. Gleichzeitig können die Verarbeitungsvorteile eines thermoplastischen Kunststoffes genutzt werden. Weitere Vorteile sind die beliebige Einfärbbarkeit und die für Thermoplaste typische Recyclierbarkeit.

Das hohe mechanische Eigenschaftsniveau, die Witterungsbeständigkeit und die hervorragende Beständigkeit gegen Öle, Fette und viele Chemikalien qualifizieren das TPU zum idealen Werkstoff für hochbeanspruchte, flexible Leitungen. Diese Eigenschaftscharakteristik erlaubt Anwendungen bei widrigen Ein-

satzbedingungen, z. B. Kabel für seismographische Untersuchungen (auch in sehr kalten Regionen) oder Schleppleitungen von Automatisierungsgeräten. Auch den rauhen Bedingungen auf Baustellen oder im Bergbau widerstehen TPU-Kabel mühelos.
Die Automobilindustrie nutzt das ausgezeichnete Eigenschaftsprofil des TPU für Antiblockiersysteme, Traktionskontrollen, Antischlupfregelungen etc., um die vom Radsensor aufgenommenen Informationen sicher aus dem „Gefahrenbereich" des Rades, das heißt, aus dem Radkasten, zu leiten. In diesem Bereich ist das Kabel enormen Schwingungen, Steinschlag und unterschiedlichen Witterungseinflüssen ausgesetzt.

Bei den modernen und sehr sparsamen Turbodieseldirekteinspritz-(TDI)-Motoren verwendet man für die Steuerleitungen der Einspritzpumpen TPU-Mäntel. Diese Leitungen erfahren beim Starten des Motors extreme Beschleunigungen und dieses auch bei frostigen Temperaturen.

## 3.2 Chemischer Aufbau

Thermoplastisches Polyurethan besteht aus Blockcopolymermolekülen mit alternierenden Hart- und Weichsegmenten. Diese Verknüpfung von weichen elastischen Segmenten mit hoher Dehnbarkeit und niedriger Glastemperatur einerseits und von harten kristallisierenden Segmenten mit hohem Schmelzpunkt andererseits, bedingt den Elastomercharakter. Durch Änderung der Anteile an Hart- zu Weichphase können die Eigenschaften, wie z . B. Härte, Festigkeit, Steifigkeit, Dehnbarkeit und Kälteflexibilität, in weiten Grenzen variiert werden.

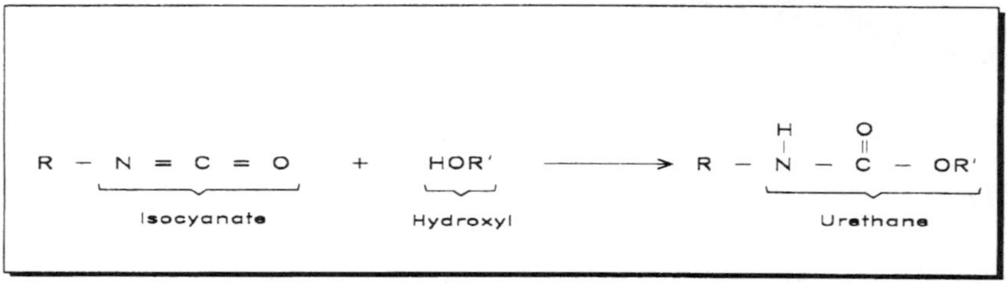


Bild 3.2: Polyadditionsreaktion

Prinzipiell wird thermoplastisches Polyurethan durch Polyadditionsreaktionen von Diisocyanaten mit Polyolen und kurzkettigen Diolen gewonnen. Entsprechend den eingesetzten Polyolen unterscheidet man zwischen Polyether- und Polyesterpolyurethan. Aufgrund der Mikrobenbeständigkeit und der deutlich besseren Hydrolysebeständigkeit wird in der Kabelindustrie überwiegend nur Polyetherpolyurethan eingesetzt. Hergestellt wird dieses Produkt üblicherweise aus Methylendiphenyldiisocyanat (MDI), Butandiol und Polytetrahydrofuran (PTHF). Die Hartphase wird vom MDI und Butandiol, die Weichphase vom MDI und PTHF gebildet.

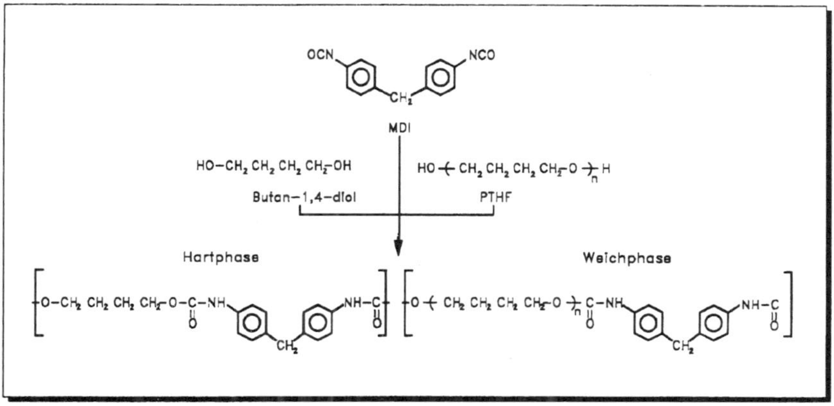


Bild 3.3: Aufbau eines Poyether-TPU Elastollan 11er Reihe

Neben diesem PTHF-(C4)-Ether-TPU kann als Polyolkomponente auch Polypropylenglykol-(C3)-Ether, Polyethylenglykol-(C2)-Ether oder Polyethercarbonat verwendet werden. Die Ether-Polyole können zudem untereinander oder mit Esterpolyolen gemischt werden. Für Kabelanwendungen konnten sich diese Versionen bisher jedoch nicht durchsetzen, denn das Eigenschaftsbild ist niedriger als beim PTHF-Ether-TPU (Hydrolyse, Mechanik oder auch reduzierte Mikrobenbeständigkeit bei Ether-Ester-Mischungen ).

## 3.3 VDE-Normierung

Thermoplastisches Polyurethan wurde 1985 als Mantelwerkstoff in der VDE-Norm 0250 § 818 mit der Abkürzung PUR und dem Bauartkurzzeichen NGMH11YÖ aufgenommen. Abgelöst wurde diese Norm von der seit November 1995 geltenden VDE-Norm 0282, Teil 10, „EPR isolierte flexible Starkstromleitung mit Polyurethanmantel." Der Inhalt dieser Norm wurde von dem Cenelec-Harmonisierungs-Dokument HD 22.10 S1 übernommen (Cenelec = europäisches Komitee für elektrotechnische Normung). Auch die anderen Mitgliedsstaaten des Cenelec-Verbandes haben dieses Harmonisierungs-Dokument in die jeweilige nationale Normung übernommen.

Die VDE 0282/10 verwendet das Bauartkurzzeichen H05BQ-F (300/500 V) oder H07BQ-F (450/750 V). Als Abkürzung für thermoplastisches Polyurethan wird TMPU auf die Leitungen gedruckt.

Zur Erfüllung der VDE-Norm sind umfangreiche Anforderungen von der EPR-isolierten und mit TPU ummantelten Leitung zu erfüllen. Folgende Prüfungen werden verlangt:

- elektrische Eigenschaften
- Aufbau und Maße
- mechanische Eigenschaften der Isolierhülle und des Mantels
- gegenseitige Beeinflussung der eingesetzten Materialien
- Ozonbeständigkeit
- Wärmedruck und Schockverhalten
- Kälteflexibilität
- Verseifungszahl
- mechanische Festigkeit der Leitung

## 3.4 Mechanische Eigenschaften

Thermoplastisches Polyurethan wird mit einer Oberflächenhärte von ca. 60 Shore A (mit Weichmacher) bzw. von ca. 75 Shore A (ohne Weichmacher) bis etwa 75 Shore D angeboten. Für Kabelummantelungen werden wegen der höheren Elastizität vornehmlich die weichen TPU-Typen im Bereich von 75 bis 95 Shore A eingesetzt. Für Kabelstecker kommen je nach gewünschter Flexibilität sämtliche Härtegrade zur Anwendung.

In der Eigenschaftstabelle sind die mechanischen Werte für ein Ether-TPU mit einer für die Kabelummantelung typischen Shore-Härte von etwa 87 Shore A aufgelistet. Ergänzt werden diese Werte durch ein flammwidriges, halogenfreies TPU. Von diesen Eigenschaften des TPU sind besonders hervorzuheben:

- hohe Verschleißfestigkeit (geringer Abrieb)
- hohe Zugfestigkeit und Reißdehnung
- hohe Schnitt- und Weiterreißfestigkeit

## 3.5 Thermische Eigenschaften

Die VDE-Norm 0282/10 läßt für den Einsatz der EPR/TPU-Leitung eine maximale Leitertemperatur von 90 °C sowie eine tiefste Gebrauchstemperatur von -40 °C zu. Für den oberen Temperaturbereich wird eine einwöchige Lagerung bei 110 °C sowie eine Wärmedruckprüfung bei 100 °C und eine Wärmeschockprüfung bei 150°C verlangt. Die Kälteflexibilität wird jeweils bei -50°C durch die Kältewickelbeständigkeit oder die Kältedehnung und Kälteschlagprüfung an der fertigen Leitung überprüft.

| **Eigenschaften von TPU** | | | | |
|---|---|---|---|---|
| Eigenschaft | Einheit | Norm | Elastollan 1185 A | Elastollan 1185 A FHF |
| Shore-Härte A | | DIN 53 505 | 87 | 89 |
| Shore-Härte D | | DIN 53 505 | 36 | 37 |
| Rohdichte | g/cm³ | DIN 53 479 | 1.12 | 1.23 |
| Zugfestigkeit | N/mm² | DIN 53 504 | 50 | 35 |
| Reißdehnung | % | DIN 53 504 | 600 | 600 |
| Spannungswert 20 % | N/mm² | DIN 53 504 | 2.5 | 3 |
| Spannungswert 100 % | N/mm² | DIN 53 504 | 6 | 8 |
| Spannungswert 300 % | N/mm² | DIN 53 504 | 10 | 13 |
| Weiterreißfestigkeit | N/mm | DIN 53 515 | 70 | 60 |
| Abrieb | mm³ | DIN 53 516 | 30 | 35 |
| Druckverformungsrest bei Raumtemperatur | % | DIN 53 517 | 25 | 25 |
| Druckverformungsrest bei 70°C | % | DIN 53 517 | 45 | 45 |

Tabelle 3.1

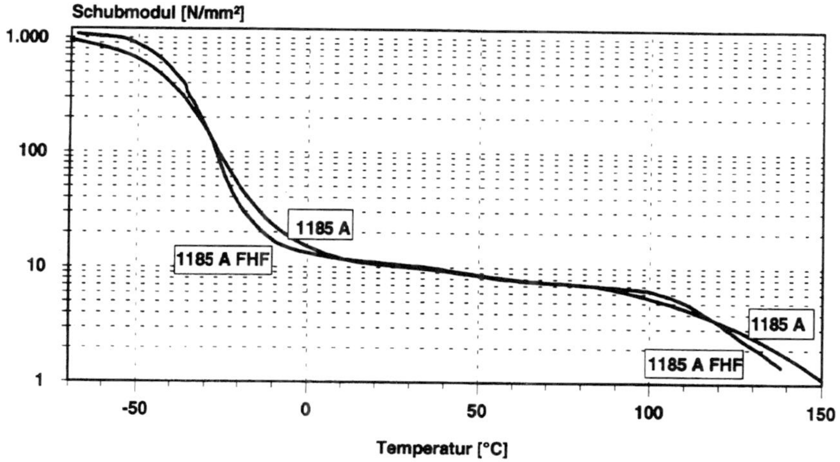


Bild 3.4: Torsionsschwingversuch Elastollan 1185 A, 1185 A FHF; DIN 53 455

Je nach Qualität und Anwendung weist das TPU noch deutliche „Reserven“ zu den vom VDE-Verband vorgegebenen Grenzen auf. Der Verlauf der Torsionsmodule gibt schnell einen Überblick über die möglichen kurzzeitigen Einsatztemperaturen.

### 3.5.1 Temperaturbeständigkeit

Bei der Ermittlung des thermischen Langzeitverhaltens nach ISO 2578 wird der Prüfkörper permanent einer bestimmten Temperatur ausgesetzt bis ein definiertes Endwertkriterium (in der Kabellindustrie häufig 50 % der Anfangsreißdehnung) unterschritten wird. Die Zeit bis zu diesem „Ausfall“ wird für verschiedene Temperaturen ermittelt und in ein Diagramm eingetragen. Nach Arrhenius wird auf der Abszisse die reziproke, absolute Temperatur und auf der Ordinate der Logarithmus der Ausfallzeit (Lagerdauer) aufgetragen, um eine Gerade zu erhalten.

Beim TPU wird üblicherweise als Endwertkriterium eine Reißdehnung von 300 % angenommen. Die Temperaturbeständigkeit ist dann von der gewünschten Dauerbelastbarkeit abhängig. In der Elektrotechnik wird häufig der 20.000 Stunden-Wert (2,3 Jahre) für die Beurteilung der Lebensdauer angeführt. Nach diesen Kriterien kann für TPU eine Einsatztemperatur bis zu ca. 105 °C angegeben werden.

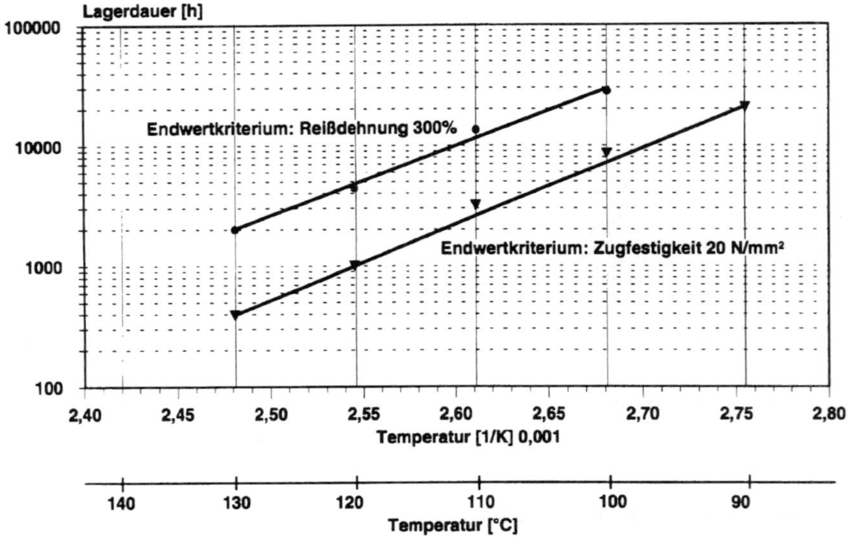


Bild 3.5: Thermische Langzeitgerade für Luftalterung Elastollan 1185 A

In der Automobilindustrie wird vielfach eine Temperaturbeständigkeit von 3.000 h verlangt. Als Endwertkriterium wird 50 % Reißdehnung oder auch das schadlose Überstehen des Wickelns um den 1,5-fachen Durchmesser verlangt. Unter diesen Bedingungen übertrifft TPU eine geforderte Temperaturbeständigkeit von 125 °C deutlich.

Niedriger fällt die Temperaturbeständigkeit aus, wenn als Endwertkriterium 50 % der Anfangs-Zugfestigkeit herangezogen wird. Daran wird deutlich, daß beim Abbau des TPU zunächst die Festigkeit und erst später die Dehnbarkeit reduziert wird.

Flammwidrig, halogenfreies TPU weist zwar eine niedrigere Temperaturbeständigkeit auf, erfüllt aber dennoch die in der VDE-Norm 0282/10 geforderten Bedingungen. Bei einem Endwertkriterium von 300 % Reißdehnung gilt für das flammwidrig, halogenfreie Produkt ein 20.000 Stunden-Wert von ca. 98 °C. Als Grenzwert für die Zugfestigkeit wurde in dem Bild 3.6 ein Wert von 15 N/mm² für das flammwidrige TPU anstatt 20 N/mm² eingeführt, da die Anfangs-Zugfestigkeit gegenüber dem Standard-TPU niedriger ist.

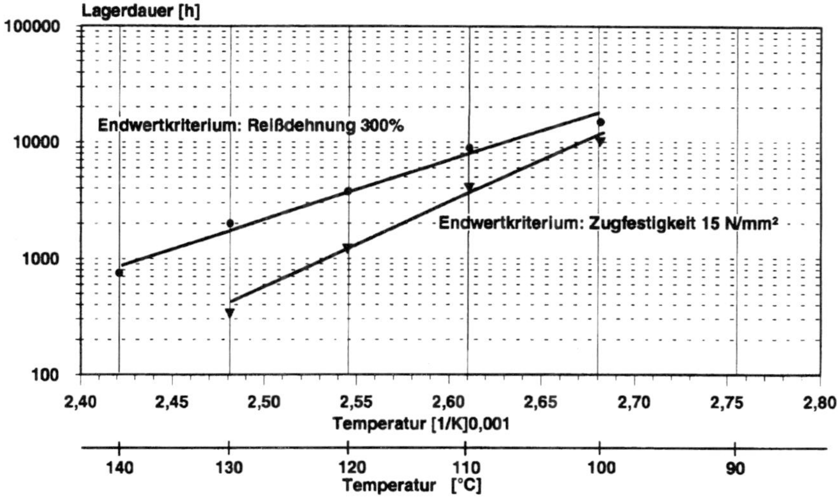


Bild 3.6: Thermische Langzeitgerade für Luftalterung Elastollan 1185 A FHF

### 3.5.2 Kälteflexibilität

Der Torsionsmodulkurve ( Bild 3.4) kann man die fast gleichbleibende Flexibilität des TPU von 0 bis 100 °C entnehmen. Besonders interessant ist aber die Flexibilität bei Minustemperaturen. Die Schlagzähigkeitswerte (Tabelle 3.2) verdeutlichen die enorm gute Flexibilität von TPU in der Kälte. Bei den ungekerbten Proben ist weder beim Standard-Ether-TPU noch beim flammwidrig eingestellten TPU bei -50 °C ein Bruch festzustellen. Schlagzähigkeitsmessungen an gekerbten Proben zeigen die bessere Kältebeständigkeit des Standard-TPU. Dieses bricht selbst bei -50 °C nicht, während das flammwidrig, halogenfreie Produkt bei Temperaturen ab -40 °C bricht.

| **Schlagzähigkeit von Elastollan, DIN 53 453**<br>Werte in kJ/m² | | | |
|---|---|---|---|
| | Temperatur [°C] | Elastollan 1185 A | Elastollan 1185 A FHF |
| gekerbte Proben | -30 | kein Bruch | kein Bruch |
| | -40 | kein Bruch | 7 |
| | -50 | kein Bruch | 5 |
| ungekerbte Proben: | -50 | kein Bruch | kein Bruch |

Tabelle 3.2

## 3.6 Hydrolysebeständigkeit

Bei Außenanwendungen ist für die Kabelummantelung die Beständigkeit in Wasser eine unverzichtbare Anforderung. Generell schreitet der hydrolytische Abbau mit zunehmender Temperatur beschleunigt fort. Die enorm gute Hydrolysebeständigkeit zeigt die Arrhenius-Kurve vom Standard-Ether-TPU. Selbst bei permanenter Lagerung in 80 °C heißem Wasser weist das TPU noch nach ca. 20.000 h eine Reißdehnung von 300 % auf. Gelegentlich wird in der Kabelindustrie auch eine Zugfestigkeit von 20 N/mm² als Grenzwertkriterium herangezogen, dann ergibt sich nach 20.000 h eine Grenztemperatur von 72 °C.

Beim flammwidrig, halogenfreien Produkt ist die Hydrolysebeständigkeit aufgrund der Flammschutzmittel etwas abgeschwächt. Aber auch diese Werte reichen allemal, um es als Kabelmantel für Außenanwendungen einsetzen zu können. Bei Lagerung in 80 °C heißem Wasser erzielt es nach 5.000 h noch eine Reißdehnung von 300 %. Die Lebensdauer erhöht sich bei Lagerung in 70 °C heißem Wasser schon auf mehr als 25.000 h.

Unterhalb eines Endwertkriteriums kann TPU durchaus noch für verschiedene Anwendungen brauchbare Eigenschaften aufweisen. Beispielsweise unterschrei-

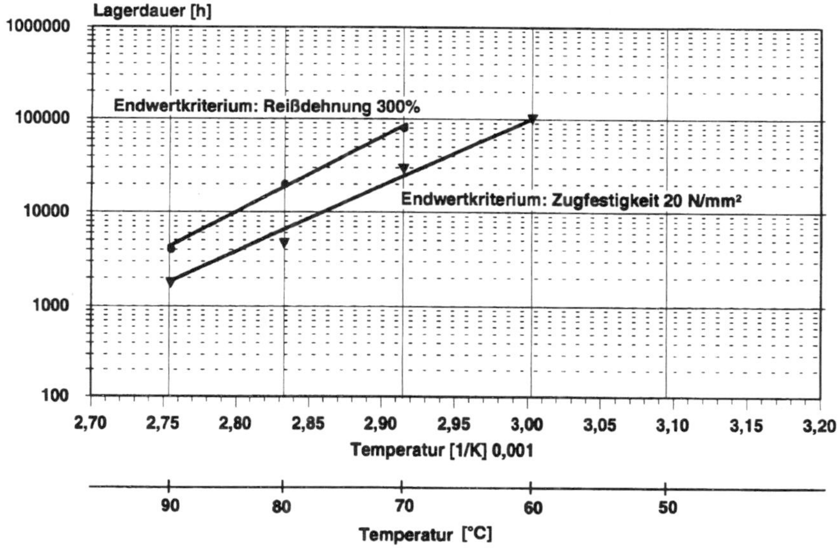


Bild 3.7: Thermische Langzeitgerade für Hydrolyse Elastollan 1185 A

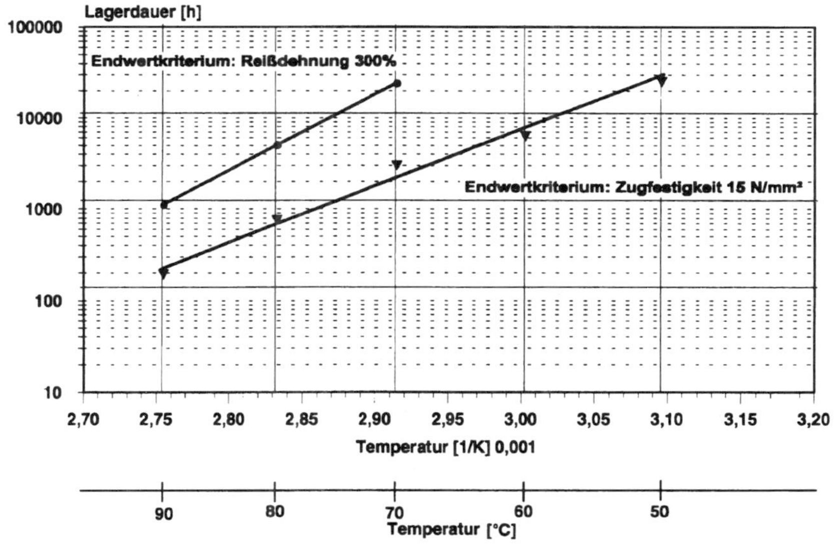


Bild 3.8: Thermische Langzeitgerade für Hydrolyse Elastollan 1185 A FHF

tet das flammwidrig, halogenfreie Produkt die Zugfestigkeit von 15 N/mm² schon nach weniger als 3.000 h bei Lagerung in 70 °C heißem Wasser. Ein Zugfestigkeitsniveau von ca. 8 N/mm² wird unter gleichen Bedingungen noch nach 20.000 h erreicht (Bild 3.9).

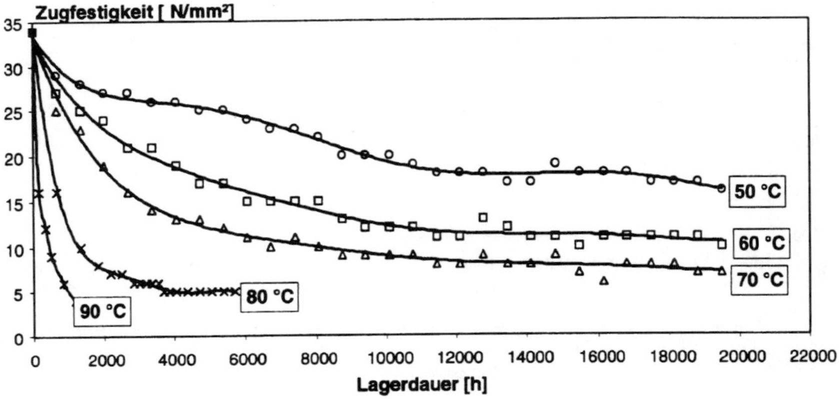


Bild 3.9: Hydrolyse Elastollan 1185 A FHF

## 3.7 Beständigkeiten

### 3.7.1 Chemikalien

Die chemische Beständigkeit hängt wesentlich von der Einwirkungszeit, Menge und Konzentration der einwirkenden Chemikalie ab. Der Einfluß der Temperatur kann nach folgender „Faustregel" abgeschätzt werden: Bei Erhöhung der Temperatur um 10 °C verringert sich die Haltbarkeit um die Hälfte. Folglich führt eine Erniedrigung der Temperatur um 10 °C zu einer Verdoppelung der Lebensdauer.

Quellung und Lösung werden in erster Linie durch die Zahl der zwischen den Molekülketten wirksamen Wasserstoffbrücken vorgegeben, deren Zahl mit zunehmender Härte ansteigt. Daraus ist abzuleiten: Härtere Produkte quellen weniger auf, die Beständigkeit ist höher.

Insgesamt ist die Beständigkeit von TPU gegen eine Vielzahl von Chemikalien gut. Dennoch ist bei zu erwartendem Kontakt mit Chemikalien jeweils die Verträglichkeit zu prüfen. Hochpolare organische Lösemittel, wie z. B. Dimethylformamid (DMF) oder Tetrahydrofuran (THF) lösen thermoplastisches Polyurethan sogar vollständig auf.

### 3.7.2 Öl

Die gute Beständigkeit von TPU in Kontakt zu mineralischen Ölen und wasserfreien Fetten ist hinlänglich bekannt. Bei den wassermischbaren Ölemulsionen entscheiden die Additive über die Verträglichkeit mit TPU.

Gesetzliche Regelungen zum Schutz der Umwelt und auch technische Vorteile haben zu dem ausgeprägten Trend geführt, Bioöle anstatt Mineralöle oder wassermischbare Öle als Hydrauliköl oder Kühlschmierstoff einzusetzen. Bioöle sind auf pflanzlicher Basis, wasserabbaubar und in der günstigen Wassergefährdungsklasse 0 eingestuft. Sie erreichen lange Standzeiten und führen zu geringen Entsorgungskosten. Sie sind daher nicht nur aus ökologischer und technischer Sicht, sondern auch aus ökonomischen Gründen interessant

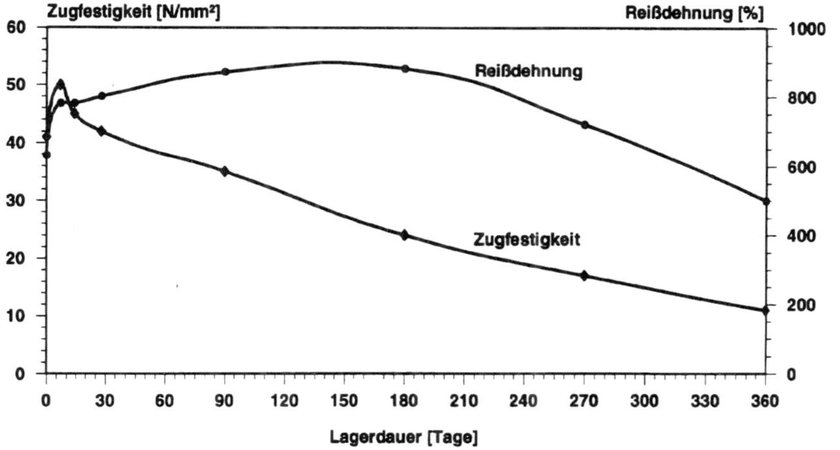


Bild 3.10: Beständigkeit in "Bioöl"-Plantocut® 5S-MB Elastollan 1185 A, 80 °C

Aktuelle Untersuchungen zeigen ein für viele Anwendungen akzeptables Verhalten von TPU in Bioöl. Selbst nach einjähriger Lagerung bei 80 °C weist das TPU noch eine Reißdehnung von 500 % auf. Die Zugfestigkeit beträgt unter diesen Bedingungen immerhin noch über 10 N/mm². An dieser Stelle aber nochmals der Hinweis, daß hier Ether-TPU untersucht wurde. Ester-TPU ist weit weniger beständig in Bioöl.

Beim Kraftstoff wird der herkömmliche Diesel immer mehr durch Biodiesel, meistens auf Basis Raps, substituiert. Langzeitlagerungen von TPU in Rapsmethylester über 1 Jahr bei 60 °C beweisen den nur langsamen Abbau des TPU in diesem Biodiesel.

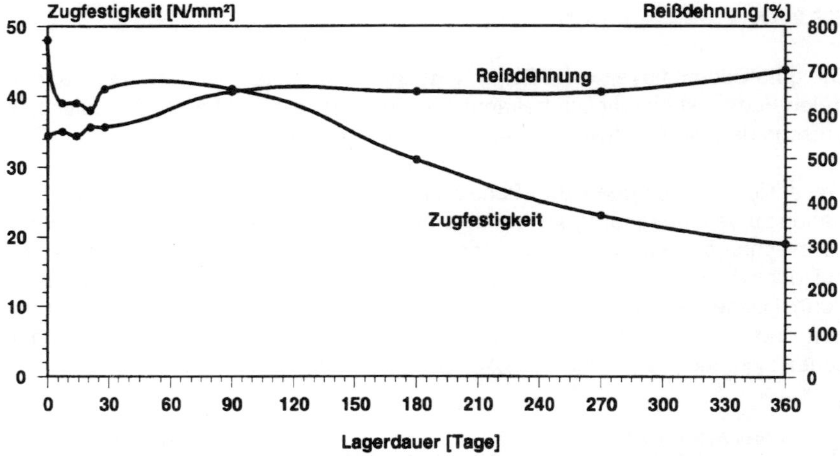


Bild 3.11: Beständigkeit in Biodiesel – RME – Elastollan 1185 A, 60 °C

### 3.7.3 UV-Belichtung

Thermoplastisches Polyurethan auf Basis MDI vergilbt bei Einwirkung von UV-Strahlen. Gleichzeitig werden die mechanischen Eigenschaften bei nicht eingefärbtem TPU durch die von der Oberfläche ausgehende Zerstörung reduziert. Zur Verbesserung der UV-Beständigkeit bieten sich folgende Schutzmöglichkeiten an:

- Einfärben

Durch Zugabe von Farbpigmenten wird das tiefe Eindringen von UV-Strahlen vermieden. Eine Einfärbung verhindert dadurch weitgehend eine mechanische Zerstörung. Dunkle Farbtöne, insbesondere schwarz, überdecken zusätzlich die Oberflächenverfärbung;

- UV-Absorber

UV-Absorber nehmen die Strahlung auf und führen die Energie in Form von Wärme wieder ab;

- Antioxidantien

Antioxidantien desaktivieren oxidierte Moleküle, indem sie entstehende Peroxide zersetzen;

- Radikalfänger

Radikalfänger sog. HALS-Produkte (Hindered Amine Light Stabilizers) übernehmen Radikale von geschädigten Molekülen und stabilisieren sie dadurch.

Eine optimale Stabilisierung des TPU gegen Verfärbung bei UV-Bestrahlung kann nur durch eine Kombination der genannten Schutzmöglichkeiten erreicht werden. Die damit erzielbare UV-Beständigkeit zeigt das Bild 3.12:

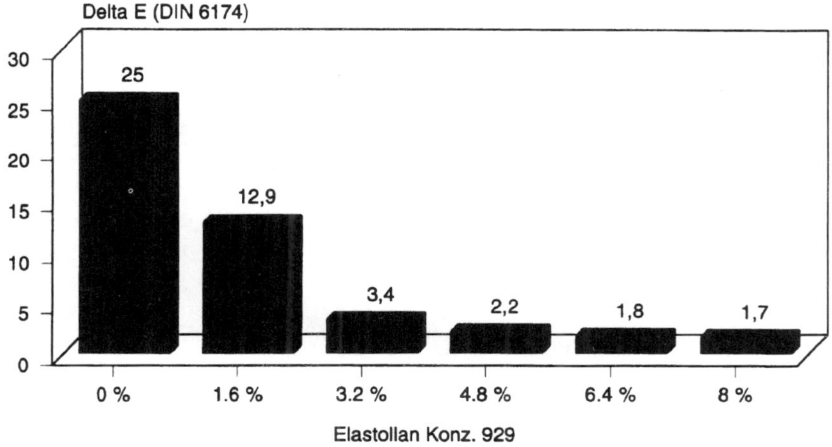


Bild 3.12: Verfärbung bei UV-Bestrahlung
Elastollan 1190 A, DIN 75 202, 300h

Während das unstabilisierte Polyurethan nach 300-stündiger UV-Belichtung eine beträchtliche Farbabweichung von DE = 25 (nach CIE-LAB, DIN 6174) aufweist, wird die Verfärbung bei Zugabe o. g. UV-Stabilisatoren (hier in Form des Elastogran-Konzentrates 929) weitgehend vermieden. Die mechanischen Eigenschaften des TPU bleiben durch die Konzentratzugabe erhalten.

Bei eingefärbtem TPU ist die Verfärbung vom jeweiligen Farbton abhängig. Während bei weiß das DE bei unverändert ca. 25 liegt, ist bei schwarz nur ein Wert von ca. 2 nach der o.g. Vorgehensweise zu messen. Die Farbabweichungen aller anderen Farbtöne liegen zwischen diesen beiden Werten.

### 3.7.4 Ozon

Typische Ozon-Querrisse kennt man insbesondere von vernetzten Werkstoffen. Ozon greift die gebogenen, das heißt, unter Spannung stehenden Mäntel an der Oberfläche an. Durch die Kerbwirkung kommt es zu den Rissen. TPU ist auch ohne Stabilisierung hervorragend beständig gegen Ozon. Die Prüfung nach

VDE 0472/ Teil 805 führt zu der Bewertung rißfrei, Stufe 0. Die Elastizität bleibt vollständig erhalten, die Oberflächenhärte erhöht sich nicht.

### 3.7.5 Strahlung

Bei verschiedenen Anwendungen wird ein TPU-Kabel energiereicher Strahlung ausgesetzt. Dies gilt für Anschlußleitungen an Röntgen- oder medizinischen Geräten, die mit Gammastrahlen sterilisiert werden. Ein weiteres Einsatzgebiet sind Leitungen in Kernkraftwerken.

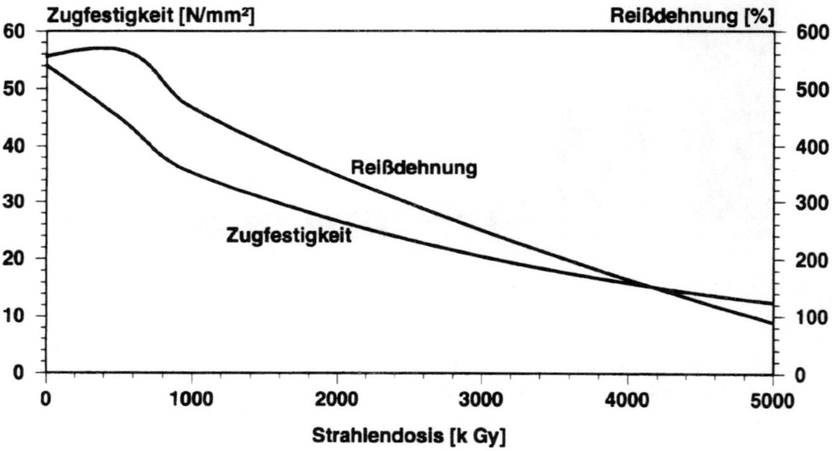


Bild 3.13: Strahlungsbeständigkeit
Elastollan 1185 A

Der in Bild 3.13 dargestellte Zusammenhang zwischen Strahlenbelastung und Zugfestigkeit bzw. Reißdehnung von TPU wurde nach IEC 544 ermittelt. Die in Form von Gammastrahlen aufgebrachte Dosis betrug 100 kGy/h. Das TPU weist selbst nach der enorm hohen Gesamtdosis von 5.000 kGy (500 Mrad) noch brauchbare Eigenschaften auf (Reißdehnung ca. 100 %, Zugfestigkeit ca. 12 N/mm²). Das etwa gleichzeitige Reduzieren der Zugfestigkeit und Reißdehnung weist auf eine mit der Bestrahlung einhergehende, teilweise Vernetzung des TPU hin. Die Shore-Härte ist nach dieser Strahlenbelastung immer noch konstant.

### 3.7.6 Mikroben

In der Einführungsphase vom thermoplastischen Polyurethan als Kabelummantelungswerkstoff Anfang der 60er Jahre wurde Ester-TPU eingesetzt. Unerwartete Schadensfälle schon nach recht kurzer Einsatzdauer verlangten nach Aufklärung. Als Schadensursache wurde mikrobieller Befall festgestellt.

Umfangreiche Untersuchungen haben gezeigt, daß diese Schädigungen von Pilzen verursacht werden. Insbesondere Mikroorganismen, die Enzyme produzieren, sind in der Lage, die Molekülketten von Ester-TPU anzugreifen. Der Mikrobenbefall ist optisch zunächst durch Verfärbung sichtbar. Nachfolgend entstehen Risse an der Oberfläche, die den Mikroben die Möglichkeit geben, tiefer einzudringen und eine vollständige Zerstörung des TPU herbeiführen. Von diesem Mikrobenbefall ist Ether-TPU nicht betroffen.

Ein sicherer Hinweis auf die Mikrobenbeständigkeit ist die Verseifungszahl (VZ), deren Bestimmung in VDE 0472, Teil 704, festgelegt ist. Bis zu einer Verseifungszahl von 200 mgKOH/g kann bei ungefülltem TPU von Mikrobenbeständigkeit ausgegangen werden. Dieser Grenzwert gilt auch in der VDE 0282/10. Polyether-TPU weisen nach Rezeptur und Härte eine VZ von ca. 150, Polyester-TPU von ca. 450 auf. Dies ist auch der entscheidende Punkt, weswegen Kabel mit einem Mantel aus Polyester-TPU keine VDE-Approbation erhalten können.

Bei Polyether/Polyester-Gemischen ist eine Berechnung der VZ über Mittelwertbestimmung entsprechend den Mengenanteilen möglich. Es ist dabei unerheblich, ob die Polyole vor der Polyadditionsreaktion gemischt werden oder anschließend das fertige Granulat. Die Mikrobenbeständigkeit wird durch kleine Anteile (bis ca. 10 %) Ester im Etherurethan (z.B. durch Zugabe von Farbkonzentraten auf Esterbasis) nicht beeinträchtigt (VZ bleibt < 200). Ein darüber hinausgehender Ester-TPU-Anteil führt zu einer sukzessiven Steigerung der Mikrobenanfälligkeit. Folglich bieten Polyurethane, die als Basis Polyether/-ester-Gemische enthalten, keinen Schutz vor Mikrobenangriff.

## 3.8 Brandverhalten

### 3.8.1 Flammwidrigkeit

Die bereits genannten Vorteile von flexiblen TPU-Leitungen (Temperaturbeständigkeit, Flexibilität, hohe mechanische Beständigkeit, geringer Abrieb etc.) können auch mit selbstverlöschenden Eigenschaften ohne Zugabe von Halogenen kombiniert werden. Die Eigenschaften des halogenfreien, flammwidrigen TPU erreichen in vielen Punkten fast die Werte des Standard-TPU (Tabelle 3.1). Im Vergleich zu halogenhaltigen TPU-Versionen sind sie sogar besser.

Flammprüfungen werden in der Kabelindustrie an der fertigen Leitung durchgeführt. Werkstoffbezogene Prüfzertifikate, die Meßergebnisse an Prüfkörpern widerspiegeln, können für Kabelanwendungen zwar ein Hinweis sein, den Test an der Leitung aber nicht ersetzen.

Flammwidriges, halogenfreies TPU erfüllt als Mantelmaterial bei geeigneter Kabelkonstruktion den Flammtest nach VDE 0472 § 804, Prüfart B und nach UL VW 1. Bei diesen Tests muß jeweils ein senkrecht eingespanntes Kabel nach Flammeinwirkung (beim UL VW 1-Test nach mehrmaliger Flammeinwirkung) erlöschen.

Automobil-Hersteller haben zur Feststellung der Flammwidrigkeit eigene Spezifikationen entwickelt. Von den meisten Herstellern wird das Bestehen der FMVSS 302 (Federal Motor Vehicle Safety Standard) oder einer eigenen ähnlichen Norm erwartet. Diese Norm, die eine maximale Brenngeschwindigkeit von 4"/min (101,6 mm/min) an einem waagerechten Prüfkörper zuläßt, wird von TPU ohne zusätzliche Flammschutzmittel erfüllt. Bei bestimmten Kabeln bzw. Litzenisolierungen wird aber auch die Selbstverlöschung einer Flamme bei der vertikal oder unter 45 ° eingespannten Leitung verlangt.

### 3.8.2 Brandgastoxizität und Rauchgasdichte

Die Gefahren eines möglichen Brandfalles abschätzen zu können, ist das Ziel von Prüfnormen zur Ermittlung von Brandgastoxizität und Rauchgasdichte. Dies gelingt bisher aber nur unzureichend, denn

- das stark toxische Kohlenmonoxid entsteht bei jedem Brand in großen Mengen und ist aufgrund der Geruchlosigkeit oft gefährlicher als die anderen Gase.
- die Rauchentwicklung hängt wesentlich von den Brandbedingungen und der Luftzufuhr ab.

Dennoch existieren Normen zur Bewertung der Brandgase und Rauchgasdichte. Allerdings sind diese Normen international nicht einheitlich, folglich gibt es auch keine allgemeingültigen Grenzwerte.

Die französische Norm NF 16 - 101 berücksichtigt sowohl die Brandgaszusammensetzung als auch die Rauchgasdichte und -entwicklung. Diese Norm wurde von Spanien, Portugal und Belgien für Schienenfahrzeuge übernommen.

| Brandgastoxizität und Rauchgasdichte | | | | | |
|---|---|---|---|---|---|
| | NF X 10-702 | | NF X 70-100 | NF 16-101 | |
| | $D_m$ | VOF 4 | CTI (600°C) | IF | Klasse |
| E 1185 A | 91 | 168 | 7.1 | 10.1 | F1 |
| E 1185 A FHF | 320 | 593 | 10.4 | 28.1 | F2 |
| CR-EM 2 | 297 | 578 | 53.5 | 49.0 | F3 |
| EPDM-EM 3 | 136 | 198 | 4.2 | 9.5 | F1 |
| HFFR-HM 4 | 195 | 271 | 6.0 | 14.0 | F1 |
| PVC-YM 2 | 693 | 1458 | 125.5 | 118.3 | F4 |

Tabelle 3.3: Werte mit Beflammung

Dm = maximale, spezifische optische Dichte

VOF 4 = Geschwindigkeit der Rauchentwicklung in den ersten 4 Minuten

CTI = Toxizitätswert für die Brandgase

IF = Rauchindex, IF = Dm/100 + VOF4/30 + CTI/2

F0....F5 = Klassifizierung nach Rauchindex

In der Tabelle 3.3 sind die gemessenen Werte .vom Standard-TPU und vom flammwidrig halogenfreien TPU aufgelistet. Um diese Ergebnisse bewerten zu können, ist diese Aufstellung durch 2 Kautschuke (Polychloropren, nach VDE-EM 2 und EPDM-EM 3) und 2 Thermoplaste (HFFR-HM 4, Basis PE+EVA mit Aluminiumhydroxid und PVC-YM 2) ergänzt.

Die halogenfreien Produkte TPU, EPDM und HFFR erreichen mit F1 eine gute Klassifizierung. Auffällig sind die besseren Rauchdichte-Werte und die etwas höhere Gastoxizität des TPU im Vergleich zum EPDM und zur HFFR-Version.

Das FHF-TPU erzielt ein F2, der Polychloropren-Kautschuk ein F3, obwohl die Rauchentwicklung beim CR-Kautschuk etwas geringer ausfällt. Die Toxizität der Brandgase ist allerdings wesentlich ausgeprägter als beim FHF-TPU. Keine Überraschung ist die Einstufung des PVC mit F4.

Bei der Übertragung dieser werkstoffspezifischen Werte auf ein Kabel ist die Gesamtkonstruktion zu berücksichtigen. Bei Verwendung des mechanisch sehr stabilen TPU anstatt eines anderen Werkstoffes kann häufig die Wanddicke des Kabelmantels reduziert werden. Dies ist die einfachste und effektivste Möglichkeit zur Verringerung der Brandgase und Rauchentwicklung.

## 3.9 Vernetzung

Durch Zugabe von Vernetzungshilfsmitteln (TAIC oder Acrylate) und anschließender Bestrahlung mit Beta- oder Gammastrahlen kann eine Vernetzung von Polyurethan erreicht werden. Die erzielbaren Vernetzungsgrade liegen bei ca. 90 %. Als Eigenschaftsveränderungen sind die höhere, kurzzeitige Wärmeformbeständigkeit und die bessere Beständigkeit gegen einige Chemikalien von Bedeutung.

## 3.10 Lebensmittel- und Trinkwasserzulassung

Thermoplastisches Polyurethan kann, je nach Rezeptur und Stabilisierung, auch für Lebensmittelanwendungen geeignet sein. Dies wird für verschiedene Anschluß-leitungen von Maschinen für die Herstellung bzw. Bearbeitung von Lebensmitteln gefordert. Elastollan 1185 A erfüllt:

1. FDA-Vorschrift 21 CFR 177.2600 (USA), „Gummiartikel für wiederholte Anwendung“: TPU (soweit diese Vorschrift erfüllt wird, wie z.B. vom Elastollan1185 A) ist damit von dem U.S. Food and Drug Administration für einen wiederholten Kontakt zu allen Lebensmitteln, d.h. incl. feuchten Lebensmitteln, zugelassen.

2. Die Bedarfsgegenständeverordnung vom April 1992 mit Ergänzung vom Februar 1994 und Juli 1994. Die Bedarfsgegenständeverordnung geht auf die analogen EU-Richtlinien 90/128 „über Materialien und Gegenstände aus Kunststoff, die dazu bestimmt sind, mit Lebensmitteln in Berührung zu kommen“ zurück.

3. Dem Synoptic Document Nr.7 der EU, dort speziell den SCF-Listen 1 bis 3.

In vielen Ländern ist Elastollan 1185 A auch für Trinkwasseranwendungen zugelassen. Für Deutschland mußte dieser Typ aber leicht modifiziert werden, um in Trinkwasser eingesetzt werden zu dürfen. Daher wurde das Elastollan 1185 AT ent-wickelt, das der KTW (Kunststoff-Trinkwasser) – Empfehlung der Arbeitsgruppe „Trinkwasserbelange“ der Kunststoff-Kommission des Bundesgesundheitsamtes entspricht.

## 3.11 Elektrische Eigenschaften

Für die Isolierung von elektrischen Leitern sind die wichtigsten Eigenschaften der spezifische Durchgangswiderstand, die Durchschlagfestigkeit und die dielektrischen Verluste.

| **Elektrische Eigenschaften** | | | | |
|---|---|---|---|---|
| Eigenschaft | Einheit | Norm | Elastollan 1185 A | Elastollan 1185 A FHF |
| Spezifischer Durchgangswiderstand | Ω * cm | DIN 53 482 VDE 0303 T.3 | $10^{11}$ | $10^{11}$ |
| Durchschlagfestigkeit | kV / mm | DIN 53 481 VDE 0303 T.3 | 40 | 40 |
| Dielektrizitätszahl bei 50 Hz | - | DIN 53 483 VDE 0303 T.3 | 7 | 7.5 |
| Dielektrischer Verlustfaktor bei $10^3$ Hz | - | DIN 53 483 VDE 0303 T.4 | 0.025 | 0.02 |

Tabelle 3.4

Die elektrischen Eigenschaften von TPU sind mit denen anderer Isolierstoffe für flexible Leitungen, wie PVC oder Gummi, durchaus vergleichbar. Generell ist dennoch ein Einsatz des TPU als Isolator nur im Niederspannungsbereich bis 1.000 V zu empfehlen.

Mit steigenden Temperaturen verringern sich die Isolationseigenschaften deutlich. Dies kann dem Bild 3.14 exemplarisch für den Durchgangswiderstand entnommen werden.

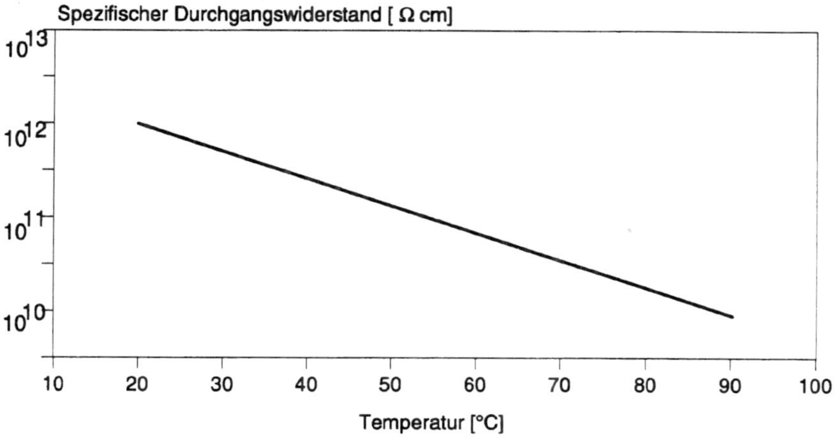


Bild 3.14: Spezifischer Durchgangswiderstand
Elastollan 1185 A, DIN 53 483

Für Kabelummantelungen ist der Oberflächenwiderstand ein Maß für mögliche Spannungsverschleppungen aus Muffen und Endverschlüssen. Der in den VDE-Bestimmungen geforderte Wert von mindestens 109 Ohm (gemessen nach VDE 0472, Teil 503) wird von den TPU-Mänteln deutlich übertroffen.

Für einige Anwendungen darf es über längere Einsatzzeiten nicht zu kontaktschädigenden Ausscheidungen kommen. Auch bei extremen Temperaturschwankungen , z.B. in Schaltschränken oder Transformatorgehäusen, ist eine Migration von irgendwelchen Stoffen nicht zulässig. Für solche Anwendungen gibt es einen Test der Deutschen Bundespost, Postvornorm FTZ 547 PV 1: „...Stoffe, die in fernmeldetechnischen Einrichtungen bzw. Räumen verwendet werden, dürfen die Korrosion der benachbarten Metalle nicht fördern und den Durchgangswiderstand luftoffener Kontakte nicht ungünstig beeinflussen. Das Kriterium für die Prüfung ist die Änderung des Durchgangswiderstandes R an bestimmten Prüfkontakten durch den Einfluß von Prüfgut...“ Sowohl das ungefüllte TPU als auch das flammwidrige Produkt erfüllen diese Prüfnorm.

## 3.12 Steckverbindungen

An Steckverbindungen werden in vielen Punkten die gleichen hohen Anforderungen gestellt wie am Kabel. Hohe Verschleißfestigkeit und Maßgenauigkeit, Temperatur- und Chemikalienbeständigkeit werden verlangt. Darüber hinaus ist eine hohe Klemmkraft verbunden mit absoluter Wasserdichtigkeit unabdingbare Forderung.

Idealerweise wählt man daher auch für die Steckverbindung TPU als Werkstoff. Durch das direkte Anspritzen erhält man einen wasserdichten Verbund zum TPU-Mantel. Auch Knickschutztüllen oder Weichen lassen sich direkt ans Kabel spritzen.

Zur Herstellung dieser Steckverbindungen ist eine Verarbeitung des TPU auf herkömmlichen Spritzgußmaschinen problemlos möglich.

## 3.13 Verarbeitung

### 3.13.1 Extruderauslegung

Die Ummantelung von Kabeln und Leitungen mit maßgeschneiderten TPU-Typen erfolgt auf handelsüblichen Extrusionsanlagen. Dabei haben sich Einschnekken-Extruder mit 3 Zonen, einem Kompressionsverhältnis von ca. 2,5 und einem L : D-Verhältnis von 25 - 30 bewährt. Aber auch mit Barriereschnecken erhält man eine sehr homogene TPU-Schmelze.

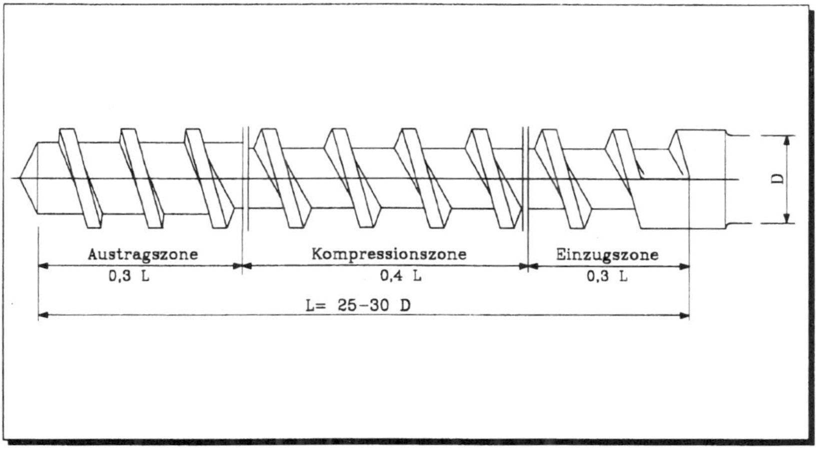


Bild 3.15: Schneckendarstellung

Nach dem derzeitigen Stand der Technik kann ein optimal gleichmäßiger Durchsatz bei Einbau einer Schmelzepumpe zwischen Extruder und Werkzeug erzielt werden. Der Vorteil dieser Zahnradpumpe ist die druckunabhängige, gleichmäßige Förderung der Schmelze, d.h. falls der Durchsatz des Extruders aus irgendwelchen Gründen nicht genügend konstant ist, gleicht die Schmelzepumpe das aus. Auf diese Weise können enge Durchmessertoleranzen eingehalten werden.

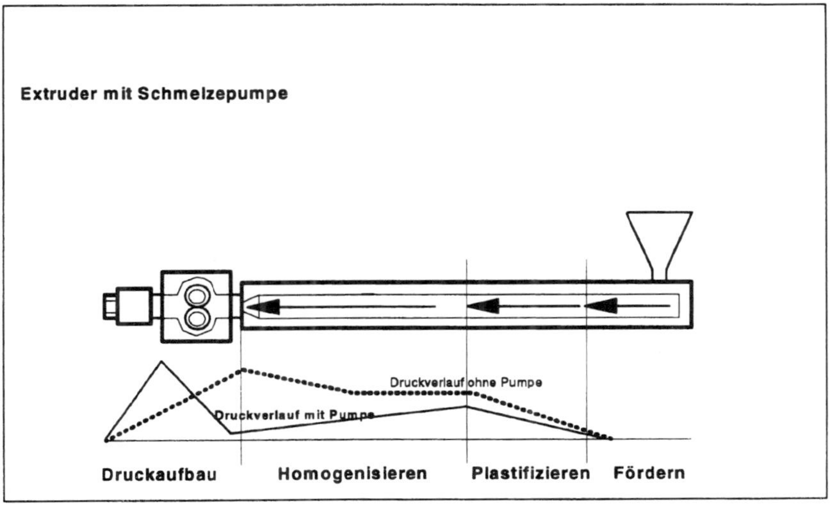


Bild 3.16

### 3.13.2 Werkzeugauslegung

Bei der Werkzeuggestaltung ist eine strömungsgünstige Auslegung vorzusehen, d.h., die Schmelze muß an jeder Stelle zwangsgefördert werden. Das Verweilen von Schmelze in sogenannten „Totzonen“ führt zur thermischen Schädigung. Von der vorbeifließenden Schmelze werden dann immer wieder thermisch geschädigte Partikel mitgerissen, die man als Pickel im Extrudat wiederfindet. Neben einer strömungsgünstigen Auslegung ist die gleichmäßige Temperierung des Werkzeuges notwendig. Einfrierungen der Schmelze führen aufgrund vergleichbarer Effekte zu Oberflächenstörungen am Kabel.

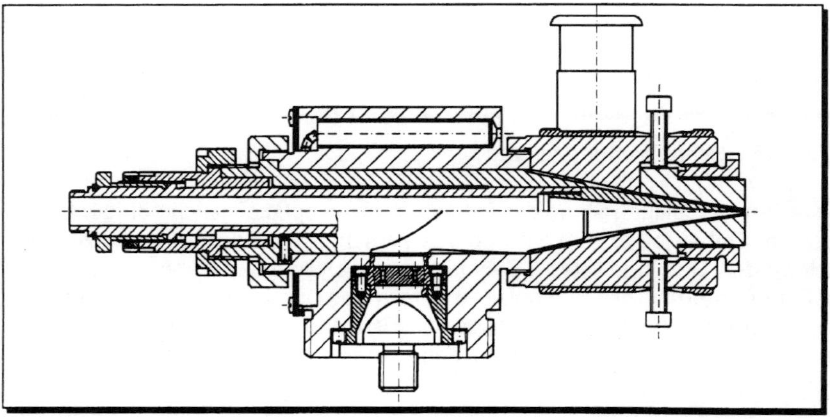

Bild 3.17: Querkopf
Skizze

### 3.13.3 Temperaturprofil

Der Tabelle 3.4 kann man die ungefähr einzustellenden Verarbeitungstemperaturen entnehmen. Diese Temperaturen können aber nur einen groben Richtwert darstellen, denn die optimalen Temperaturen hängen von vielen Einflußgrößen, wie z.B. von der Schneckengeometrie, Durchsatz, Schneckenlänge etc. ab.

Temperaturrichtwerte [°C] für die Verarbeitung von TPU (Elastollan)

| Shore Härte | Schnecke | | | | Adapter | Kopf | Düse |
|---|---|---|---|---|---|---|---|
| | Zone 1 | Zone 2 | Zone 3 | Zone 4 | Zone 5 | Zone 6 | Zone 7 |
| 75 A | 150 | 165 | 180 | 190 | 190 | 190 | 190 |
| 80 A | 160 | 175 | 190 | 200 | 200 | 200 | 200 |
| 85 A | 165 | 180 | 195 | 205 | 205 | 205 | 205 |
| 90 A | 170 | 195 | 200 | 210 | 210 | 210 | 210 |

Tabelle 3.5

### 3.13.4 Viskositätsdaten

Für die Einstellung eines Extruders ist die Schmelzviskosität ein entscheidender Faktor. Daher ist die Messung des Melt-Flow-Rate (MFR) der jeweiligen TPU-Charge vor der Verarbeitung für die Maschineneinstellung hilfreich.

Um eine problemlose Verarbeitung sicherzustellen, wird von einigen TPU-Lieferanten der MFR bei jeder Lieferung mitgeteilt. Eine gezielte Viskositätsunterscheidung durch eine MFR-Klassifizierung innerhalb eines Produkttypes ermöglicht eine Anpassung an die jeweilige Extrusionsanlage. Dadurch ist die Verarbeitung einer jeden Lieferung mit konstanten Einstellparametern möglich.

Die Viskositätskurven des Standard-TPU, MFR (190°C/21,6 kp) = 40 g/10min, und des flammwidrig, halogenfreien TPU, MFR (190°C/21,6 kp) = 4,2 g/10min, zeigen einen unterschiedlichen Viskositätsverlauf. Bei niedrigen Scherbelastungen weist das gefüllte TPU die höhere Viskosität auf, bei höherer Scherbelastung ist das Standard-TPU stabiler. Für die Verarbeitung heißt dies, daß man den MFR eines gefüllten Produktes nicht mit den MFR-Werten eines ungefüllten Produktes vergleichen kann. Bei niedrigen Scheckendrehzahlen ist die benötigte Plastifizierleistung beim flammwidrigen Produkt höher. Die „Stromaufnahme“ steigt mit höheren Drehzahlen weniger als beim Standard-TPU.

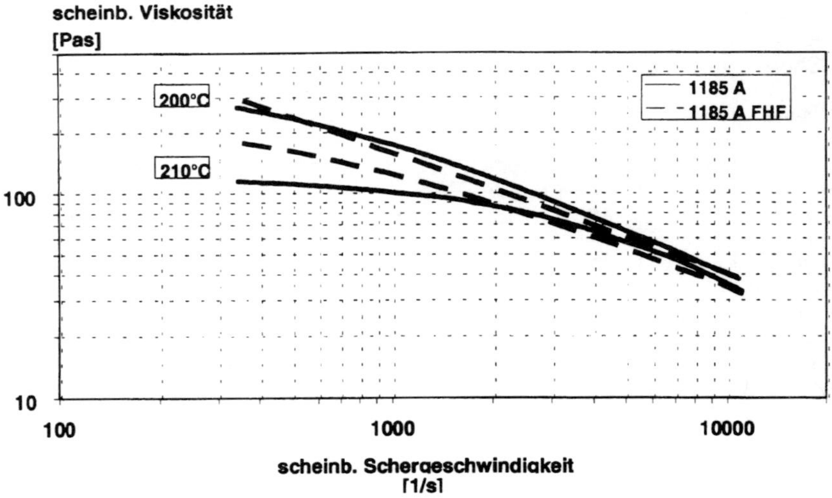


Bild 3.18: Viskositätskurven
Elastollan 1185 A, 1185 A FHF

### 3.13.5 Matte blockfreie Oberfläche

Kabelummantelungen aus TPU weisen üblicherweise eine glatte, glänzende Oberfläche auf. Der Reibungskoeffizient ist sehr hoch. Das Reibungsverhalten ist häufig von „Stick-Slip-Effekten" geprägt. Seidenmatte Oberflächen mit deutlich reduzierter Haftneigung können durch Einarbeitung von Additiven erzielt werden. Insbesondere Zusätze auf polymerer Basis haben sich bewährt. Wegen der geringen Zugabemengen wird das Eigenschaftsniveau des TPU kaum berührt.

### 3.13.6 Feuchtigkeitseinfluß

Thermoplastisches Polyurethan ist hygroskopisch. Eine Trocknung des Granulates vor der Verarbeitung ist unbedingt anzuraten. Je nach klimatischen Bedingungen nimmt das Granulat bei offenem Gebinde schon nach weniger als einer ½ Stunde einen Wassergehalt von mehr als 0,1 % auf. Dieser Wasseranteil zieht bei der Verarbeitung Störungen nach sich. Durch Vortrocknung sollte der Wassergehalt auf mindestens 0,02 % gesenkt werden.

Die Auswirkungen von feuchtem Granulat bei der Verarbeitung sind vielfältig. Folgende Effekte können beobachtet werden:

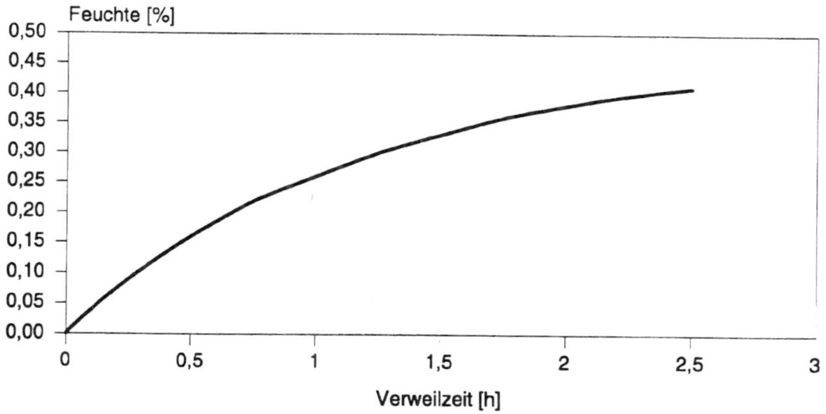


Bild 3.19: Feuchtigkeitsaufnahme
Elastollan 1185 A (23 °C, 50 % rel. Feuchtigkeit)

- Ansammeln von Schmelze an der Düse (Bartbildung)
- Schlieren am Kabel
- Bläschenbildung am Kabel
- Durchsatzschwankungen (Pumpen)
- Geringe Dimensionsstabilität

## 3.14 Recycling

Die Recyclierbarkeit ist ein besonderer Vorteil von thermoplastischen Polyurethanen. Das Mahlen und erneute Extrudieren von Produktionsabfällen (zu 100 %) kann zu Eigenschaftseinbußen führen. Diese Eigenschaftsreduzierungen sind aber für viele Anwendungen tolerierbar. Die Zugfestigkeit beträgt nach dem 5. Verarbeitungsschritt immer noch etwa 60 % der Ausgangswerte. Die Reißdehnung des Regranulates ist auf dem gewohnt hohen Niveau. Bei nur anteiliger Zugabe von Regranulat sind die Eigenschaftsveränderungen kaum meßbar.

Zu beachten ist die reduzierte Viskosität des Regranulates. Dies führt zur Absenkung des Verarbeitungsdruckes. Die Viskositätsreduzierung und damit auch der Druckverlust können durch niedrigere Verarbeitungstemperaturen ausgeglichen werden.

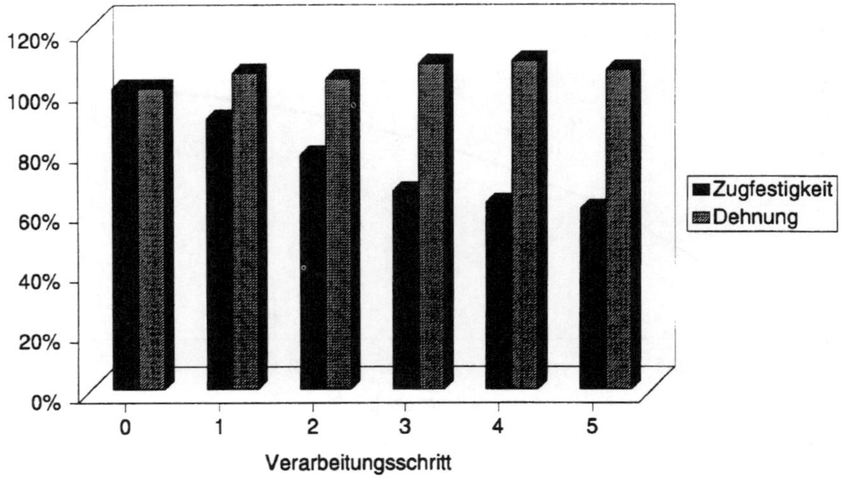


Bild 3.20: Zugfesstigkeit und Dehnung von Regranulat
Elastollan C 80 A

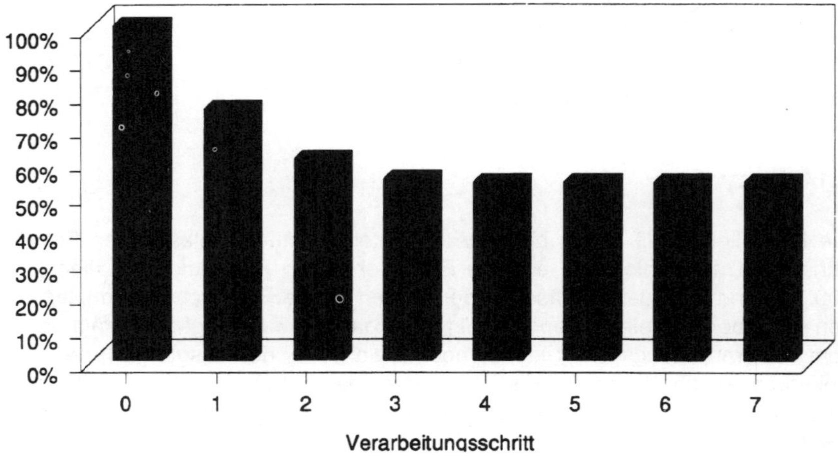


Bild 3.21: Viskosität von Regranulat
Elastollan 1185 A

## 3.15 Anwendungen

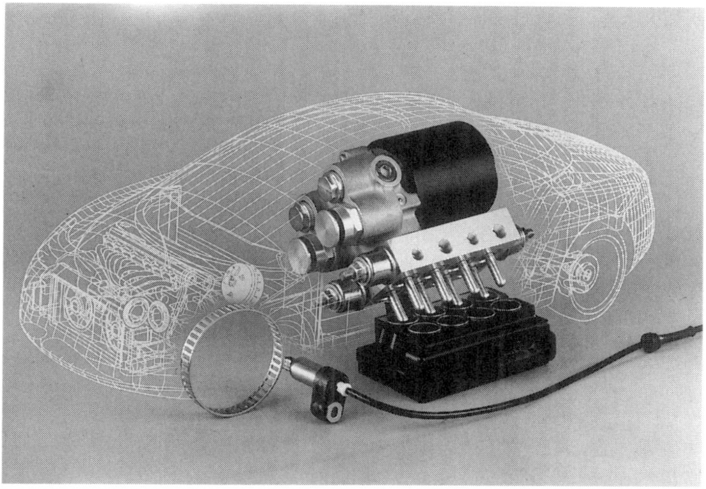

Bild 3.22: Bei ABS-Systemen kommt es auf absolute Zuverlässigkeit an. Dies gilt natürlich auch für die Kabel- und Steckverbindungen. Mit TPU-Kabel und -Stecker werden die Informationen des Radsensors sicher aus dem „Gefahrenbereich“ des Radkastens geleitet. Wasserdichtigkeit, Kälteflexibilität und Festigkeit gegen Steinschlag sind ein „Muß“ für diese Anwendung

Bild 3.23: Siehe Bild 3.24

Bild 3.23 u. 3.24: Automatisierungsgeräte müssen oft weite Strecken zurücklegen, um die geforderte Arbeit zu verrichten. Die gesamten Energie- und Steuerleitungen werden in Schleppketten ständig hinterhergeführt. Die „Schleppleitungen“ werden durch die permanente Reibung zu den einzelnen Kettengliedern stark beansprucht. Das Abriebverhalten von TPU ist dabei vorbildlich

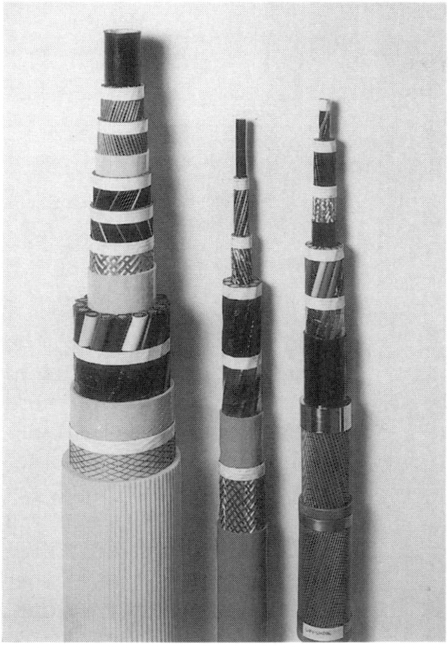

Bild 3.25:
Offshore-Leitungen benötigen einen sicheren Schutz gegen Seewasser und Mikroben. Zusätzlich ist der Mantel aus TPU abrieb- und weiterreißfest

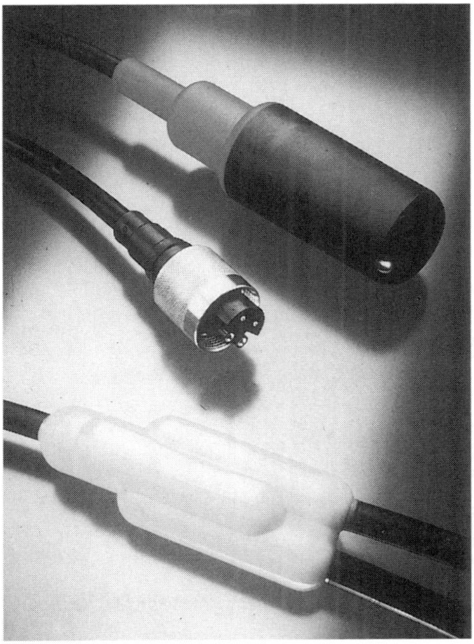

Bild 3.27:
Hohe Elastizität und mechanische Festigkeit zeichnen TPU-Leitungen aus. Angespritzte Weichen oder Stecker aus TPU garantieren gleiche Festigkeit und Längswasserdichtigkeit

Bild 3.27:
Spezialkabel für die Datenübertragung können eine Vielzahl von Funktionen übernehmen. Koaxialelemente, Kupferleiter, Mess- und Steueradern, LWL-Elemente mit Glasfasern und die nötige Abschirmung können in einer Leitung kombiniert werden. Einen sicheren Schutz für ein derartig hochwertiges „Innenleben“ bietet ein Mantel aus TPU

Bild 3.28: Ein spiralisiertes TPU-Kabel weist eine hohe Rückstellkraft auf, die über Jahre erhalten bleibt

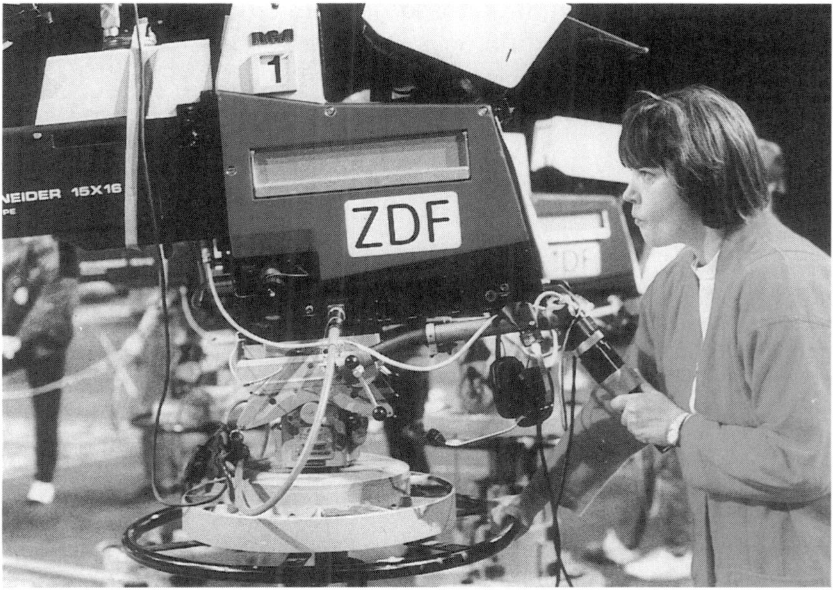


Bild 3.29: Kamera- und Kopfhörerkabel dürfen kein Licht reflektieren.Mit einem speziell matt eingestellten TPU erhält man neben der guten Mechanik eine für diese Anwendung optimale Oberflächenstruktur

# 4 Physikalische Grundlagen und neue Entwicklungen in der Nachrichtenkabeltechnik

H. Liertz

## Zusammenfassung

Ausgehend von der Herstellungstechnik der Lichtwellenleiter (LWL) und deren elektrooptischen Eigenschaften wird der konstruktive Aufbau der LWL-Nachrichtenkabel erläutert und dabei auf die Meßtechnik zur Bestimmung der mechanischen und optischen Eigenschaften von Faser und Kabel und die Spleißtechnik eingegangen.

## 4.1 LWL-Herstellung

LWL werden in mehreren Schritten hergestellt. Diese sind das Abscheideverfahren und Sintern zur Vorformherstellung und das Faserziehen.

### 4.1.1 Abscheideverfahren

Die Herstellung der Vorform kann in drei verschiedenen Verfahren geschehen, dem Außenabscheideverfahren, dem Innenabscheideverfahren oder dem axialen Abscheideverfahren.

#### *4.1.1.1 Außenabscheideverfahren*

Bei dem Außenabscheideverfahren wird ein Substratstab in einer Drehbank um seine Längsachse gedreht und mit einem Gasbrenner von außen erhitzt (Bild 4.1). Durch den Brenner wird Siliziumchlorid und Sauerstoff geleitet. Das Siliziumchlorid oxydiert in der Gasflamme und wird als Siliziumoxid auf dem Substratstab abgeschieden.

Wird der Brenner längs zum Substratstab hin und her bewegt, so scheidet sich Schicht für Schicht Siliziumoxid auf dem Substratstab ab. Die erste Schicht wird den Kern der Faser bilden, denn der Substratstab wird nach dem Aufbau aller Schichten aus der Vorform herausgezogen. Sie muß z. B. bei einer Gradientenfaser den höchsten Brechungsindex haben.

Die Erhöhung des Brechungsindex gegenüber dem reinen Siliziumoxid erreicht man durch den Zusatz von Germaniumoxid. Dieses erhält man – in gleicher Weise wie das Siliziumoxid – durch den Zusatz von Germaniumchlorid in das

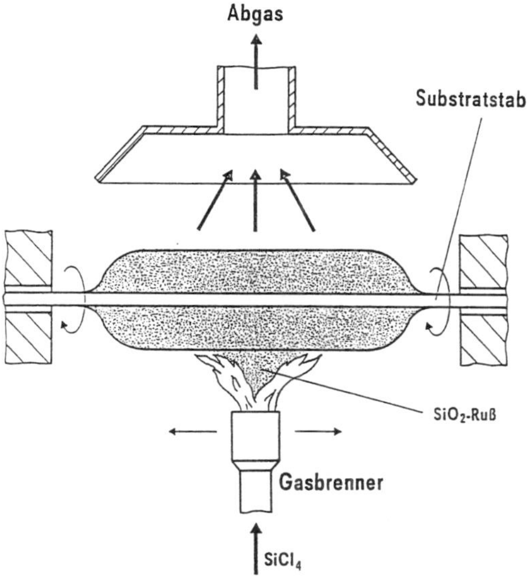


Bild 4.1: Vorformherstellung nach dem Außenabscheideverfahren (Corning)

Brenngas. Das Chlorid oxydiert und setzt sich als Germaniumoxid auf dem Substratstab ab.

Verringert man Schicht für Schicht die Menge an Germaniumchlorid, so kann das parabolische Brechzahlprofil des Kerns aufgebaut werden. Bei der äußeren Schicht des Kerns ist der Anteil des Germaniumchlorids auf Null abgesunken. Der Mantel besteht aus vielen Schichten von reinem Siliziumoxid.

### *4.1.1.2 Innenabscheideverfahren*

Beim Innenabscheideverfahren wird ein Quarzglasrohr in eine Drehbank eingespannt, das am Ende des Herstellungsprozesses den Mantel der Faser bildet. Das sich drehende Rohr wird von außen mit einem hin und her laufenden Gasbrenner erhitzt. Die Silizium- und Germaniumchloridgase werden jedoch jetzt in das Innere des Rohrs geleitet, wo sie oxydieren und sich an der Rohrinnenwand Schicht für Schicht abscheiden.

Unter Zunahme des Anteils an Germanium wird so für die Produktion einer Gradientenfaser Schicht für Schicht aufgebaut, bis der Innenraum des Rohrs aus strömungstechnischen Gründen zu klein wird. Mit der letzten Schicht muß durch entsprechenden Germaniumzusatz die Brechzahl der Kernmitte der zukünftigen Faser erreicht sein. Auf diese Weise erhält man – ähnlich wie beim

Außenabscheideverfahren – eine poröse, mit einem zentrischen Hohlraum versehene Vorform.

*4.1.1.3 Axiales Abscheideverfahren (VAD)*

Bei der Vorformherstellung nach dem axialen Abscheideverfahren wird das Oxid auf die Stirnseite eines rotierenden Substratstabes abgeschieden (Bild 4.2). Mit einem relativ kompliziert aufgebauten Brenner oder mit mehreren gleichzeitig arbeitenden Brennern wird das Brechzahlprofil für den Kern der Faser und gleichzeitig der Mantel aufgebaut. Die in axialer Richtung wachsende Vorform wird nach oben abgezogen, so daß ein kontinuierlicher Herstellungsprozeß vorstellbar ist.

### 4.1.2 Kollabieren, Sintern, Trocknen

Die nach dem Außen- und Innenabscheideverfahren hergestellten Vorformen haben einen Hohlraum im Zentrum, der kollabiert werden muß. Dazu werden die Vorformen so weit erhitzt, daß sich durch Schrumpfen der Hohlraum schließt. Das geschieht beim Innenabscheideverfahren noch in der Drehbank. Bei der nach dem Außenabscheideverfahren hergestellten Vorform, wird die Kollabierung im Sinterofen durchgeführt.

In allen drei Prozessen zur Vorformherstellung entsteht eine poröse, milchig trübe Vorform, die durch einen Sinterprozeß in einen glasklaren Zustand übergeführt wird. Gesintert wird bei etwa 1500 °C (Bild 4.3). Dabei findet auch eine Trocknung statt, d. h. alle Wasserspuren werden aus der Vorform entfernt, die sonst zu einer erhöhten Dämpfung beitragen würden.

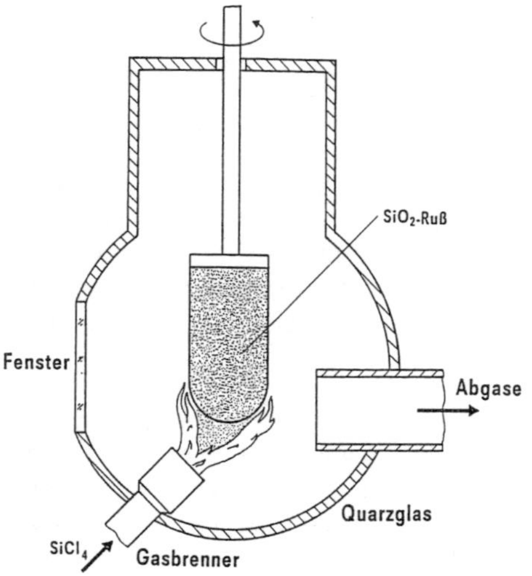


Bild 4.2:
Vorformherstellung nach dem VAD-Verfahren

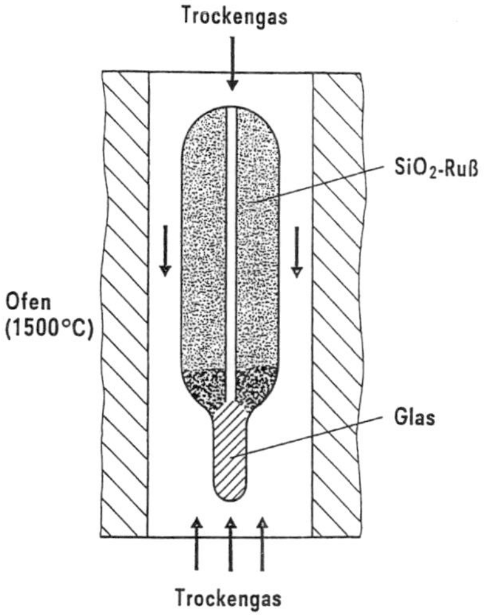


Bild 4.3:
Trocknung und Sinterung der Vorform

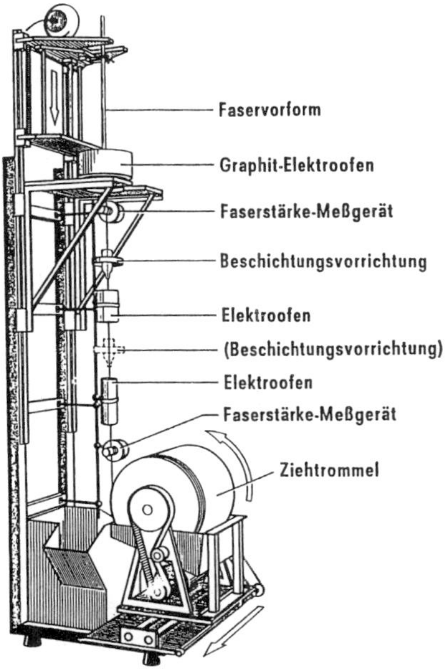


Bild 4.4:
Schematische Darstellung der Ziehanlage

### 4.1.3 Faserziehen

Durch das Sintern erhält man eine glasklare Vorform von einigen Zentimetern im Durchmesser. Daraus wird die Faser gezogen, indem die Vorform in eine Ziehanlage eingespannt und am unteren Ende auf Schmelztemperatur erhitzt wird (Bild 4.4). Die so abtropfende Faser wird auf eine Ziehtrommel aufgelegt, deren Umdrehungsgeschwindigkeit den Faserdurchmesser bestimmt. Während des Ziehens bleiben die geometrischen Verhältnisse von Mantel, Kern und Brechzahlprofil erhalten.

Bevor die Faser die Trommel berührt, muß sie mit einem Kunststoff beschichtet werden, um ein Verkratzen ihrer Oberfläche zu verhindern. Es werden üblicherweise zwei Kunststoffschichten aufgebracht, die jeweils in einem Elektroofen oder auch durch UV-Licht getrocknet werden.

## 4.2 Elektrooptische Eigenschaften

### 4.2.1 LWL-Typen

LWL können grundsätzlich in Mehrmoden- und Einmodenfasern unterteilt werden. Bei den Mehrmodenfasern unterscheidet man wiederum zwischen Stufen- und Gradientenfasern.

*4.2.1.1 Mehrmodenfasern*

*Stufenfaser*

Die Stufenfaser erhielt ihren Namen durch das stufenförmige Brechzahlprofil über Kern und Mantel der Faser (Bild 4.5), d. h. der Kern hat eine konstante Brechzahl, die gegenüber der Mantelbrachzahl etwas erhöht (z. B. 1 %) ist.

Zur Beschreibung der Lichtführungseigenschaften in einer Stufenprofilfaser reicht die anschauliche Darstellung mit Hilfe der Lichtstrahlen (Strahlenoptik) aus. Das Licht im Faserkern kann sich in Lichtstrahlen mit verschiedenen Winkeln zur Faserachse ausbreiten. Es wird an der Grenzfläche Kern/Mantel total reflektiert, so daß die Lichtstrahlen zickzack-förmig durch den Faserkern hindurchlaufen.

In Bild 4.5 ist der achsparallele Strahl (Grundmodus) und ein Zickzack-Strahl (höherer Modus) dargestellt.

*Gradientenfaser*

Im Gegensatz zum konstanten Brechzahlprofil im Kern der Stufenfaser ist das Profil im Kern der Gradientenfaser parabelförmig ausgebildet (Bild 4.6). Die ma-

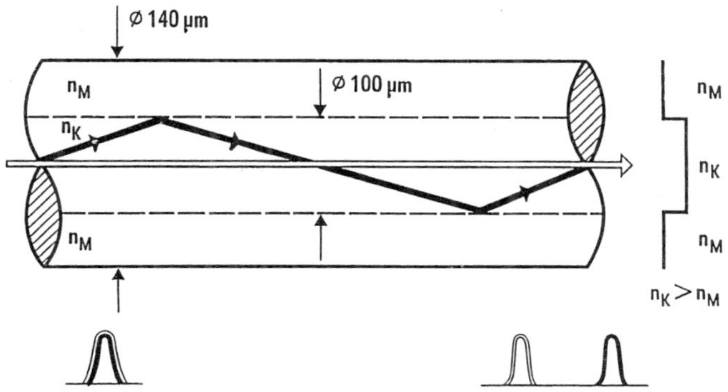


Bild 4.5: Mehrmodenfaser: Stufenfaser

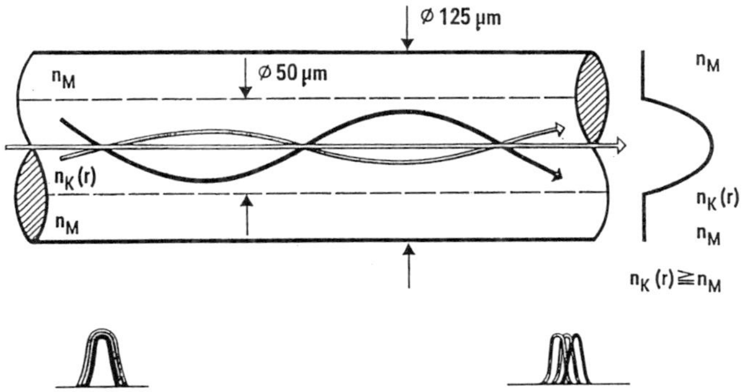


Bild 4.6: Mehrmodenfaser: Gradientenfaser

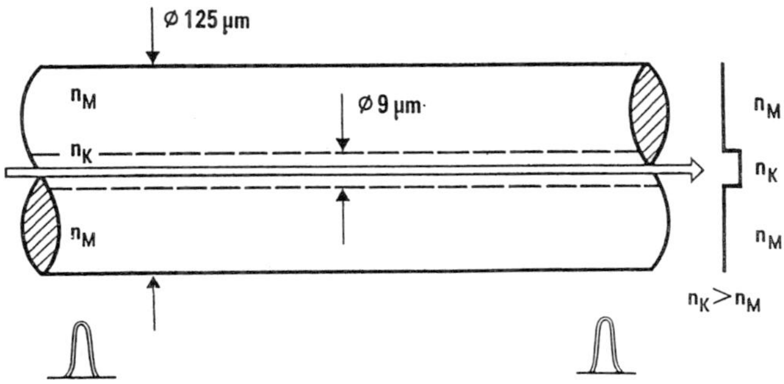


Bild 4.7: Einmodenfaser

ximale Brechzahl befindet sich im Zentrum des Faserkerns und fällt zum Mantel der Faser parabelförmig bis zur Brechzahl des Mantels ab.

In diesem rotationssymmetrischen Brechzahlprofil bewegt sich das Licht auf wellenförmigen Bahnen, denn an jeder Schicht mit niedrigerem Brechungsindex wird es auf dem Weg von innen nach außen ein wenig zur Faserachse hin gebrochen. Die wellenförmigen Bahnen bestehen deshalb aus mikroskopisch kleinen Polygonen.

In Bild 4.6 ist der achsparallele Strahl (Grundmodus) und zwei wellenförmige Strahlen (höhere Moden) dargestellt.

#### *4.2.1.2 Einmodenfaser*

Die Einmodenfaser ist eine Stufenfaser, bei der der Durchmesser des Faserkerns so weit verringert wurde, daß nur noch der Grundmodus Platz hat. In Bild 4.7 ist eine Einmodenfaser mit dem einzig möglichen achsparallelen Strahl (Grundmodus) dargestellt.

### 4.2.2 Dispersion

#### *4.2.2.1 Modendispersion*

Betrachtet man die zwei in der Stufenfaser laufenden Strahlen (Bild 4.5) in Hinsicht auf deren Laufzeit, so ist leicht einzusehen, daß das Licht auf dem Zickzack-Kurs einen längeren Weg zurücklegen muß, als das Licht auf dem achsparallelen Strahl. Beide Strahlen gleichzeitig in die Faser eingekoppelt, werden demnach wegen der unterschiedlichen Weglängen zeitlich auseinanderlaufen, und der parallele Strahl wird eher das Faserende erreichen, als der Zickzack-Strahl. Auf diese Weise wird sich ein schmaler Lichtimpuls am Anfang der Faser bis zum Ende hin verbreitern. Da dies infolge der unterschiedlichen Laufzeiten der Lichtstrahlen (Moden) passiert, nennt man dieses Phänomen Modendispersion. Die Modendispersion in Stufenfasern ist groß. Sie wurde durch die Erfindung der Gradientenfaser verkleinert. Hier laufen nämlich die hohen Moden durch Bereiche des Kerns mit geringem Brechungsindex. Nach dem Gesetz der Lichtausbreitungsgeschwindigkeit c in einem Medium mit dem Brechungsindex n

$$c = c_0 / n \qquad (1)$$

wobei $c_0$ die Geschwindigkeit im Vakuum ist, laufen die Moden mit dem längeren Weg schneller als die niedrigeren Moden, die sich im Bereich mit höherem Brechungsindex bewegen. Bei entsprechender Gestaltung des Brechzahlprofils kann der längere Weg durch Geschwindigkeitserhöhung fast vollständig kompensiert werden.

In Einmodenfasern kann wegen der Anwesenheit von nur einem Modus, dem Grundmodus keine Modendispersion auftreten.

*4.2.2.2 Chromatische Dispersion*

In LWL tritt neben der Modendispersion auch noch die sogenannte chromatische Dispersion auf, die sich aus Materialdispersion und Wellenleiterdispersion zusammensetzt.

*Materialdispersion*

Materialdispersion läßt sich anhand einer Einmodenfaser anschaulich beschreiben. Sie ist weniger eine Fasereigenschaft als vielmehr abhängig von der Breite des Wellenlängenspektrums des Senders. Sender – hauptsächlich lichtemittierende Dioden (LED) – senden nicht nur eine Wellenlänge, sondern ein mehr oder weniger breites Spektrum von Wellenlängen aus. In Bild 4.8 sind zwei Strahlen mit zwei verschiedenen Wellenlängen aus diesem Spektrum in eine Einmodenfaser eingezeichnet. Beide Wellenlängen laufen in Form des Grundmodus (achsparallele Strahlen) durch den Kern der Faser. Sie haben jedoch unterschiedliche Ausbreitungsgeschwindigkeiten c, was anschaulich aus dem Gesetz

$$c(\lambda) = c_0 / n(\lambda) \qquad (2)$$

hervorgeht, wenn man bedenkt, daß der Brechungsindex n von der Wellenlänge $\lambda$ abhängt.

*Wellenleiterdispersion*

Die Erklärung der Wellenleiterdispersion ist mit der Strahlenoptik nicht mehr möglich. Der Übergang zur Wellenoptik ist jedoch einfach vollziehbar, indem der Strahl des Grundmodus durch die Welle des Grundmodus ersetzt wird (Bild 4.9). Diese etwa gaußförmige Welle hat ihr Energiemaximum in der Fasermitte und fällt in Richtung Mantel ab, reicht aber noch in den Mantel hinein. Der Anteil des Lichtes im Kern sieht den Brechungsindex des Kerns und der Anteil im Mantel den niedrigeren Brechungsindex des Mantels. Beide Teile müßten somit unterschiedliche Geschwindigkeiten haben. Da die Welle jedoch nicht auseinandergerissen werden kann, wird sich eine Geschwindigkeit einstellen, die sich aus den gewichteten Anteilen in Kern und Mantel ermitteln läßt.

Wellen mit größerer Wellenlänge sind dicker, d. h. der Anteil, der im Mantel der Faser läuft, ist größer. Da dieser Anteil wegen des dort kleinen Brechungsindex zu höheren Geschwindigkeiten führt, wird die gemittelte Geschwindigkeit aus den gewichteten Anteilen in Kern und Mantel höher ausfallen. Die Wellenleiterdispersion führt also für größere Wellenlängen zu höheren Geschwindigkeiten, was in Bild 4.9 anschaulich dargestellt ist.

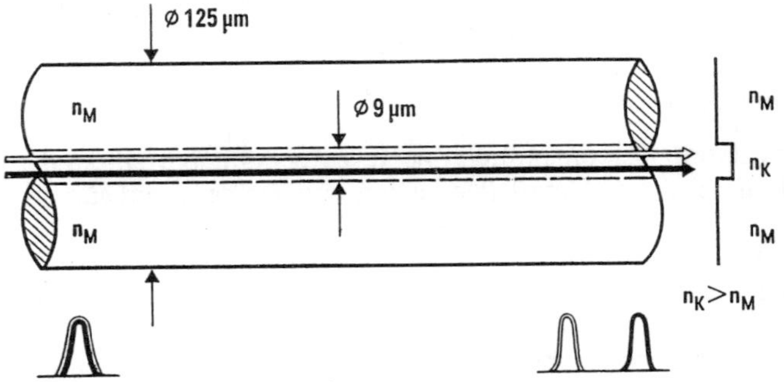


Bild 4.8: Materialdispersion in einer Einmodenfaser

## 4.2.3 Grenzwellenlänge

### *4.2.3.1 Energieverteilung von Moden*

In Bild 4.10 sind die Energiespektren von Grund- und erstem Obermodus in einen Querschnitt eines LWL eingezeichnet. Der 1. Obermodus mit seinen zwei Maxima ist bei gleicher Wellenlänge an Umfang größer als der Grundmodus, d.h. seine Ausläufer reichen weiter in den Mantel der Faser hinein. Je mehr Energie im Mantel läuft, desto weniger gut kann dieser Modus geführt werden. Er wird besonders bei Biegung der Faser leicht abgestrahlt.

Da die Energiespektren für geringere Wellenlängen an Umfang abnehmen (Bild 4.9), ist es leicht vorstellbar, daß Obermoden kleiner Wellenlängen im Kern

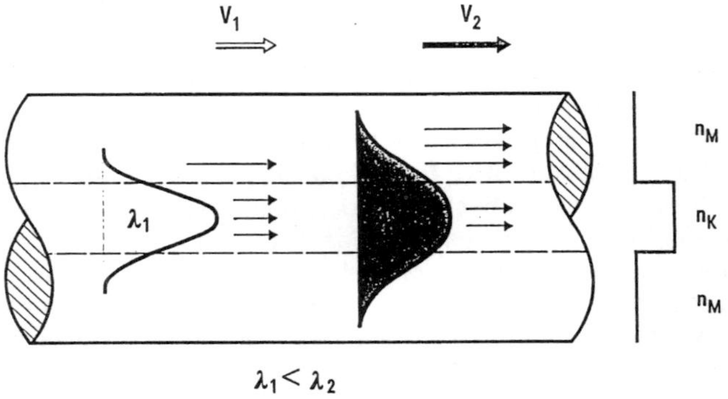


Bild 4.9: Wellenleiterdispersion

einer Einmodenfaser Platz haben, d. h., daß diese Faser für diese Wellenlänge keine Einmodenfaser ist. Erst ab einer Wellenlänge, ab der der 1. Obermodus für den Kern der Faser zu dick geworden ist, ist diese als Einmodenfaser zu betrachten. Diese Wellenlänge wird als Grenzwellenlänge bezeichnet.

*4.2.3.2 Messung der Grenzwellenlänge*

In einen LWL wird auf einer Seite Licht mit stetig steigender Wellenlänge eingestrahlt und auf der anderen Seite der ankommende Pegel gemessen. Dabei ergibt sich ein stufenförmig abfallender Pegel über der Wellenlänge (Bild 4.11 oben). Die erste Stufe erhält man durch das Abstrahlen des 2. Obermodus, der bei der Wellenlänge der Stufe gerade zu dick geworden ist, um noch geführt zu werden. Die zweite Stufe erhält man entsprechend durch Abstrahlung des 1. Obermodus. Es verbleibt der Grundmodus in der Faser, dessen Pegel mit zunehmender Wellenlänge ansteigt, da sein Energiespektrum mit steigender Wellenlänge an Umfang zunimmt.

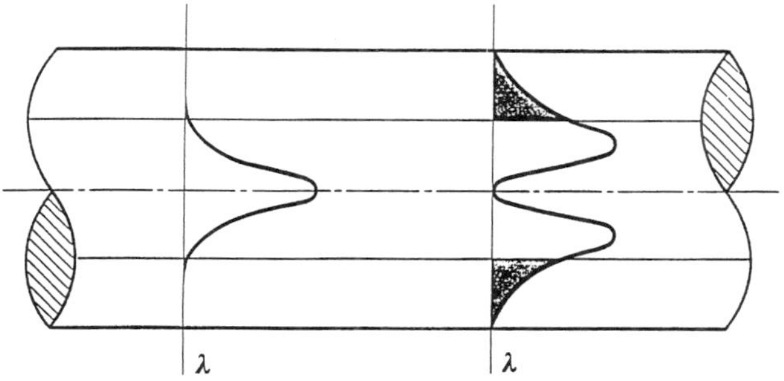


Bild 4.10: Energieverteilung eines Grundmodus und 1. Obermodus

Die Stufen der Kurve verschieben sich zu kleineren Wellenlängen hin, je mehr die Faser gekrümmt wird, denn für die Faser zu dick gewordene Obermoden werden in gekrümmten Fasern leichter abgestrahlt als in geraden Fasern.
Für die gerade und die gekrümmte Faser erhält man also zwei Stufenkurven für am Ende ankommende Pegel. Aus dem Verhältnis der Empfangspegel der geraden Faser $P_{ger}$ und der gekrümmten Faser $P_{gek}$ läßt sich für eine Wellenlänge λ eine Dämpfung a errechnen:

$$a(\lambda) = 10 \cdot \log (P_{ger}/P_{gek}) \qquad (3)$$

Der wellenlängenabhängige Dämpfungsverlauf ist in Bild 4.11 unten eingetragen. Die Grenzwellenlänge $\lambda_c$ erhält man aus dem Schnittpunkt der rechten Flanke der Dämpfungskurve für das Abstrahlen des 1. Obermodus mit der Dämpfungslinie für 0,1 dB.

Die rechte Flanke der Dämpfungskurve, wie sie in der Praxis auftritt, ist in Bild 4.12 eingetragen. Die praktische Messung ersetzt die gerade Faser durch eine groß gekrümmte mit einem genormten Durchmesser von 160 mm und die gekrümmte Faser durch eine klein gekrümmte mit dem Durchmesser von 30 mm. Dort, wo die Dämpfungskurve die 0,1 dB Linie schneidet, ist die Grenzwellenlänge abzulesen.

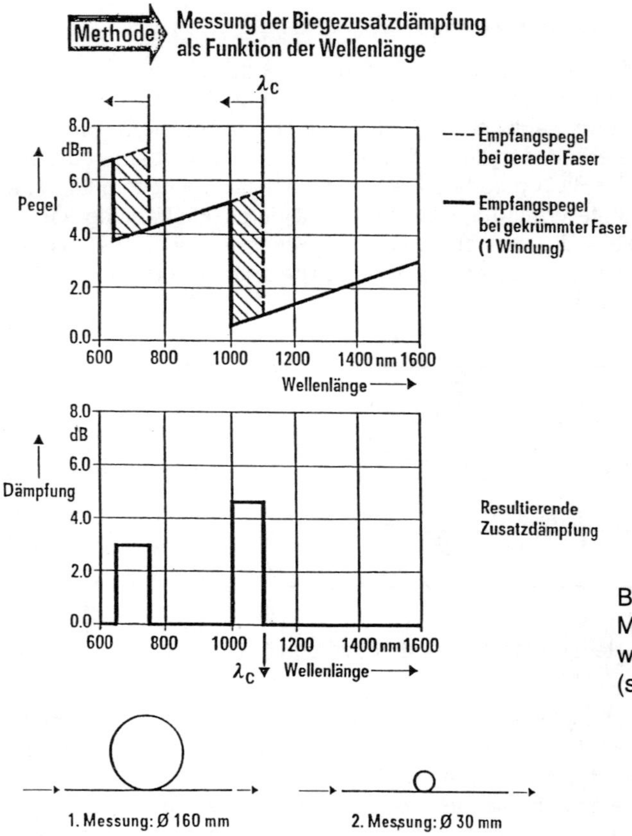


Bild 4.11:
Messung der Grenzwellenlänge (schematisch)

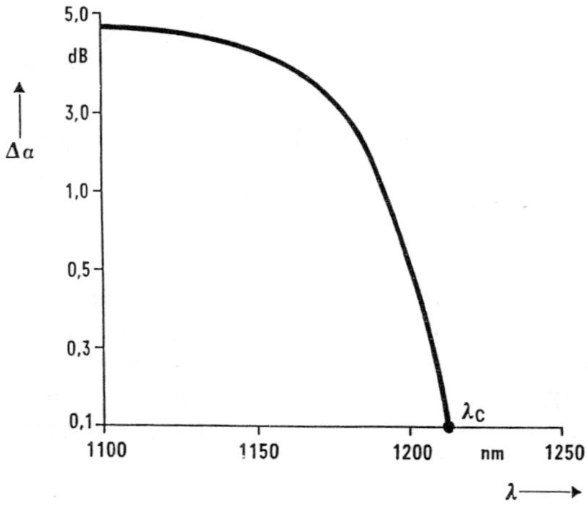


Bild 4.12:
Messung der Grenzwellenlänge (praktisch)

### 4.2.4 Biegeempfindlichkeit der LWL

Ein Lichtstrahl in einer Stufenfaser wird durch Totalreflexionen an der Grenzfläche Kern/Mantel zickzack-förmig durch die Faser geführt. Ist die Faser im Reflexionspunkt auch nur geringförmig gebogen, ändert sich der Reflexionswinkel, so daß der Lichtstrahl in den Mantel gebrochen werden kann, aus dem er nach kurzer Laufzeit ausgestrahlt wird, was zu einer Zusatzdämpfung führt (Bild 4.13). Aus geometrischen Gründen werden so die hohen Moden bevorzugt abgestrahlt.

Die Erklärung der Biegeempfindlichkeit mit der wellenoptischen Betrachtungsweise wurde schon im Kapitel Grenzwellenlänge gegeben.

### 4.2.5 Bruchmechanik der LWL

LWL bestehen aus Quarzglas. Glas bricht man bekannterweise durch Anritzen der Oberfläche. Aus dieser Betrachtungsweise wird deutlich, daß die Oberfläche von LWL möglichst frei von Anrissen und sonstigen Oberflächenbeschädigungen sein muß. Da es in der Praxis keine perfekten Oberflächen gibt, muß mit einer anzunehmenden größten Beschädigung innerhalb einer bestimmten Faserlänge gerechnet werden. Diese Faserlänge beträgt viele Kilometer. Geht man von einem 40-fasrigen Standardkabel aus, das im Mittel in 4 km-Strecken verlegt wird, so kommt man zu Faserlängen von 160 km.

Solche Längen können nicht mehr zerstörend geprüft werden. Man muß sich mit kleinen Prüflängen und Extrapolationen begnügen. Dies führt jedoch zu erheblichen statistischen Problemen, die zur Zeit weltweit noch nicht gelöst sind, d. h. es gibt noch keine experimentell untermauerte Lebensdauervorhersage für LWL.

## 4.3 Kabelkonstruktion

Wegen der vorher besprochenen Biegeempfindlichkeit der LWL werden diese im Kabel so eingebettet, daß mechanische Belastungen auf das Kabel nicht zum Verbiegen der LWL führen. Ein zweiter Grund für die nachstehend beschriebene Kabelkonstruktion ist die noch nicht geklärte Bruchmechanik und Lebensdauervorhersage für LWL. Die Kabelkonstruktionen führen auch bei

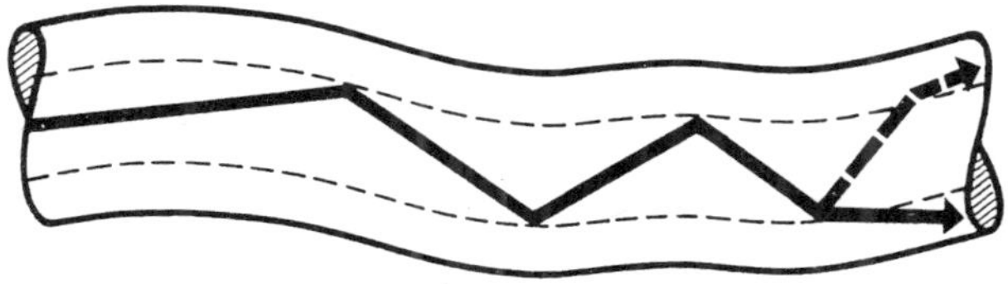

Bild 4.13: Zusatzdämpfung durch Verbiegung (Microbending Loss)

mechanisch belasteten Kabeln zu unbelasteten LWL, für die mit Lebensdauern von 20 bis 30 Jahren gerechnet werden kann.

### 4.3.1 Adertypen für LWL-Kabel

Vorstehend genannte Überlegungen führen zur Einbettung eines LWL in Kunststoffröhrchen, die mit einer Füllmasse gefüllt sind, der sogenannten Hohlader (Bild 4.14). Solch eine Hohlader läßt den LWL auch bei äußeren Belastungen belastungsfrei wie Bild 4.15 veranschaulicht.

Hohladern führen zu relativ großen Abmessungen der LWL-Kabel. Die Kompaktader, bei der der massegefüllte Raum zwischen LWL und Kunststoffröhrchen auf ein Minimum reduziert wird, kann die Kabelabmessungen reduzieren (Bild 4.14). Die Festader, bei der der LWL mit einer festen Kunststoffhülle umspritzt wird, bietet die vorgenannten Vorteile nicht, wird jedoch wegen der einfacheren Möglichkeiten zur Anbringung von Steckern bevorzugt (Bild 4.14).

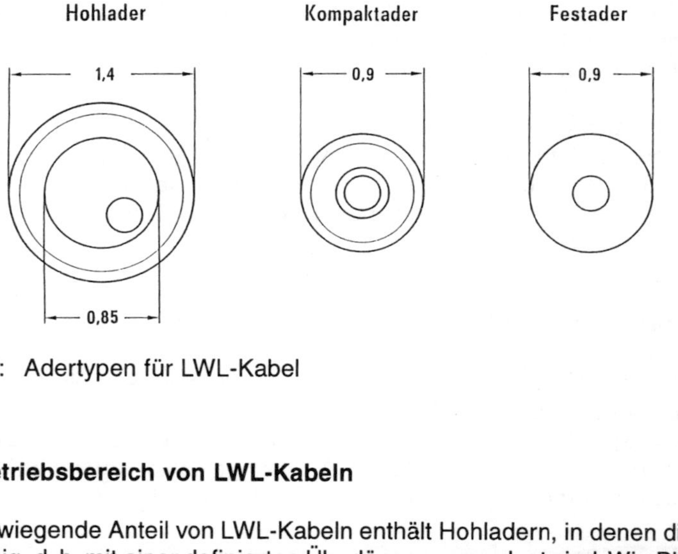


Bild 4.14: Adertypen für LWL-Kabel

### 4.3.2 Betriebsbereich von LWL-Kabeln

Der überwiegende Anteil von LWL-Kabeln enthält Hohladern, in denen die LWL helixförmig, d. h. mit einer definierten Überlänge angeordnet sind. Wie Bild 4.15 veranschaulicht, kann diese Hohlader gedehnt und gestaucht werden, wobei die Helix des LWL etwas flacher oder weiter wird, der LWL jedoch weder gezogen noch gestaucht wird, abgesehen von einer sich geringfügig ändernden Biegebelastung.

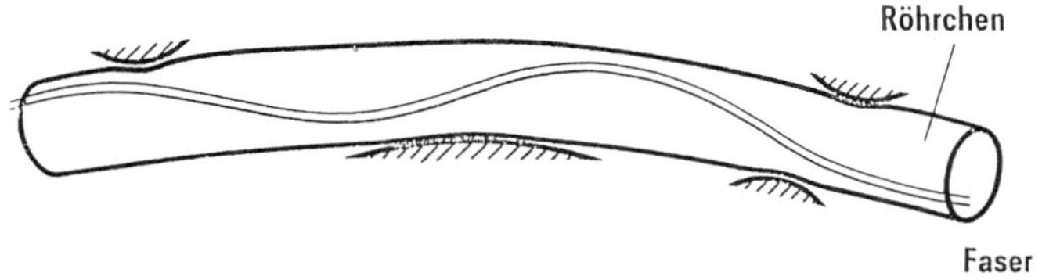


Bild 4.15:
Prinzip der
Hohlader

Der Freiraum für die LWL wird für verseilte Hohladern noch erheblich größer. Das ist anschaulich in Bild 4.16 skizziert. Ausgangspunkt sind hier um ein Zentralelement verseilte Hohladern, bei denen die LWL genau im Zentrum liegen. Dehnt man dieses Gebilde, das in der Kabeltechnik als Seele bezeichnet wird, so können die LWL nach innen wandern und somit eine Helix kleineren Durchmessers einnehmen. Damit können sie, ohne selbst gedehnt zu werden, die Dehnung der Seele mitmachen. Analoges passiert bei einer Kontraktion der Seele. Hier können die LWL nach außen ausweichen.

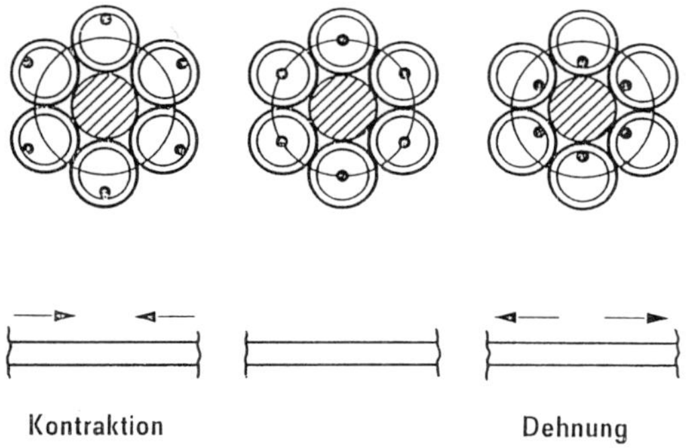


Bild 4.16:
Prinzip der LWL-Hohlader-kabel

Der Ausgleichsvorgang ist natürlich begrenzt. Sobald die LWL die Wand der Hohlader berühren, werden auch diese gedehnt oder gestaucht. Eine Dehnung und ein Anpressen an die mikroskopisch rauhe Innenwand der Hohlader führt zu Mikrobiegungen des LWL und damit zur Dämpfungserhöhung. Eine Stauchung der Seele kann ebenfalls zum Anpressen der LWL an die Innenwand der Hohlader und damit zu Mikrobiegungen führen, aber auch zum Ausknicken, was ebenfalls zu Dämpfungserhöhungen führt.

So erklärt sich der Betriebsbereich eines LWL-Kabels, der im Dehnungs- und im Kontraktionsbereich jeweils bis zum Anliegen der LWL an die Hohlader reicht (Bild 4.17).

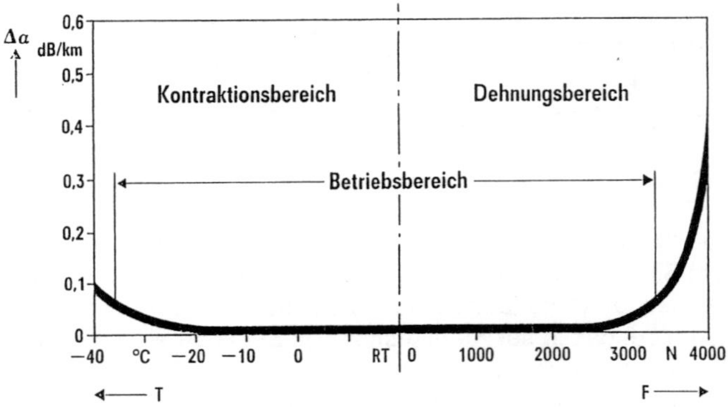


Bild 4.17: Betriebsbereich eines Lichtwellenleiterkabels

### 4.3.3 Kabelaufbauten

Bei den Kabelaufbauten unterscheidet man grundsätzlich zwischen lagenverseilten und bündelverseilten Aufbauten. Die *lagenverseilten Kabel* können aus einer oder mehreren Lagen bestehen, die um ein Zentralelement verseilt werden (Bild 4.18). Das Zentralelement kann Stahl oder ein glasfaserverstärkter Kunststoff sein und dient hauptsächlich als Stützelement für die Kunststoffhohladern,

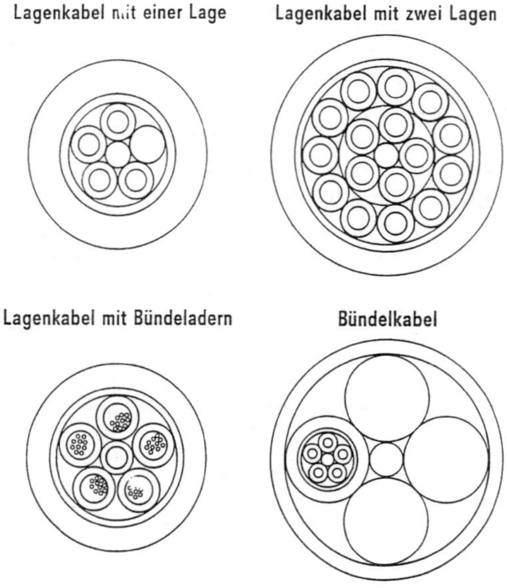


Bild 4.18:
Lagen- und Bündelkabel

die sonst bei Kälte zu sehr kontrahieren würden. Bei *bündelverseilten Kabeln* werden lagenverseilte Grundbündel um ein Zentralelement verseilt. Je nach Faserzahl und Anwendungszweck gibt es Vor- und Nachteile für beide Kabelaufbauten. Wenn man berücksichtigt, daß in eine Hohlader auch mehrere Fasern eingebracht werden können (diese werden mit Bündeladern bezeichnet), so sind je nach Faserzahl Optimierungen der Kabelaufbauten möglich.

Um die Kabelseele sind üblicherweise Zugelemente in Form von Glas- oder Aramidgarnen verseilt, die die zum Einziehen der Kabel nötigen Zugkräfte aufnehmen. Darum herum wird ein Kabelmantel extrudiert, dessen Wandstärke so dick sein muß, daß er beim Einziehen nicht durchscheuert.

### 4.3.4 Kabeltypen

Je nach Kabeltyp unterscheiden sich die Kabelmäntel erheblich. Die Kabeltypen werden je nach Verlegungsort und Verlegungsart unterschieden. Kabel, die innerhalb von Gebäuden verlegt werden, haben meist einen PVC-Mantel über der Seele, da dieser schwerer entflammbar ist als ein Mantel aus Polyethylen. Standard-Telefonkabel, wie sie im städtischen Bereich in Röhren eingezogen werden, haben einen Mantel aus Polyethylen mit einer darunterliegenden Aluminiumfolie, die Feuchtigkeit von der Seele fernhalten soll. Kabel, die ins Erdreich gelegt werden, sei es durch Einpflügen oder Einlegen in einen vorher ausgehobenen Graben, haben oft einen Nagetierschutz unter dem Polyethylenmantel, der aus einer Lage gewellten Stahlblechs bestehen kann. Luftkabel, die an Masten aufgehängt werden und Wind- und Eislasten ertragen müssen, haben oft ein vielfaches an Zugelementen in Form von Aramidgarnen, die um die Seele geseilt sind. Seekabel, die in Seen, durch Flüsse oder in Meeren verlegt werden, werden meist mit Stahldrähten armiert, um zum Beispiel durch ankernde Schiffe nicht zerstört zu werden (Bild 4.19).

Eine ganz andere Art von Kabeltyp, der auch verbreitet im Einsatz ist, ist das sogenannte Kammerkabel. Hierbei befinden sich die LWL einzeln, als Bündel oder zu flachen Bändchen zusammengefaßt in Kammern, die durch Extrusion eines Kunststoffs um ein Zugelement geformt wurden (Bild 4.20).

## 4.4 Meßtechnik

Der wichtigste Kennwert, der bei der LWL-Kabelproduktion überprüft werden muß, ist die Dämpfung. Die meisten anderen Kennwerte, wie numerische Apertur, Felddurchmesser oder Grenzwellenlänge, sind Fasereigenschaften, die durch die Verkabelung nicht oder nur unbedeutend – im Falle der Bandbreite nur positiv – verändert werden können. Deshalb wird hier nur auf die Dämpfung eingegangen.

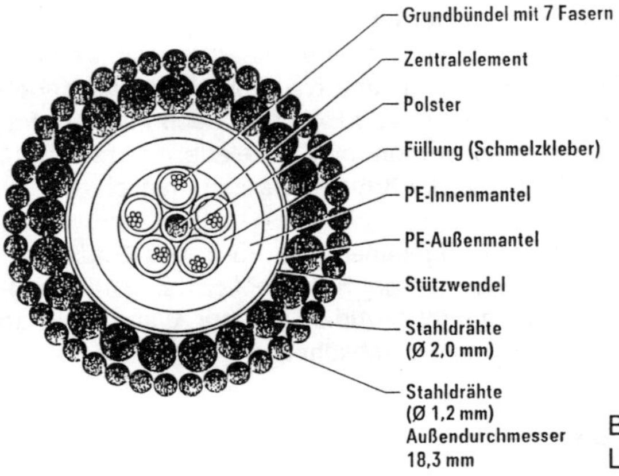


Bild 4.19:
LWL-Seekabel mit 35 Fasern

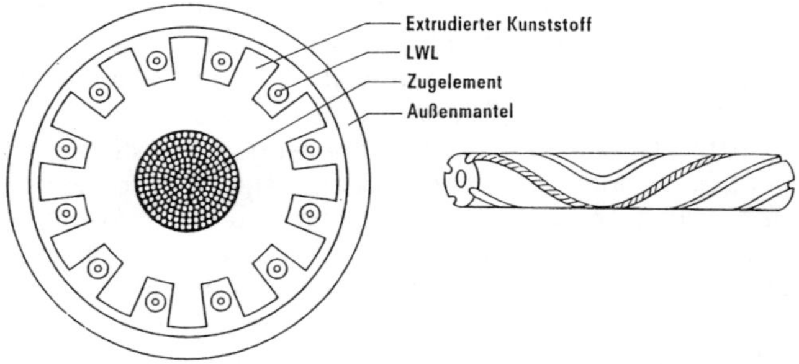


Bild 4.20: Kammerkabel

### 4.4.1 Dämpfung

Die Dämpfung eines LWL kann mehrere Ursachen haben. Eine davon ist die *Rayleigh-Streuung*, die durch Lichtstreuung an Fehlstellen im Gefüge des Quarzglases auftritt. Trifft ein Lichtstrahl auf so eine Fehlstelle, so wird er in Richtungen gestreut, von denen die meisten durch Totalreflexion nicht mehr ausbreitungsfähig sind. Die Rayleigh-Streuung ist sehr wellenlängenabhängig, wie die gestrichelte Kurve in Bild 4.21 zeigt.

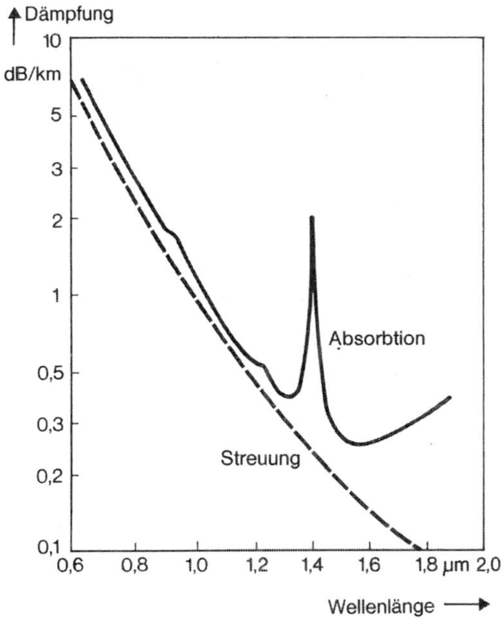


Bild 4.21:
Dämpfungsursachen
Streuung und Absorption

Eine weitere Dämpfungsursache ist die *Absorption*. Sie wird durch Fremdatome oder -moleküle im Quarzglasgefüge verursacht. Ein typisches Beispiel hierfür ist die Absorption durch OH-Ionen. Trifft ein Lichtstrahl auf ein OH-Ion, so wird dieses durch Energieaustausch in Schwingungen versetzt. Dadurch tritt eine Zusatzdämpfung auf. Der Energieaustausch an OH-Ionen findet besonders stark im Bereich der Wellenlänge 1,4 µm auf, wodurch dort ein Dämpfungsmaximum entstehen kann wie es die ausgezogene Kurve in Bild 4.21 zeigt.

Eine dritte Dämpfungsursache kann die *Biegung* in einem LWL sein, auf die im Kapitel Grenzwellenlänge schon näher eingegangen wurde. Das Zusammenfügen getrennter LWL mit sogenannten *Spleißen* kann eine weitere Dämpfungsursache sein. Diese wird im Kapitel 4.5 näher beschrieben.

### 4.4.2 Dämpfungsmessung

*4.4.2.1 Durchlichtmessung*

Die Dämpfung a eines LWL in dB errechnet sich aus dem Verhältnis der Lichtenergie mit dem Pegel $P_1$ im Anfang des LWL und dem Pegel $P_2$ am Ende des LWL mit der Gleichung

$$a = 10 \cdot \log P_1/P_2 \qquad (4)$$

Um die Dämpfung zu messen, müssen beide Pegel gemessen werden. $P_2$ ist durch Anbringen einer genügend großen Empfängerdiode am Ende der Faser leicht zu messen. $P_1$ im Anfang des LWL, nicht zu verwechseln mit $P_0$, das in den LWL eingekoppelt werden soll und durch Koppelverluste zu $P_1$ wird, ist nur auf Umwegen zu messen.

Die $P_1$-Messung nach dem *Einfügeverfahren* (Bild 4.22) verwendet einen kurzen LWL desselben Typs, wie die zu messende Faser und mißt den Pegel des ausgekoppelten Lichts $P_1$. Der Nachteil dieser Messung ist die zweimalige Ankopplung des Senders einmal an den zu messenden LWL und zum anderen an den kurzen Referenz-LWL. Beide eingekoppelten Energien können infolge ungenauer Ankopplungen verschieden sein, so daß sich Meßfehler erheben.

Das genauere Verfahren ist das sogenannte *Rückschneideverfahren*, bei dem zunächst der zu messende LWL angekoppelt und $P_2$ gemessen wird. Dann wird unter Beibehaltung der Ankopplung der LWL auf etwa 2 m zurückgeschnitten, worauf $P_0$ gemessen werden kann (Bild 4.22). Die Rückschneidemethode kann natürlich nur an LWL, die noch nicht mit Steckern versehen sind und unter Verlust von etwa 2 m LWL angewendet werden.

Für beide Meßmethoden erhält man die kilometrische Dämpfung, indem man die Dämpfung a durch die Differenz der zu messenden LWL-Länge l und der Referenzlänge $l_R$ teilt (Bild 4.22).

Zur Messung der *spektralen Dämpfung*, d. h. des Dämpfungsverlaufs über einen Wellenlängenbereich (Bild 4.23), können beide Meßmethoden angewendet werden. Hierzu wird ein Sender verwendet, mit dem das Wellenlängenspektrum kontinuierlich durchgefahren werden kann, wie zum Beispiel eine Halogenlampe mit nachgeschaltetem Monochromator. Durch Messung der Empfangspegel für Meß- und Referenzlänge als Funktion der Wellenlänge, Division der Pegel für jeweils gleiche Wellenlängen und Anwendung von Gleichung (4) erhält man den in Bild 4.23 eingetragenen spektralen Dämpfungsverlauf.

Bei der Dämpfungsmessung von Mehrmoden-LWL nach den Durchlichtmethoden ist besonders auf die Anzahl und die Verteilung der Moden im LWL zu achten, denn die verschiedenen Moden haben unterschiedliche Dämpfungen.

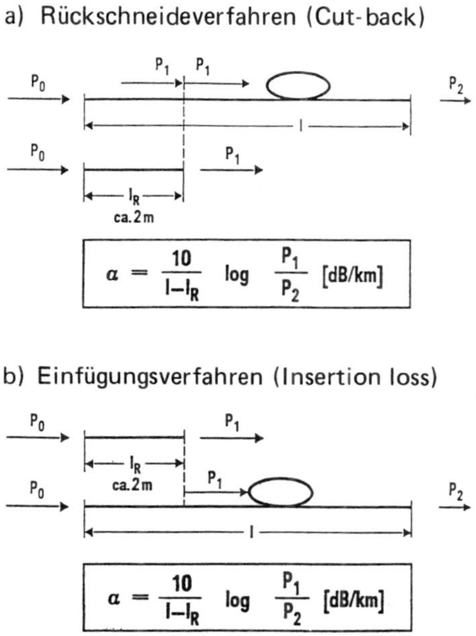


Bild 4.22:
Dämpfungsmessung

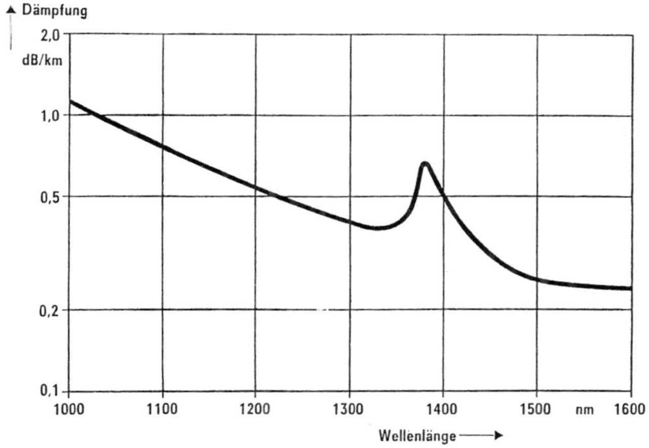


Bild 4.23: Dämpfung als Funktion der Wellenlänge bei Einmodenfasern

Das ist anschaulich damit zu erklären, daß der in einer Stufenfaser zickzack-förmig verlaufende Modus auf seinem längeren Weg im Vergleich zum achsparallel verlaufenden Grundmodus (Bild 4.5) mehr Streu- und Absorptionsverlust erleidet. Des weiteren sind die höheren Moden biegeempfindlicher, was vorstehend schon ausführlich besprochen wurde. An einer Mehrmodenfaser mit verschiedenen Modenverteilungen können deswegen verschiedene Dämpfungen gemessen werden. Um die Dämpfung in einem LWL reproduzierbar messen zu können, muß die Modenverteilung in der zu messenden Faser genau definiert werden. In der Norm wird daher vorgeschrieben, daß 70 % des Kerndurchmessers der Faser ausgeleuchtet und gleichzeitig 70 % der numerischen Apertur mit Licht ausgefüllt sein müssen. Diesen Zustand erreicht man entweder durch Strahlformung durch Linsen und Blenden, oder durch Überfluten des LWL und anschließendem Abstreifen der hohen Moden durch einen Modenstreifer. Dieser kann aus etwa fünf Windungen LWL, um einen Dorn mit etwa 1 cm Durchmesser gewickelt, bestehen (Bild 4.24).

Modenstreifer für Mehrmodenfasern

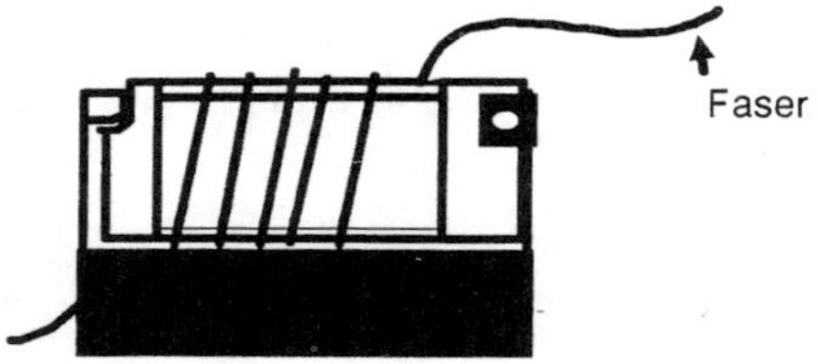


Modenstreifer für Einmodenfasern

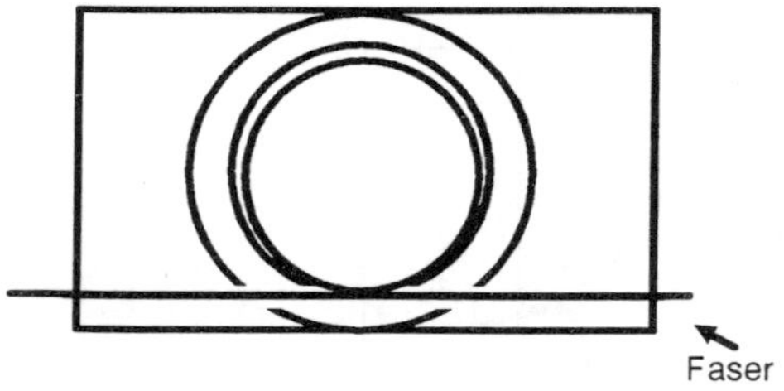


Bild 4.24: Modenstreifer

Auch für Einmodenfasern ist es ratsam, einen Modenstreifer zu verwenden, um Licht, das sich im Mantel des LWL eventuell über die Länge der Referenzfaser ausbreiten kann, abzustreifen. Hierfür genügt eine in einen Durchmesser von einigen Zentimetern gelegte Windung (Bild 4.24).

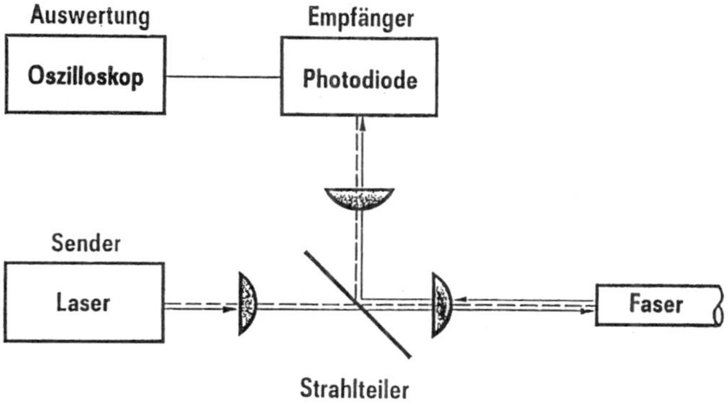


Bild 4.25:
Prinzip des Rückstreumeßplatzes

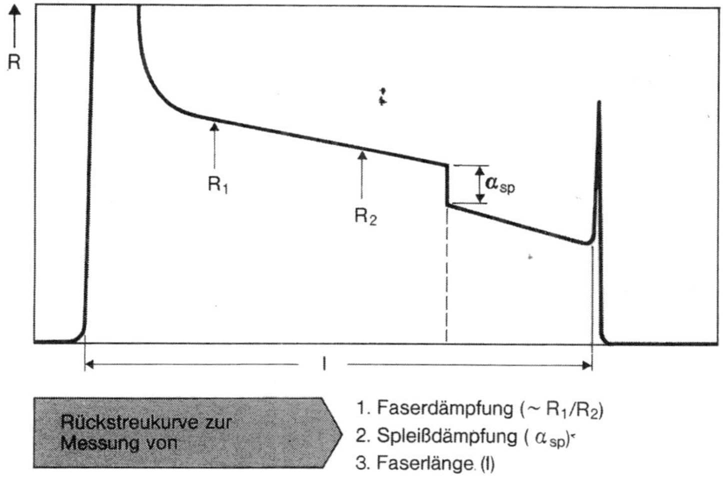


Bild 4.26: Faserdämpfung als Funktion der Faserlänge

*4.4.2.2 Rückstreumessung*

Wie im Kapitel Dämpfung besprochen, wird Licht in einem LWL an Fehlstellen im Quarzgefüge gestreut. Die Streuung geht in alle Richtungen, auch auf den Weg zurück. Das rücklaufende Licht kann mit einer optischen Einrichtung, wie in Bild 4.25 skizziert, empfangen werden. Mit der Vorstellung, daß am Anfang eines LWL zurückgestreutes Licht nur einen kurzen Weg zurücklegt und damit wenig gedämpft wird und daß am Ende zurückgestreutes Licht einen langen Weg zurücklegt, auf dem es stärker gedämpft wird, ist leicht einzusehen, daß die Rückstreupegel für den ganzen LWL eine kontinuierlich abfallende Kurve bilden, dessen Steigung ein Maß für die *Dämpfung* ist. Am Anfang und am Ende der Kurve befinden sich Pegelmaxima, die durch das reflektierte Licht an den

Stirnflächen, das um Größenordnungen intensiver, als das rückgestreute Licht ist, entstehen (Bild 4.26).
Verschiedene Steigungen, Dämpfungssprünge und Reflexionsspitzen würden auf *Inhomogenitäten* im LWL hinweisen. Eine lokale Dämpfungserhöhung, ein sogenannter *Dämpfungssprung*, wie er zum Beispiel an Spleißen auftreten kann, kann mit der Rückstreumethode auch dämpfungsmäßig erfaßt werden. Die *Spleißdämpfung* $a_{sp}$ errechnet sich aus dem hohen $P_h$ und den niedrigen Pegel $P_n$ des Dämpfungssprungs mit der Gleichung

$$a_{sp} = 5 \cdot \log P_h / P_n \qquad (5)$$

Der Faktor 5 ergibt sich im Gegensatz zum Faktor 10 in Gleichung (4) durch das rückgestreute Licht, das den LWL zweimal durchläuft.

Die Rückstreumessung bietet noch eine weitere Meßmöglichkeit, die *Längenmessung*. Die Länge l eines LWL kann über die Laufzeit t, die proportional zur Länge der Rückstreukurve ist, und der Lichtgeschwindigkeit c (siehe Gleichung (1)) berechnet werden:

$$l = 1/2 \cdot c \cdot t \qquad (6)$$

Der Faktor 1/2 ergibt sich wiederum aus dem zweimaligen Durchlaufen des LWL.

Mit der eleganten Rückstreumessung, die noch dazu den Vorteil bietet, daß nur ein Ende des zu messenden LWL zugänglich zu sein braucht, können also die Dämpfung, Spleißdämpfung und Faserlängen, und damit auch eine Fehlerortung durchgeführt werden.

Voraussetzung hierzu sind jedoch LWL konstanter Qualität, d. h. LWL mit gleichem Rückstreuverhalten. Dieses hängt in erster Linie von der numerischen Apertur ab. Ist diese groß, so ist der Auffangwinkel für das rückgestreute Licht groß, so daß sich der Pegel gegenüber Rückstreupegeln von LWL niedrigerer numerischen Apertur erhöht. In der Praxis kommt es relativ häufig vor, daß ein Dämpfungssprung nicht nach unten, sondern nach oben geht, was immer bedeutet, daß ein LWL mit höherem Rückstreuverhalten auf einen LWL mit niedrigerem Rückstreuverhalten gespleißt wurde. Eine korrekte Spleißdämpfungsmessung ergibt sich hierbei durch eine Messung von beiden Seiten und Bildung des arithmetischen Mittelwertes aus beiden Messungen.

## 4.5 Spleißtechnik

Das Verbinden zweier LWL miteinander wird mit Spleißen bezeichnet. In der Verbindungstechnik unterscheidet man zwischen permanenten Spleißen, das sind durch Aufschmelzen der Fasern verschweißte Verbindungen, und lösba-

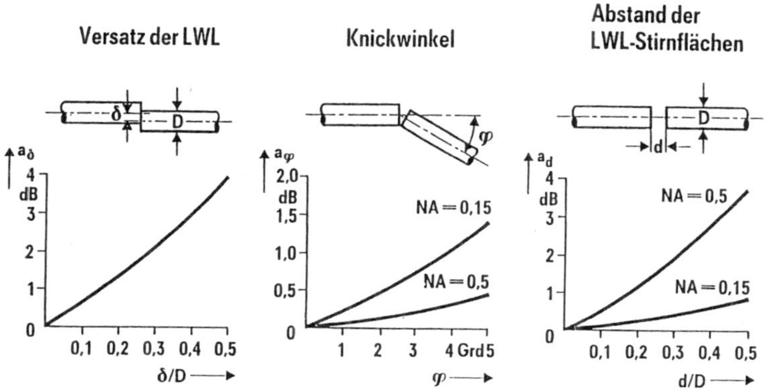


Bild 4.27: Koppelverluste als Funktion von Abstand, Versatz und Winkel

ren Spleißen, bei denen die LWL mechanisch positioniert und gehalten werden. Wichtigste Voraussetzung zu guten Spleißen ist das exakte Positionieren der LWL, um möglichst geringe Koppelverluste zu erhalten.

### 4.5.1 Koppelverluste

Die Koppelverluste lassen sich in Verluste durch Versatz der LWL, durch Knickwinkel und Abstand der LWL-Stirnflächen einteilen (Bild 4.27). In allen drei Fällen erhält man ansteigende Verluste a mit ungenauerer Positionierung, wobei die numerische Apertur (NA) als Parameter eingeht. Je größer die NA, desto unkritischer ist der Knickwinkel, jedoch wird der Abstand der Stirnflächen kritischer. Um Spleiße mit einer Dämpfung von kleiner 0,1 dB anzufertigen, muß die Positionierung in engen Toleranzen gehalten werden.

### 4.5.2 Spleißverfahren

#### *4.5.2.1 Thermischer Spleiß*

Beim thermischen Spleißverfahren, bei dem die LWL durch Aufschmelzen der Enden verschweißt werden, wird in vier Schritten verfahren, wie sie in Bild 4.28 abgebildet sind. Im ersten Schritt werden die LWL getrennt. Das geschieht mit einem Trenngerät, in das ein LWL eingespannt und mit definierter Zugspannung über einen Amboß mit bestimmten Radius gezogen wird. In diesem Zustand ritzt eine Diamantschneide den LWL von oben an, der dabei mit glatter Oberfläche und Winkeln, die weniger als 1 Grad von der 90°-Ebene zur LWL-Achse abweichen, bricht.

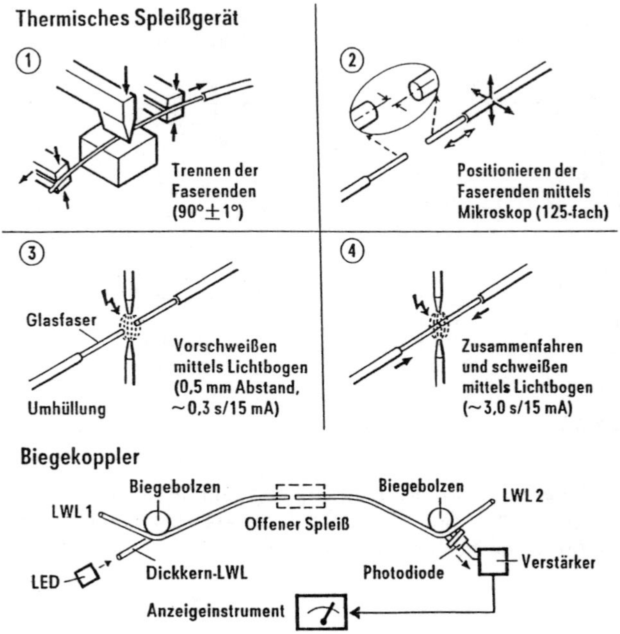


Bild 4.28: Thermisches Spleißgerät und Biegekoppler

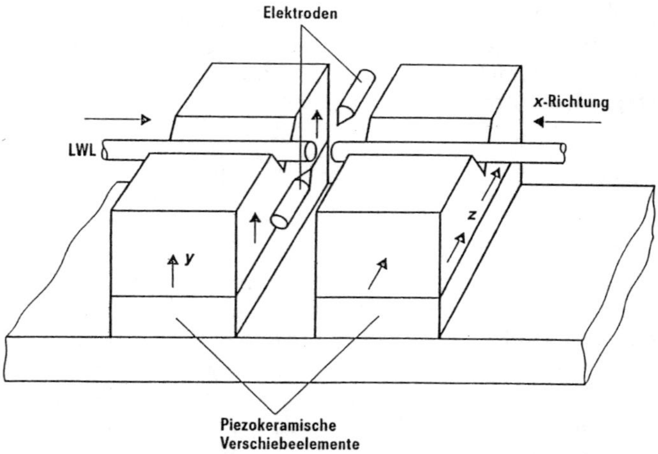


Bild 4.29: Justierverfahren in drei Achsen

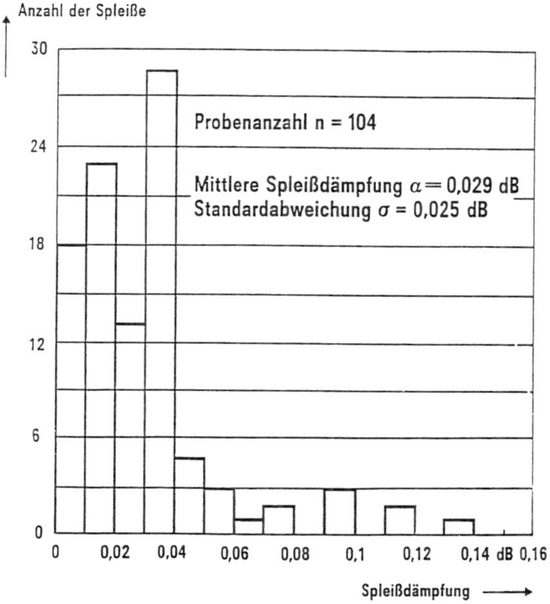


Bild 4.30:
Häufigkeitsverteilung der Dämpfung von Einmodenfaserspleißen

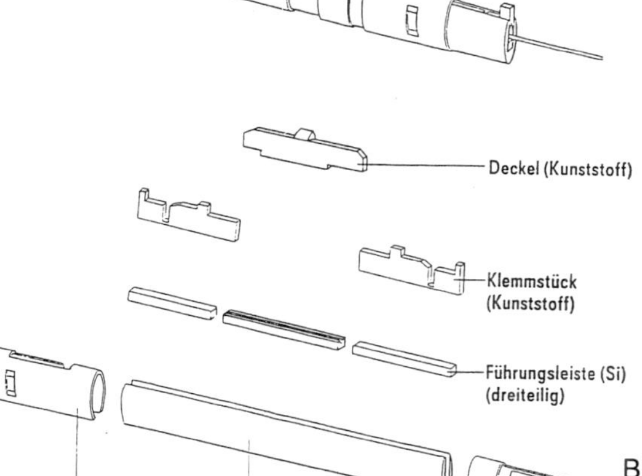


Bild 4.31:
Lösbarer Einfaserverbinder (Fingerspleiß)

Im zweiten Schritt werden die Faserenden positioniert, was mittels eines in drei Achsen verschieblichen Positioniertisches unter einem Mikroskop geschehen kann oder in einem automatischen Justierverfahren, indem sich die LWL durch Messung des Koppelverlustes über den sogenannten Biegekoppler über piezokeramische Verschiebeelemente (Bild 4.29) positionieren.

Im dritten Schritt wird vorgeschweißt. Dazu wird über Elektroden, die sich in geringem Abstand von der Spleißstelle befinden, ein Lichtbogen von geringer Dauer gezündet. Damit werden Schmutzpartikel und Reste von Kunststoffteilen der LWL-Beschichtung weggebrannt, und man erhält lupenreine Trennflächen.

Im vierten Schritt werden die LWL zusammengefahren und, während der Lichtbogen für etwa 3 Sekunden gezündet wird, noch um eine definierte Strecke weitergefahren. Nach Abschalten des Lichtbogens sind die LWL so homogen verschweißt, daß unter dem Mikroskop weder eine Trennfläche sichtbar ist, noch Dick- oder Dünnstellen auftreten.

In dem thermischen Spleißgerät ist ein Biegekoppler eingebaut, mit dem über einen Biegebolzen mittels einer LED Licht in den LWL eingekoppelt wird. Das Licht gelangt zunächst über den offenen Spleiß an einen zweiten Biegebolzen, an dem Licht ausgekoppelt und mit einer Photodiode empfangen wird. Über diesen Biegekoppler kann das vorstehend erwähnte Justierverfahren geregelt werden, als auch nach Durchführung der Schweißung die Spleißdämpfung abgeschätzt werden, indem die Pegel bei offenem und geschweißten Spleiß verglichen werden.

Zur Komplettierung der Spleißverbindung fehlt jetzt noch das Aufbringen eines metallischen Spleißverbinders, der über die Kunststoffhüllen gekrimpt wird und mit einem an der Luft aushärtenden Silikongummi ausgegossen wird. Dieser so fertiggestellte Spleiß kann in einem Spleißträger abgelegt werden.

Die Häufigkeitsverteilung der Dämpfung von Spleißen mit Einmodenfasern zeigt bei einer Probenzahl von 104 Spleißen eine mittlere Spleißdämpfung von etwa 0,03 dB (Bild 4.30). 90 % der Spleiße sind kleiner 0,05 dB, die schlechteste Spleißverbindung liegt bei 0,14 dB. Diese Zahlenwerte erscheinen beim ersten Ansehen sehr gering zu sein. Bedenkt man jedoch, daß die kilometrische Dämpfung heutiger Standard-LWL bei 0,2 dB (bei 1550 nm) liegt, so hat die mittlere Spleißdämpfung eine Wirkung von etwa 150 m Faserlänge.

#### *4.5.2.2 Mechanischer Spleiß*

Neben dem unlösbaren thermischen Spleiß gibt es einen lösbaren Einfaserverbinder, den sogenannten Fingerspleiß, der für Laborzwecke, aber auch zu Rangierzwecken in lokalen Netzen (LAN) Anwendung findet. Das wichtigste Teil im Fingerspleiß ist eine Führungsleiste aus Silizium, in die eine präzise

V-Nut eingeätzt wurde und in der die zwei sauber geschnittenen LWL eingelegt werden. Die LWL werden über Klemmstücke aus Kunststoff und Klemmringe gehalten, so wie es im Bild 4.31 abgebildet ist. Die Häufigkeitsverteilung der Dämpfung von Fingerspleißen mit Einmodenfasern ist in Bild 4.32 eingetragen. Die mittlere Dämpfung von 0,23 dB liegt zwar deutlich über der der thermischen Spleiße, ist jedoch oft ausreichend für LAN-Installationen, bei denen es sich meist um kurze Kabelstrecken handelt, die nicht von der Streckendämpfung regiert werden.

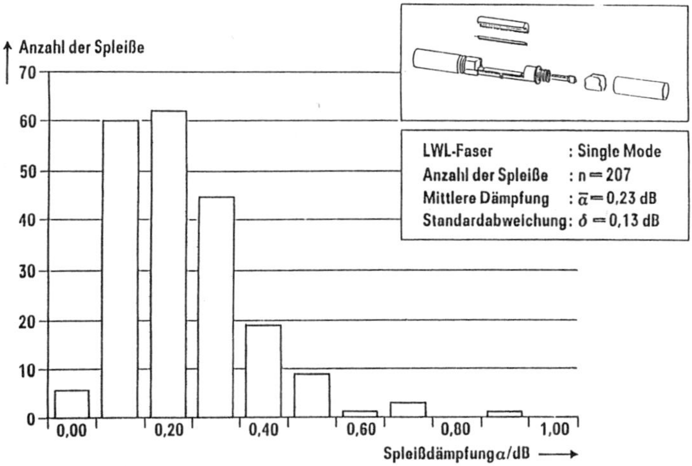


Bild 4.32: Einfaser-Verbinder (Fingerspleiß)

# 5 Thermoplastische Ingenieurwerkstoffe für die Ummantelung von Lichtwellenleitern

J. Eickholt

## 5.1 Einleitung

Lichtwellenleitersysteme sind die zur Zeit wichtigsten Wachstumsträger auf dem Kabelmarkt. In der Telekommunikation und in den lokalen Netzwerken haben sie sich als äußerst effiziente Informations- und Datenübertragungsmittel erwiesen.

Um die mechanisch empfindlichen Lichtwellenleiter ( LWL ) möglichst frei von äußeren Einflüssen zu halten, sind für die Ummantelung besonders geeignete Werkstoffe notwendig. Durch die Ummantelung muß sichergestellt sein, daß keine zusätzlichen Kräfte auf den LWL einwirken.

## 5.2 Aderaufbauten

Es stehen heute eine ganze Reihe von verschiedenen Kabelkonstruktionen mit unterschiedlichen Aderaufbauten zur Verfügung.

Bei der Umhüllung unterscheidet man je nach Aufbau zwischen Vollader und Hohl- bzw. Bündelader.

### 5.2.1 Voll- oder Festader ( tight coated)

Die einfachste Form, eine Glasfaser zu schützen, ist die Vollader. Hier wird eine verhältnismäßig dicke Kunststoffschicht direkt auf den primärbeschichteten LWL aufgebracht. Bei dieser Ummantelung muß jedoch mit einer starken Haftung zwischen der Primärbeschichtung und dem Polymeren und damit mit einer schlechteren Absetzbarkeit gerechnet werden.

Eine Alternative zur Vollader ist die semilose Vollader (Kompaktader). Hier wird eine Gleitschicht zwischen LWL und der Ummantelung eingebracht, damit die Faser nicht am Kunststoff haften bleibt. Aufgrund der bei dieser Konstruktion notwendigen Werkstoffe, ist diese Ader jedoch nicht so flexibel wie die Vollader.

### 5.2.2 Hohl- oder Bündelader (loose tube)

Von einer Hohlader spricht man, wenn der Kunststoff nicht direkt auf den LWL, sondern zu einem Röhrchen extrudiert wird. Der LWL liegt so in der Hülle, daß

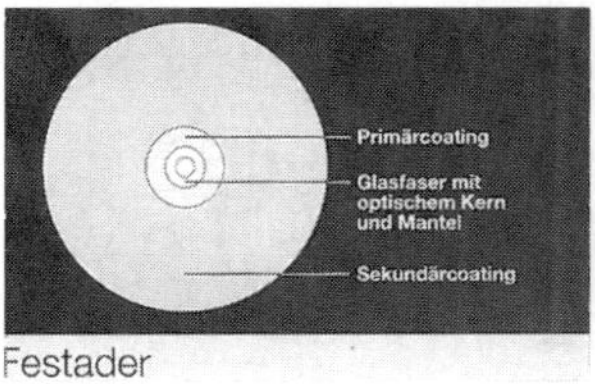


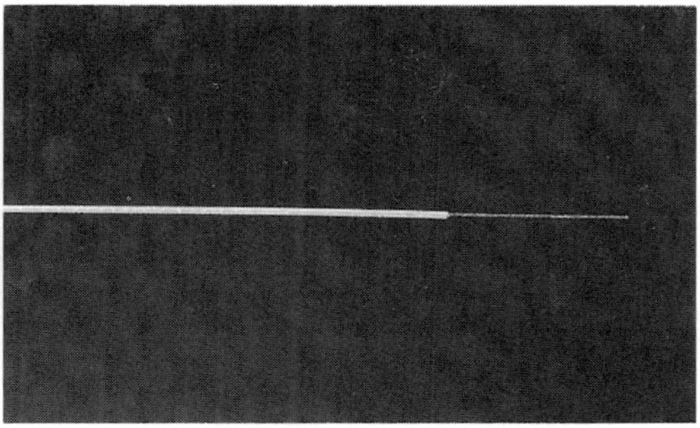

Bild 5.1: Vollader

eine Längenausdehnung des Kunststoffes bei Temperaturbelastungen ausgeglichen werden kann. Die Hohladern sind mit einer thixotropen Masse gefüllt, um eine Längswasserdichtigkeit zu gewährleisten. Die Bündelader unterscheidet sich von der Hohlader nur durch einen größeren Durchmesser und beinhaltet immer zwei oder mehr LWL. Die Adern werden nach der Extrusion um ein axiales Stütz- oder Zugentlastungselement in spiral- oder SZ-Form gewickelt und mit einem Band zusammengehalten.

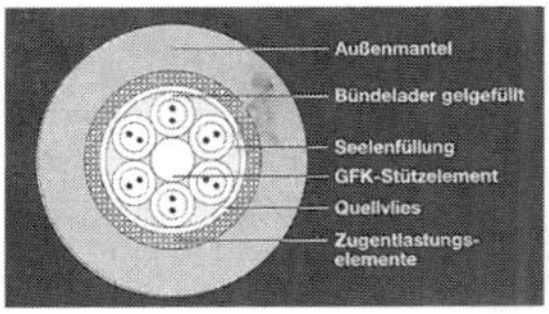


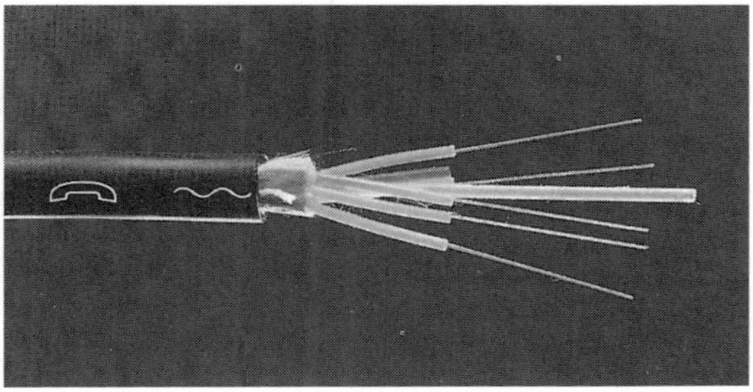

Bild 5.2: Bündelader - Kabel

### 5.2.3 Zentrale Bündel- oder Bändchenader (central tube)

Eine Sonderform im Aufbau eines LWL Kabels stellt die zentrale Bündel- oder Bändchenader dar. Dabei handelt es sich um ein größeres Kunststoffrohr, das zentral im Kabel liegt und sämtliche Fasern beinhaltet.

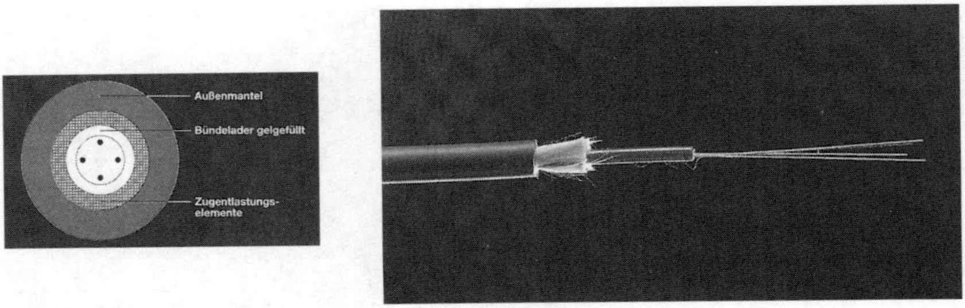


Bild 5.3: Zentrales Bündelader - Kabel

### 5.2.4 Nutenkabel (slotted core)

Bei dieser Konstruktion wird durch Extrusion ein mit Oberflächenlängsnuten und einer zentralen Stahl-oder Kunstfaserseele versehenes Kunststoffprofil gebildet. Die Lichtwellenleiterfasern, Faserbänder oder lose Hüllen werden in die Längsnuten gelegt, der verbleibende Raum mit Jelly gefüllt und ummantelt. Die Nuten sind U- oder V-förmig in Spiral- oder SZ-Form angelegt

## 5.3 Werkstoffauswahl

Werkstoffe die als Hüllenmaterial eingesetzt werden können, müssen eine Vielzahl besonderer Eigenschaften aufweisen:

- gute und sichere Verarbeitbarkeit mit hoher Schmelzesteifigkeit
- niedriger thermischer Längenausdehnungskoeffizient
- gute Dimensionsstabilität mit geringem Nachschrumpf
- hoher Elastizitätsmodul und geringe Knickanfälligkeit
- geringe Feuchtigkeitsaufnahme
- gute Chemikalienbeständigkeit gegen Ader- und Kabelfüllmassen, sowie gegen spannungsrißauslösende Reinigungsmittel wie Alkohole und Aceton, die in der Anschlußtechnik verwandt werden.
- gute Hydrolysebeständigkeit
- hohe Querdruckfestigkeit und ausreichende Abriebbeständigkeit
- möglichst niedriger Preis

### 5.3.1 Verfügbare Werkstoffe

*Polyolefine* ( PE, PP, Copolymere, usw. )
haben einen hohen thermischen Ausdehnungskoeffizienten, zeigen eine schlechte Dimensionsstabilität, sind nicht steif genug und quellen in den meisten Ader- und Kabelfüllmassen. Das gleiche trifft auch auf PVC zu.

*Polystyrol,* SAN (Styrol-Acrylnitril), ABS (Acryl-Butadien-Styrol), PMMA (Polymethylmethacrylat) und ähnliche Werkstoffe scheiden aufgrund ihrer Spannungsrißanfälligkeit als Hüllenwerkstoff aus.

*Polycarbonat*
wäre aufgrund seiner geringen Feuchtigkeitsaufnahme, seiner guten mechanischen Eigenschaften und seiner Dimensionsstabilität ein hervorragender Werkstoff für LWL-Hüllen, scheidet jedoch ebenfalls aufgrund seiner Spannungsrißanfälligkeit aus.

*Polyamide* (PA 6, PA 66, PA 610, PA 612 und amorphe Polyamide)
durch die hohe Feuchtigkeitsaufnahme ändern sich die mechanischen Eigenschaften und es tritt eine lineare Quellung auf.

*Polyamide* 11 und 12
zeigen gute mechanische Eigenschaften und haben eine hervorragende Chemikalienbeständigkeit. Wie bei allen teilkristallinen Werkstoffen muß mit einem Nachschrumpf gerechnet werden.
Gute Hydrolysebeständigkeit.

*Polybutylenterephthalat* ( PBT )
hat gute mechanische Eigenschaften, ist aber bei höheren Temperaturen in der Hydrolysebeständigkeit eingeschränkt. Auch bei diesem Werkstoff muß mit einem Nachschrumpf gerechnet werden. Aufgrund des Preis - Leistungsverhältnisses ist PBT heute allerdings der am häufigsten eingesetzte Hüllenwerkstoff.

*Polyvinylidenfluorid* (PVDF) und andere Fluorpolymere
haben hervorragende mechanische und chemische Eigenschaften, sowie hohe Gebrauchstemperaturen. Diese Werkstoffe sind allerdings nicht einfach zu verarbeiten, haben eine unvorteilhaft hohe Dichte und sind sehr teuer.

### 5.3.3 Werkstoffe für Volladern

Die feste Ummantelung von Lichtwellenleitern wird häufig bei Innenkabeln eingesetzt, bei denen hauptsächlich Flexibilität und einfache Konfektionierbarkeit gefordert wird. Über das Primärcoating aus UV-vernetztem Acrylat wird als zusätzlicher Schutz ein weiterer Mantel (Sekundärcoating) aus thermoplastischem Kunststoff direkt aufgebracht. Der Außendurchmesser einer Vollader beträgt standardmäßig 0,9 mm. Das Hauptproblem bei dieser Konstruktion ist, daß im Gegensatz zur losen Umhüllung alle am Mantel angreifenden Längs- und Querkräfte direkt auf die Faser wirken, was zu Faserbelastungen und damit zu Dämpfungsverlusten führen kann. Soll die Übertragungskapazität nicht leiden, so muß eine Faserbelastung schon bei der Herstellung vermieden werden. Aus diesem Grund müssen

- Dicke und E-Modul der Beschichtung möglichst gering sein
- Durchmesserschwankungen der Beschichtung möglichst klein gehalten werden
- ein gleichmäßiger Kontakt zwischen Primär- und Sekundärschicht vorhanden sein.

Ein weiteres Problem stellt der höhere thermische Ausdehnungskoeffizient der Kunststoffummantelung dar.
Polyamid 12 und Copolyester haben sich aufgrund des geringen thermischen Längenausdehnungskoeffizienten, des niedrigen Elastizitätsmodules und der geringen Feuchtigkeitsaufnahme für diese Anwendung bewährt. Da diese Werkstoffe allerdings sehr stark auf dem Primärcoating haften, kann die schlechtere Absetzbarkeit bei dieser Konstruktion zu Problemen führen.
In vielen Fällen wird heute das Sekundärcoating aus thermoplastischen Kunststoffen durch eine dickere UV-vernetzende Acrylatbeschichtung ersetzt.

Eine weitere Möglichkeit, das Absetzverhalten zu verbessern, ist der Einsatz einer semilosen Vollader (Kompaktader) (Bild 5.4). Die Kompaktader ist eine lose Sekundärbeschichtung mit einem Außendurchmesser von ebenfalls 0,9 mm, bei der die Faser mit einem Gleitmittel benetzt werden muß, um ein Ankleben an der Schmelze zu verhindern, oder bei der der Raum zwischen der Faser und der Hülleninnenwand mit einem Jelly gefüllt wird.

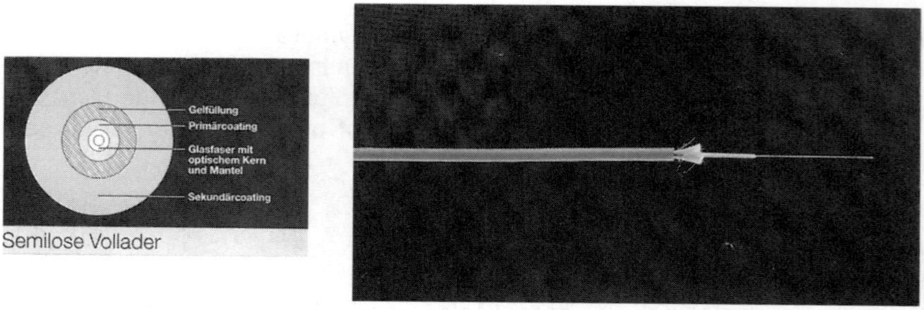


Bild 5.4: Semilose Vollader

Da der LWL in dieser Konstruktion keinen nennenswerten radialen Spielraum hat, ist der Einsatz eines schwindungsarmen Werkstoffes notwendig. Ein Nachschrumpf von mehr als 0,5 %, wie er bei teilkristallinen Werkstoffen auftritt, würde bei dieser Konstruktion zu erheblichen Dämpfungsverlusten führen. Amorphe Werkstoffe, wie z.B. Polycarbonat wären für diese Anwendung prädestiniert, scheiden aber wegen ihrer Spannungsrißempfindlichkeit aus. Hier ist der Einsatz eines Polymerblends notwendig, das die positiven Eigenschaften von amorphen und teilkristallinen Werkstoffen vereinigt.

### 5.3.3 Werkstoffe für Hohladern

Wenn man die Fasern mit einer losen Kunststoffhülle ummantelt, dann kann man durch geeignete Herstellverfahren erreichen, daß die Fasern kräftefrei in der Hülle liegen. Die Fasern sind in dieser Konstruktion gegen Querbelastungen gut geschützt, da Querkräfte von der Hülle aufgenommen werden und nicht auf die Faser wirken.
Es gibt zwei konstruktive bzw. verfahrenstechnische Möglichkeiten der Fertigung einer Hohlader.

1. Die Fertigung von Hohladerhüllen als Zweischicht-System mit einer inneren Schicht aus einem amorphen Werkstoff und einer Außenschicht aus einem teilkristallinen Werkstoff zum Schutz gegen Feuchtigkeitsaufnahme und Chemikalieneinfluß.
2. Die Fertigung von Hohladern als Einschichthülle mit teilkristallinen Werkstoffen.

Das Zweischichtsystem wird überwiegend bei der Fertigung auf Teller ① eingesetzt.

Da bei dieser Fertigung die Hüllen frei beweglich sind, würden teilkristalline Werkstoffe aufgrund ihrer Nachkristallisation noch erheblich nachschrumpfen, was zu einer zu hohen Überlänge führen würde. Das Zweischichtsystem wird jedoch heute vermehrt durch die Einschicht mit Polymerblends verdrängt. Besonders bei Schaltadern hat sich gezeigt, daß ein von Hüls neuentwickeltes Polymerblend (VESTODUR X7396) einen geringeren Nachschrumpf bei 80 °C aufweist, als ein Zweischichtsystem aus einem amorphen Polyamid und einem PBT. Ferner ist das Zweischichtsystem mit den vorgenannten Werkstoffen aus preislichen Gründen heute nicht mehr wettbewerbsfähig, so daß ohnehin eine Substitution des amorphen Polyamides erfolgen muß.

Bei der Fertigung auf Spule ② wird fast ausschließlich die Einschichthülle aus Polybutylen-terephthalat (PBT) gefertigt, da hier die störende Nachschwindung durch das feste Aufwickeln auf die Spule weitgehend verhindert wird. Zwar können bei der Fertigung auf Spule innere Materialspannungen durch die Nachkri-

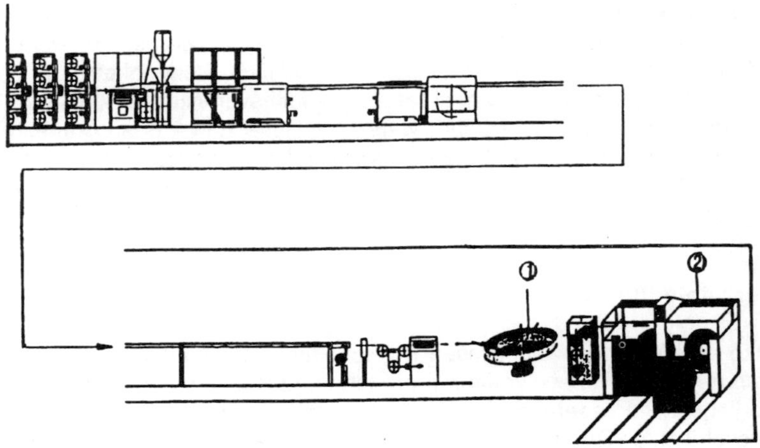


Bild 5.5: Sekundär-Ummantelungsanlage

stallisation entstehen; diese Spannungen werden allerdings nach kurzer Zeit durch Relaxation abgebaut. Bei der anschließenden Verseilung der Hüllen stehen diese unter Spannung, sodaß auch hier keine Nachschwindungsmöglichkeiten bestehen.
Durch die unterschiedlichen thermischen Längenausdehnungskoeffizienten der Glasfaser ($0{,}5 \times 10^{-6}\, K^{-1}$) und von Polybutylenterephthalat ($1{,}3 \times 10^{-4} K^{-1}$) muß man eine bestimmte Faserüberlänge in der Hülle haben. Die Faserüberlänge ist die Differenz zwischen Faserlänge und Hüllenlänge. Sie dient der Kompensation der unterschiedlichen thermischen Ausdehnungen der Glasfasern und des PBT's. Die Überlänge kann durch folgende Verarbeitungsparameter beeinflußt werden:

- Spannung der Faser beim Abwickeln
- Kühlwannen - Wassertemperatur
- Viskosität und Typ der Aderfüllmassen

### 5.3.4 Hydrolysebeständigkeit

Beim Einsatz von PBT für Hohl- bzw. Bündeladern im Fernnetz spielt die Hydrolysebeständigkeit keine Rolle, da die Kabel erdverlegt werden und keinen Temperaturbelastungen ausgesetzt sind. Anders sieht es im Ortsanschlußliniennetz aus. Je näher die Kabel zum Teilnehmer kommen, um so mehr Kabelverzweigerstationen werden benötigt, in denen die freigelegten Bündeladern sowohl erhöhten Temperaturen, als auch Feuchtigkeit ausgesetzt werden. Für diesen Einsatzbereich wird vom Endanwender eine möglichst hohe Langzeithydrolysestabilität gefordert.

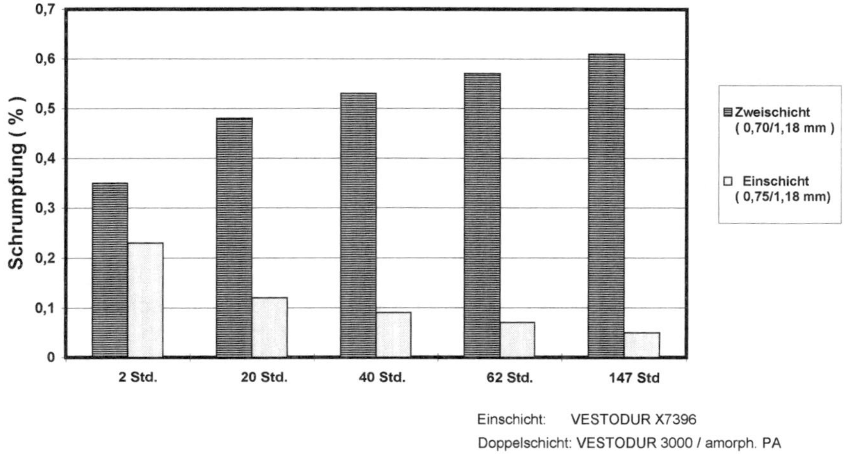


Bild 5.6: Schrumpfung von LWL-Hüllen bei einer Temperatur von 80 °C

Wird PBT bei höheren Temperaturen und Feuchtigkeit gelagert, so erfolgt durch hydrolytische Spaltung ein allmählicher Abbau der mittleren Kettenlänge, d.h. der Molmasse. Durch Messung der Lösungsviskosität nach ISO 1168-5, die ein Maß für die Molmasse ist, kann der Grad des Abbaus bestimmt werden. Unterhalb einer kritischen Molmasse verliert das PBT seine mechanische Festigkeit; d.h. es wird spröde. Untersuchungen haben gezeigt, daß diese kritische Größe etwa bei einer Lösungsviskosität von 65 $cm^3/g$ erreicht wird [1].

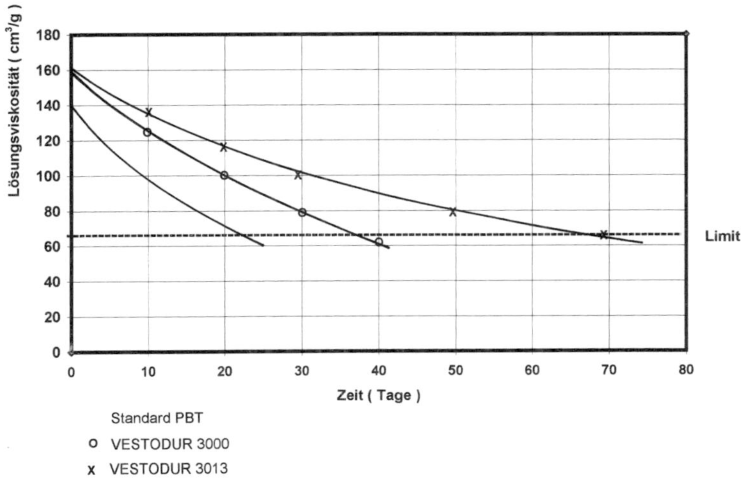


Bild 5.7: Lösungsviskosität als Funktion über die Zeit bei 80 °C/85 % RH

Die Abbaugeschwindigkeit von PBT bei einer bestimmten Temperatur und Feuchte und damit die „Lebensdauer" des Produktes bis zur Versprödung wird im wesentlichen durch die Konzentration von Carboxylendgruppen (CEC) im Polymer bestimmt. Je höher die Anfangskonzentration der Endgruppen ist, umso schneller baut das Produkt ab.

### 5.3.5 Berechnung der Lebensdauer

Die Lebensdauer von LWL-Schutzhüllen läßt sich berechnen. In einer umfassenden Untersuchungsreihe wurden die Zusammenhänge zwischen der Lebensdauer von PBT, Temperatur (T) und Feuchte (H) der Umgebung, der Lösungsviskosität (J) und der Carboxylendgruppenkonzentration (CEC) empirisch ermittelt und in einer Formel zusammengefaßt [1].

$$t_L = \frac{\ln(J_0/J_b)}{CEC} \cdot \exp\left(\frac{11400}{T} + \frac{92}{H} - 25.3\right)$$

$t_L$ Lebensdauer der LWL-Hülle (Tage)
$J_o$ Lösungsviskosität vor Alterung ($cm^3/g$)
$J_b$ Lösungsviskosität bei Versprödung (= 65 $cm^3/g$)
T Alterungstemperatur (K)
H Feuchtigkeit während der Alterung (%)
CEC Carboxylendgruppengehalt (mmole/kg)

Eine weitere Möglichkeit, die Hydrolysestabilität zu verbessern, besteht in der Verwendung von Hydrolysestabilisatoren. Diese Stabilisatoren haben den Nachteil, daß sie reaktionsfähige Gruppen enthalten, die bei der Verarbeitung zu LWL-Hüllen mit dem Polymeren reagieren, zu einer starken Beeinträchtigung der Produktionsbedingungen führen und keinen kontinuierlichen Produktionsprozeß gewährleisten können.

### 5.3.6 Werkstoffe für Kabelaußenmäntel

Grundsätzlich können, unter Berücksichtigung aller mechanischen und chemischen Anforderungen, alle auch für Kupferkabel verwendeten thermoplastischen Mantelwerkstoffe verwendet werden. In den meisten Fällen wird PE verwendet. Daneben kommen PVC- und Polyurethanmäntel vor allem bei Innenkabeln zum Einsatz.
Die bisher wichtigste Anwendung für stahlhaltige LWL-Kabelmäntel ist der Nagetierschutz. Als nichtmetallischer Nagetierschutz hat sich ein äußerer Mantel aus Polyamid 12 bewährt. Das zäh-elastische Material mit einer sehr glatten Oberfläche setzt den eindringenden Zähnen der Nagetiere die notwendige Wi-

[1] ( R.Schüler, Hüls AG, Hydrolysisresistance of PBT )

derstandskraft entgegen. Bei der Prüfung auf Verbißfestigkeit wurden Kabel mit einem PE-Mantel innerhalb von drei Tagen durchgenagt.

Die gleiche Kabelkonstruktion mit einer zusätzlichen PA 12 Schicht von 0,5 mm. Dicke, führte selbst nach sechs Tagen nur zu oberflächlichen Nagespuren.

Einen hundertprozentigen Nagetierschutz kann man durch einen polymeren Werkstoff allerdings nicht erreichen. Ein solcher Schutz kann nur durch eine Stahlarmierung erzielt werden. In diesem Falle erhält man aber ein sehr steifes Kabel.

Ferner ist Polyamid 12 als Außenmantel gegen Termitenfraß und Ameisenangriff von ausschlaggebender Bedeutung. Dieser Werkstoff wird von Ameisensäure nicht angelöst und die Oberfläche des Mantels ist so glatt, daß den Termiten auch keine Angriffsfläche geboten wird. Eine Wanddicke von 0,3 mm ist ausreichend, wenn darauf geachtet wird, daß der minimale Biegeradius von 30 x Kabelaußendurchmesser nicht unterschritten wird. Da zwischen PE und PA12 keine Haftung besteht, kann es bei kleineren Biegeradien zu Faltenbildung kommen. Diese Falten würden den Termiten dann eine Angriffsfläche bieten und somit wäre kein hundertprozentiger Schutz mehr gewährleistet.

Bild 5.8: LWL-Kabel mit PE-Mantel, Nagetierverbiß nach 3 Tagen

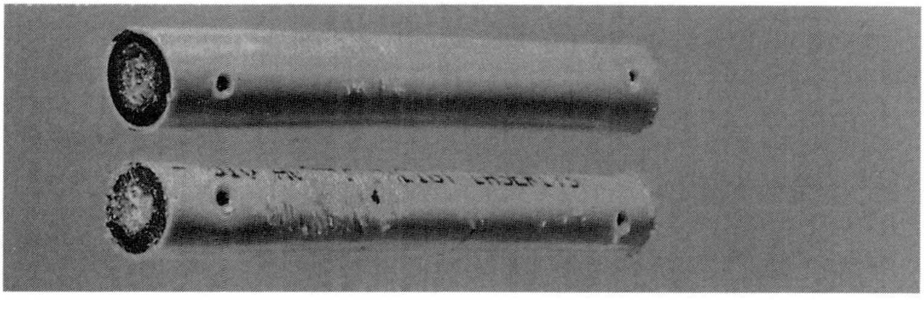

Bild 5.9: LWL-Kabel mit PE/PA-Mantel, Nagetierverbiß nach 6 Tagen

# 6 Die elektrische Zeitstandfestigkeit von vernetztem Polyethylen

W. Weißenberg, R. von Olshausen, W. Kalkner

## Einführung

Die elektrische Belastbarkeit von Polymeren wird mit steigender Betriebsdauer zunehmend kleiner (Bild 6.1). Diese Lebensdauercharakteristik wird durch das sog. "Lebensdauergesetz" beschrieben:

$$E^N \cdot t = \text{const.} \qquad (1)$$

bzw. $$\log(E) = C - (1/N) \log(t) \qquad (1a)$$

mit E = Belastungsfeldstärke
t = Lebensdauer bei Belastung mit E
N = Lebensdauerkoeffizient.

Bei Anwendung der logarithmischen Darstellung entsprechend Gleichung (1a) ergibt sich eine Gerade ("Lebensdauergerade") mit negativer Steigung (-1/N) und damit formal die Möglichkeit zur einfachen Extrapolation des aus Kurzzeitversuchen ermittelten Durchschlagverhaltens auf die Belastbarkeit im Dauerbetrieb.

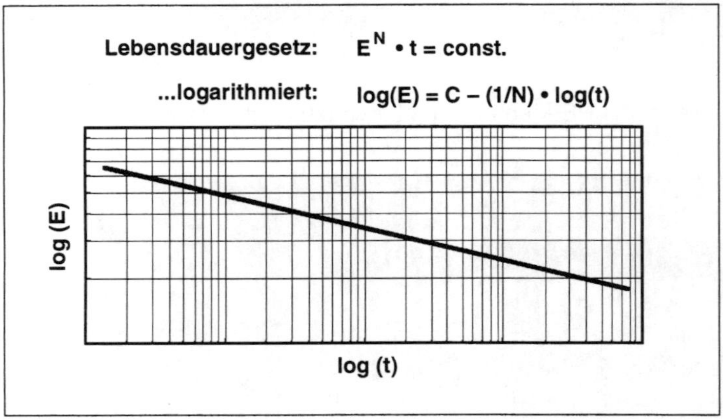


Bild 6.1: Lebensdauerkennlinie

Am Beispiel von vernetztem Polyethylen (VPE) als bedeutendem Isolierwerkstoff für Mittel- und Hochspannungskabel wird vorgestellt,

- welche Prozesse an der Veränderung der Standzeitfestigkeit beteiligt sind,
- in welchem Umfang und zeitlichen Rahmen sie die Lebensdauer des Dielektrikums beeinträchtigen können und
- wie sie bei der Vorhersage des Langzeit-Betriebsverhaltens von Hochspannungskabeln mit vernetzten Polyolefinisolierungen berücksichtigt werden müssen.

Die elektrische Isolierung wird z.T. mit überlagerten elektrischen, thermischen, chemischen und mechanischen Belastungen beansprucht. Die mechanischen Belastungen werden durch die Konstruktion und durch Errichtungsvorschriften (Verlegung, Betrieb) so gering gehalten, daß sie bei den Betrachtungen der komplexen Alterungsprozesse weitestgehend ausgeschlossen werden können. Ausgehend von den Ursachen der Alterungsprozesse, die durch Schadensakkumulation die elektrische Festigkeit des Isolierstoffes mit der Zeit der Beanspruchung verringern, werden kritisch betrachtet:

- die Feldalterung (Aufbau und Auswirkung von Raumladungen, Einfluß von Fehlstellen),
- die Teilentladungsalterung (irreversible Materialerosion durch Hohlraumentladungen, electrical treeing),
- die elektrochemische Alterung (water treeing) sowie
- die thermische Alterung (Oxidation)

## 6.1 Ursachen für die zeitliche Verringerung der Durchschlagfestigkeit

Durch die elektrische Beanspruchung der VPE-Isolierung erfolgt keine gleichmäßige, elektrische Alterung der Gesamtisolierung. Die akkumulierenden elektrischen Zerstörungsprozesse durch TE-Alterung oder Feldalterung beginnen an Fehlstellen [2]. Bei dem großtechnischen Herstellungsprozeß des Polyethylens (PE) sowie bei der Verarbeitung des PE zu VPE-Kabeln lassen sich Fehlstellen mit ökonomisch vertretbarem Aufwand nicht ganz vermeiden. Es konnte festgestellt werden, daß bereits bei einem Volumen von einigen $mm^3$ die Durchschlagfestigkeit weitestgehend nur noch durch Fehlstellen (z.B. leitende oder artfremde nichtleitende Verunreinigungen größer $10^{-5}$ cm oder Hohlräume) bestimmt wird.

Zur Betrachtung des Einflusses von Fehlstellen auf die Lebensdauer einer VPE-Isolierung ist ihre Einteilung entsprechend den zwei elektrischen Alterungsarten (Teilentladungsalterung und Feldalterung) in Fehler mit Hohlraum und hohlraumfreie Fehler vorteilhaft. Es ist sinnvoll, die Fehler dieser beiden Gruppen weiterhin nach ihren die elektrische Alterung bestimmenden Merkmalen, wie ihre Lage in der Kabelisolierung (am Leiter, in der Isolierung, an der äußeren Leitschicht), ihre Leitfähigkeit (leitend, halbleitend, nicht leitend) und ihre geometrische Form (z.B. kugel-, spalt-, nadelförmig) zu systematisieren.

### 6.1.1 Feldalterung (Bild 6.2)

Die Feldalterung geht in hochpolymeren Feststoffisolierungen immer von hohlraumfreien, leitenden oder nichtleitenden Fehlstellen aus, die mit hohen Feldstärken beansprucht werden. Die Beanspruchungszeit bis zum Durchschlag $t_d$ kann in die Zeit bis zum Kanaleinsatz $t_{ke}$ und in die Kanalaufbauzeit $t_a$ unterteilt werden:

$$t_d = t_{ke} + t_a \tag{2}$$

Die vor Ablauf der Kanaleinsatzzeit stattfindenden Prozesse sind teilweise z. B. durch impulslose TE-Messungen zwar im Labor, aber an technischen Isolierungen nicht meßbar. Erst wenn mit der Kanalbildung und auch während des Kanalwachstums in der Aufbauzeit impulsförmige Teilentladungen einsetzen, sind

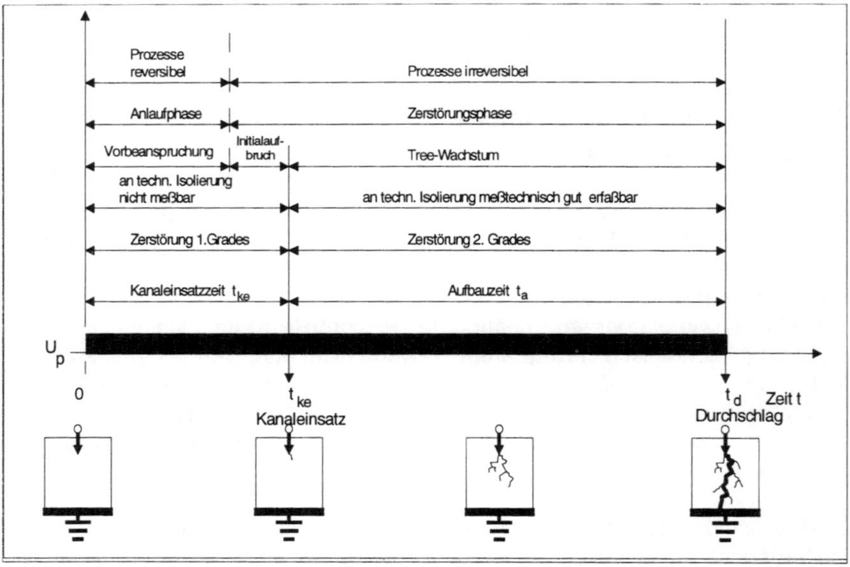


Bild 6.2: Feldalterung in hochpolymeren Feststoffisolierungen

diese auch in technischen Isolierungen sicher nachzuweisen. Die irreversiblen Prozesse beginnen aber im Isolierstoff bereits vor Ablauf der Kanaleinsatzzeit. Bei der elektrischen Beanspruchung der Isolierung wird z.B. an einer Nadelspitze als Elektrode und zugleich Nachbildung einer Fehlstelle ab 100 kV/mm Beanspruchung schon bei Raumtemperatur zusätzlich zu der thermischen Emission eine verstärkte Feldemission an der Elektrode einsetzen. Durch Formierung langlebiger, ortsfester Raumladungen [1, 3] wird das elektrische Feld verändert. Als "Raumladung" im Zusammenhang mit der hier zu erörternden elektrischen Langzeitfestigkeit von Polyethylen sollen im folgenden nur solche Ladungsansammlungen betrachtet werden, die zu einer bleibenden Veränderung der Feldverteilung in der Isolierung führen.

Derlei mehr oder minder "ortsfeste" Raumladungen können im wesentlichen durch drei unterschiedliche Mechanismen verursacht werden, und zwar:

- die Ladungsträgertrennung oder Polarisation,
- die Anreicherung und
- die Verarmung des Isolierstoffvolumens an Trägern eines Vorzeichens (Elektronen).

Bei der *Polarisation* bewegen sich im Isolierstoff von vornherein vorhandene Ladungsträger unter der Wirkung der Coulomb-Kraft des äußeren (Gleich-) Feldes ihrem Vorzeichen gemäß in Richtung der Elektroden und bilden dort oder an Strukturgrenzflächen sog. heteropolare Raumladungen.

Bei der *Anreicherung* gelangen Elektronen aus der jeweiligen Kathode ins Dielektrikum und werden dort als negative Überschußladungen gespeichert.

Umgekehrt würde sich schließlich im Fall der *Elektronenverarmung* eine Raumladung positiven Vorzeichens im Isolierstoffvolumen ausbilden.

Unabhängig von deren Entstehung basiert die Wirkung von Raumladungen auf den Durchschlag einer Isolieranordnung grundsätzlich auf einer Veränderung der Feldverteilung, bei Wechselspannung stets verbunden mit einem lokalen Anstieg der elektrischen Belastung.

Der Grad der hierbei möglichen *Feldüberhöhung* wird in erster Linie von der Art des ursächlichen Raumladungsmechanismus bestimmt. Auf der Basis umfangreicher Untersuchungen ist es heute als gesichert anzusehen, daß von den eingangs behandelten drei Arten für die Raumladungsausbildung in reinen Polyolefinisolierungen nur die Elektronenanreicherung in Frage kommt.
Dabei findet zur Herstellung des thermodynamischen Gleichgewichts bereits mit dem ersten Kontakt zwischen Isolierstoff und leitfähigen Elektroden ein Elektronenübertritt ins Dielektrikum statt. Diese Träger werden zunächst in oberflächennahen Haftstellen gespeichert und bilden eine mikroskopisch dünne An-

reicherungsrandschicht. Es läßt sich nun zeigen, daß die Anreicherungsrandzonen mit zunehmender Belastungsdauer allmählich in das Isolierstoffinnere vordringen, wobei dieser Prozeß

- bei Gleichspannung einseitig von der Kathode aus und
- bei Wechselspannung – wesentlich langsamer! – während der jeweils negativen Halbwellen gleichmäßig von beiden Elektroden aus fortschreitet.

Bei konstant angenommener Ladungsverteilung $n_t(x)$ läßt sich der Verlauf des allein durch die Raumladung erzeugten elektrischen Feldes durch Integration der Poissonschen Gleichung berechnen:

$$E_\rho(x) = (e / 2\, \varepsilon_o\, \varepsilon_r) \cdot \int_o^x n_t\,(x)dx \qquad (3)$$

mit $e$ Elementarladung
$\varepsilon_o$ Dielektrizitätskonstante des Vakuums
$\varepsilon_r$ Dielektrizitätszahl des Isolierstoffs.

Der Höchstwert $\Delta E$ dieses Eigenfeldes tritt unmittelbar vor den Elektroden (d.h., bei $x = 0$ bzw. $x = s$) auf und ergibt sich betragsmäßig zu

$$|\Delta E| = \left|(e / 2\, \varepsilon_o\, \varepsilon_r) \cdot \int_o^s nt\,(x)dx\right|. \qquad (3a)$$

Die tatsächliche Feldverteilung innerhalb der zusätzlich durch eine Spannung U belasteten Isolierstrecke der Dicke s erhält man durch Superposition

$$E(x) = U/s + E_\rho(x). \qquad (4)$$

Es ergeben sich die in Bild 6.3 für verschiedene Belastungszeiten t qualitativ dargestellten Verläufe. Danach tritt an der jeweiligen Momentananode eine Feldüberhöhung und an der Momentankathode eine entsprechende Entlastung um den Wert $|\Delta E|$ aus Gleichung (3a) auf.

*Theoretisch* könnte nun dieser Überhöhungsfaktor beliebig große Werte annehmen, wenn nur die Ladungsträgerkonzentration $n_t(x)$ – die Zahl der gespeicherten Elektronen pro Volumeneinheit – entsprechend ansteigt. Das würde jedoch bedeuten, daß die Feldstärke am negativen Gegenkontakt (Momentankathode) um denselben Betrag absinkt und schließlich sogar Werte kleiner Null annimmt. Das heißt aber, es baut sich ein Gegenfeld auf, das eine weitere Elektroneninjektion wirksam verhindert!

Im *praktischen* Betrieb bei periodisch alternierendem Elektrodenpotential kann daher die Feldüberhöhung $\Delta E_{max}$ durch Raumladungen vor der Momentanan-

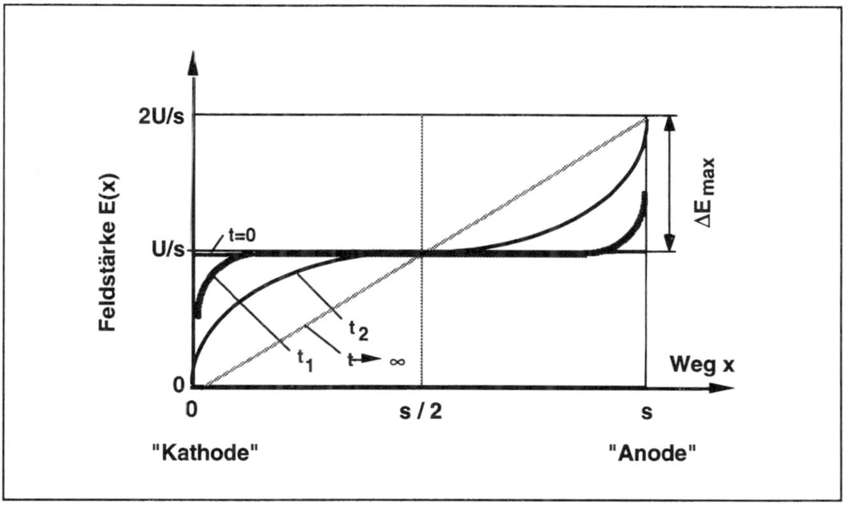


Bild 6.3: Elektronenanreicherung zwischen Platten:
Feldverlauf bei Überlagerung mit ext. Spannung U

ode den Wert der eingeprägten Feldstärke U/s nicht übersteigen. Es tritt demnach im Isolierstoff als Folge des beschriebenen Raumladungsprozesses maximal eine elektrische Belastung auf, die dem doppelten des eingeprägten Wertes U/s entspricht.

Aber der Feldüberhöhung durch Raumladungen werden örtlich unterschiedlich die möglichen Feldüberhöhungen durch Einschlüsse, Protrusionen (Bild 6.4, 6.5) überlagert. An diesen Stellen können extrem hohe elektrische Beanspruchungen des Isolierstoffes auftreten. Es kommt schon bei Feldstärken unterhalb der materialeigenen Festigkeit des Polyethylens durch energiereiche Elektronen zur Bildung von Radikalen sowie zu deren Rekombination [3, 6]. Befinden sich diese Prozesse in der Anlaufphase noch im Gleichgewicht, so wird bei fortschreitender elektrischer Belastung die Aufspaltung des Molekülgefüges gegenüber der Dissoziation der Molekülketten überwiegen. Dieses Stadium des beginnenden Materialabbaues als Beginn der Zerstörungsphase wird u.a. als Initialaufbruch [3] bezeichnet. Mit fortschreitender Beanspruchungszeit beschleunigen sich die Vorgänge der Bildung von niedermolekularen Bestandteilen des Polyethylens und führen an diesen Stellen nach einer gewissen Wartezeit [1] unter Materialabwanderung zur Bildung von Hohlräumen und zum Kanaleinsatz (Bild 6.2). Der Kanaleinsatz und das Kanalwachstum sind durch meßbare impulsförmige Teilentladungen gekennzeichnet.

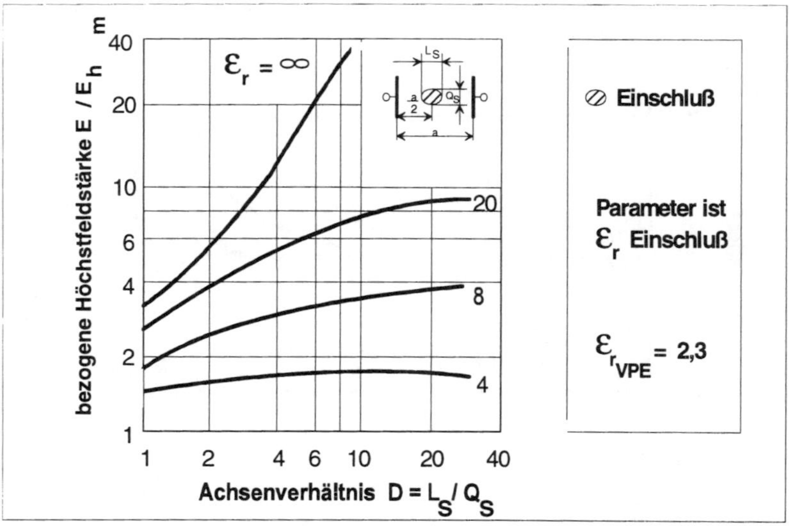


Bild 6.4: Abhängigkeit der Höchstfeldstärke vom Achsenverhältnis und von der Größe der Dielektrizitätszahl des Einschlusses

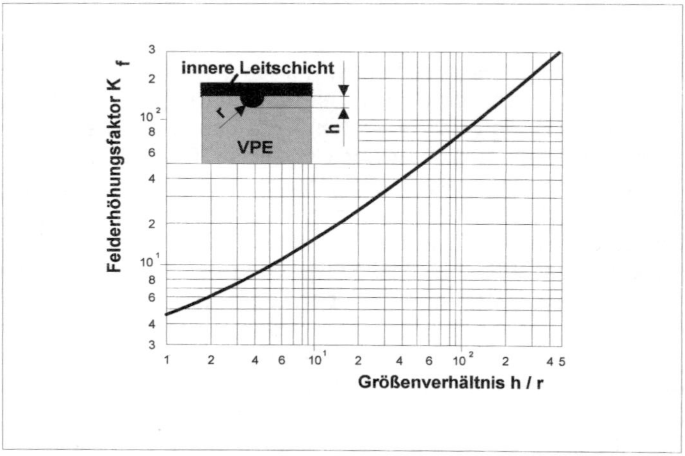


Bild 6.5: Feldstärkeveränderungen durch Protrusionen

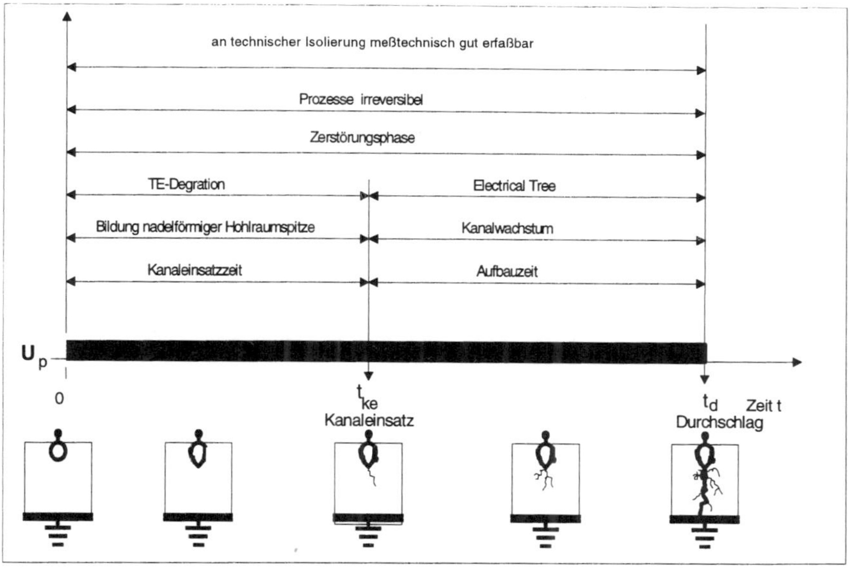


Bild 6.6: TE-Alterung in hochpolymeren Feststoffisolierungen

### 6.1.2 TE-Alterung (Bild 6.6)

Die sog. elektrische Alterung durch Teilentladungen (TE, electrical treeing) an Inhomogenitäten und in Hohlräumen innerhalb der Isolierung bildete über viele Jahre einen ausgesprochenen Forschungsschwerpunkt in Hochschulen und Industrie. Das zur Beurteilung der mit einer solchen TE-Beanspruchung einhergehenden Materialveränderung (Erosion) vielfach herangezogene Modell besteht aus einem größeren, gasgefüllten Lunker in einer ansonsten einwandfreien Isolierung, in dem es bei Überschreitung einer bestimmten Spannung zur Zündung von Gasentladungen kommt (Bild 6.7). Für technische Isolierungen ist das der meßbare Wert der TE-Einsetzspannung $U_i$. Auch bei der TE-Alterung kann die Beanspruchungszeit bis zum Durchschlag in zwei Phasen, in die Kanaleinsatzzeit $t_{ke}$ und die Aufbauzeit $t_a$ (s. Gl. 2) unterteilt werden. Die Zeit bis zum Kanaleinsatz wird durch TE-Degradation bestimmt. Da von Untersuchungen zur Degradation der Polyethylenoberflächen durch Teilentladungen bekannt ist, daß mit Beginn der Beanspruchung der Oberfläche mit Teilentladungen der Zerstörungsprozeß (Bildung von Carbonylgruppen, oxidative Spaltung von C-C-Hauptketten des PE, Materialabwanderung, Gewichtsabnahme) einsetzt, muß davon ausgegangen werden, daß bereits ab Beginn der Beanspruchung irreversible Prozesse während der TE-Alterung ablaufen. Die Zerstörungsphase wird durch TE-Erosion an der Hohlraumwandung eingeleitet. Bei kugelförmigen

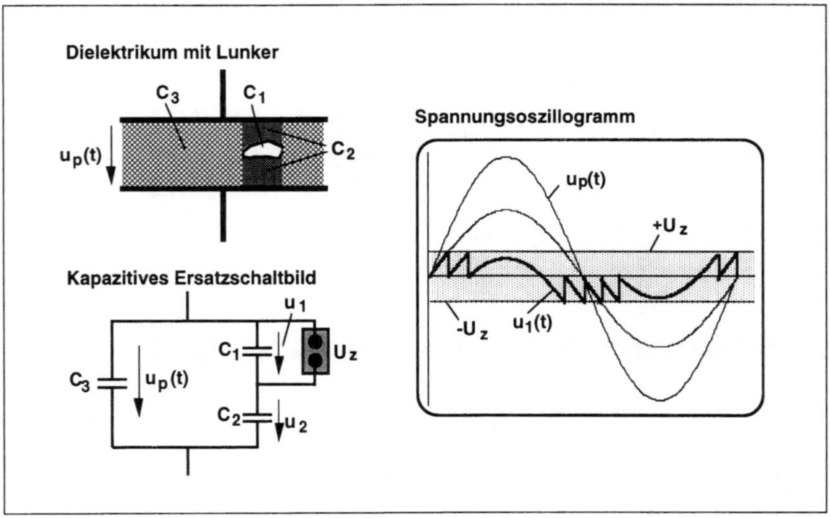


Bild 6.7: Elektrische Alterung durch Teilentladungen in Hohlräumen

Hohlräumen werden die Erosionsgebiete die zwei in Feldrichtung am weitesten auseinanderliegenden, gegenüberliegenden Punkte sein. Ist der kugelförmige Hohlraum an der Grenzschicht zu einer Elektrode angelagert, liegt dieser Punkt der TE-Erosion gegenüber der Elektrode (s. Bild 6.8). Im Hohlraum kommt es an diesen Punkten bei Zündung von Lawinenentladungen im Verlauf der TE-Erosion ebenso wie bei der Feldalterung neben der Ladungsträgerinjektion und Bildung einer langlebigen ortsfesten Raumladungswolke um diesen Punkt im VPE zu Molekülabspaltungen, Bildung niedermolekularer Bestandteile und zum Materialabbau (s. Bild 6.8). Der Materialabbau erfolgt so, daß eine Hohlraumspitze entsteht. Diese Hohlraumspitze wird im weiteren Verlauf der TE-Erosion in Feldrichtung ausgebaut, wird immer länger. Es bildet sich möglicherweise durch Rückzündung einer der Hohlraumspitze vorgelagerten Raumladung der erste kurze TE-Kanal aus.

Während des Kanalwachstums in der Aufbauzeit sind bei der zeitlichen und räumlichen Ausbildung der TE-Kanäle keine signifikanten Unterschiede zwischen der Feldalterung und der TE-Alterung zu erkennen.

Teilentladungen lassen sich mit geeigneten TE-Detektoren sicher erfassen; die ursächlichen Störstellen können geortet werden.

Die heute angewendeten Fertigungstechniken und – vor allem – die empfindlichen Prüfmethoden zur Teilentladungsmessung bieten daher auch die Gewähr dafür, daß makroskopische Fehler der hier beschriebenen Form keinen Einfluß

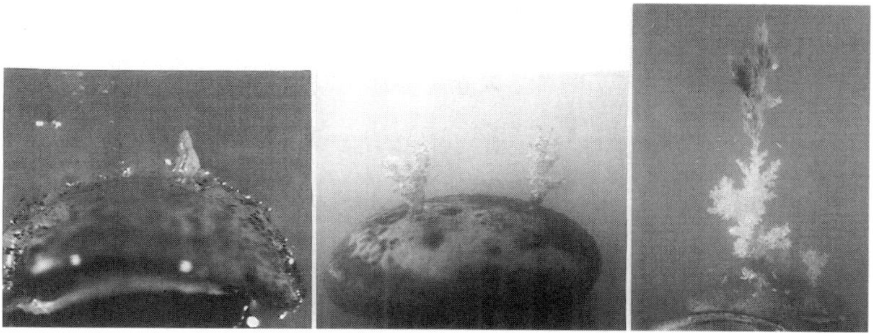

Bild 6.8: Phasen der TE-Alterung an einem kugelförmigen Hohlraum bis zum elektrischen Durchschlag

mehr auf die Lebensdauer moderner Kunststoffisolierungen ausüben. Sie werden bereits während der Stückprüfung beim Hersteller sicher erkannt und eliminiert.

Dennoch gibt es eine Reihe nicht zu widerlegender Theorien anerkannter Fachleute, die auch in technologisch einwandfreien Polymeren Ionisationsvorgänge durch Elektronenstoß in *mikroskopischen* Leerräumen postulieren. Die Grundlage bildet dabei die Erkenntnis, daß technische Feststoffisolierungen, insbesondere teilkristalline Werkstoffe wie PE und VPE, alles andere als eine ideale Kristallstruktur mit optimal dichter Packung der einzelnen Molekülbausteine besitzen. Vielmehr befinden sich zwischen kristallinen Bereichen mit hinreichend geordnetem Molekülaufbau mehr oder minder große amorphe Zonen, in denen durch Verzweigungspunkte, Kettenenden und -rückfaltungen sowie durch eingelagerte Fremdstoffpartikel eine wesentlich geringere Packungsdichte gegeben ist. Immerhin beträgt der amorphe Anteil in den heute üblicherweise zur Kabelisolierung eingesetzten Polyethylenen schon bei Raumtemperatur mehr als 50 % des Gesamtvolumens.

Mikroskopisch betrachtet existieren in den amorphen Zonen also nicht mit Polymermolekülen ausgefüllte "Leerräume", in denen ein Elektron bei hinreichender Feldstärke genügend Energie zur Einleitung von Ionisationsakten aufnehmen kann. Es handelt sich dabei im Prinzip um echte Entladungsvorgänge, die jedoch aufgrund ihrer geringen Intensität mit den heute verfügbaren TE-Detektoren nicht meßbar sind.

So weist beispielsweise Bahder [7[ rechnerisch nach, daß bereits mit Intensitäten um $10^{-5}$ pC stabile Gasentladungen in Mikrohohlräumen stattfinden können. Diesem Wert steht ein Auflösungsvermögen der empfindlichsten Detektoren unter idealen Laborbedingungen von etwa $10^{-2}$ pC gegenüber!

Es leuchtet jedoch ein, daß auch derlei schwache Entladungsvorgänge – als sog. "Mikro-Teilentladungen" – prinzipiell eine Materialerosion und damit irreversible Alterung herbeiführen können, wenn sie nur lange genug wirken.

Charakteristisch für diesen Alterungsprozeß ist allerdings, daß er nur dann auftritt, wenn die elektrische Beanspruchung der jeweiligen Isolieranordnung zur Einleitung der Mikroentladungen in Leerräumen ausreicht. Für VPE-isolierte Mittelspannungskabel gibt Bahder z.B. eine sog. "Schwellenbelastung" als mittlere Wechselfeldstärke (U/s) in Höhe von 10···15 kV/mm an. Unterhalb dieser Belastungsschwelle wäre demnach eine Alterung durch Mikro-TE nicht zu befürchten.

Andere Theorien, die im wesentlichen von derselben Grundvorstellung einer Ionisation in mikroskopischen Leerräumen ausgehen, sind dagegen an einen festen Belastungsschwellwert nicht gebunden. Sie gehen vielmehr davon aus, daß sich mit einer bestimmten statistischen Wahrscheinlichkeit durch molekulare Umstrukturierung größere Leerstellen bilden ("Leerstellenagglomerisation"), in denen Elektronen auch bei niedriger Feldstärke eine zur Ionisation hinreichende Energie aufnehmen können, oder aber es wird angenommen, daß die Energie einzelner Ladungsträger trotz wiederholter Zusammenstöße mit Feststoffmolekülen stetig zunimmt, bis sie schließlich zur Stoßionisation ausreicht (Bildung sog. "heißer Elektronen").

### 6.1.3 Elektrochemische Alterung durch water treeing (WT)

Für die Entwicklung von elektrochemical treeing (ECT) bzw. water treeing (WT) sind mindestens drei Voraussetzungen erforderlich: Es muß während der *elektrischen Beanspruchung* der polymeren Isolierung ein innerhalb des Dielektrikums *migrationsfähiger (flüssiger) Fremdstoff* zur Verfügung stehen, und in der Isolierung müssen *Störstellen* eingelagert sein. Von technischer Bedeutung sind hier in erster Linie Wassermoleküle, die von außen in die Isolierung eindringen und dort an bevorzugten Stellen zu bäumchenähnlichen Strukturen (water trees WT) führen.

Fest steht in diesem Zusammenhang, daß water trees nicht spontan auftreten, sondern sich nur recht langsam entwickeln. Dies gilt auch dann, wenn Feuchtigkeit mehr oder minder unbehinderten Zutritt zur Isolierung hat.

Fest steht auch, daß das Wachstum von water trees erst durch das Vorhandensein von lokalen Feldinhomogenitäten in der Isolierung oder an deren Oberfläche (Kontakt zu den Leitschichten) ermöglicht, zumindest begünstigt wird.

Fest steht weiterhin, daß water trees irreversible Veränderungen der Polyolefinisolierung darstellen und daß sie deren elektrische Standzeitfestigkeit langfristig ganz erheblich beeinträchtigen können, wenn sie nur groß genug geworden sind und zudem eine ungünstige Form oder Lage aufweisen. Dann besteht die Möglichkeit des Umschlagens des Prozesses water treeing zum electrical treeing (Bild 6.9, 6.10).

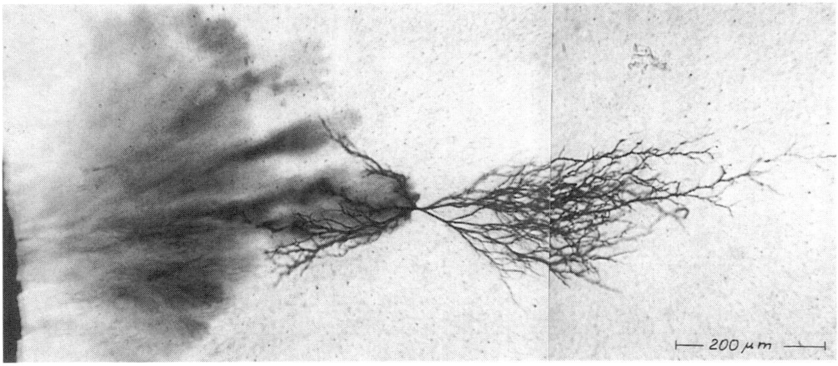


Bild 6.9: Umschlag von WT- in ET-Struktur an der Spitze eines "vented tree"

Bild 6.10: "bow-tie tree", "vented tree" und als "vented tree" Durchschlagursache

Besondere Schwierigkeiten ergeben sich nun aus der Beobachtung, daß WT offensichtlich erst dann die Durchschlagfestigkeit eines Polymers meßbar beeinflußt, wenn die Strukturen eine gewisse Mindestgröße erreicht haben. Bild 6.11 verdeutlicht dieses Problem am Beispiel der Lebensdauerkennlinien von LDPE-Modellprüfkörpern bei Wechselspannungsbelastung unter der Einwirkung von Wasser. Während der ersten etwa 50 Versuchsstunden lassen sich keinerlei Unterschiede im Durchschlagverhalten der trockenen und feucht belasteten, mit ca. 0,6 mm extrem dünnwandigen PE-Isolierung erkennen; Lage und Nei-

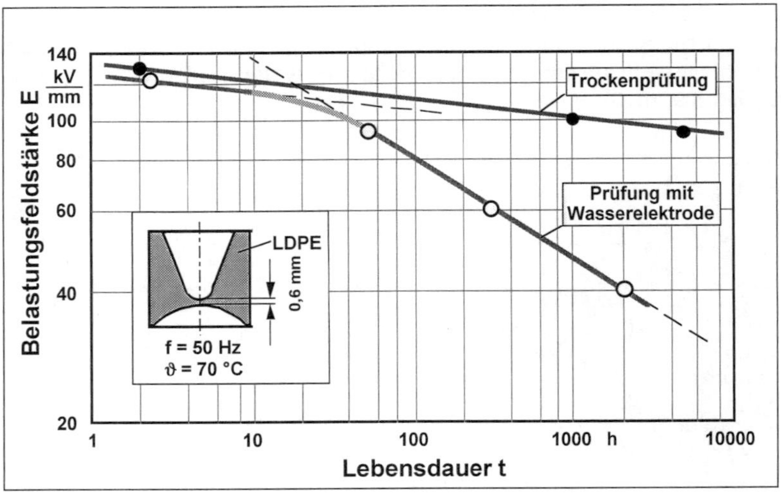


Bild 6.11: Elektrische Alterung: Lebensdauer unter dem Einfluß von Wasser

gung der Lebensdauerkennlinien stimmen im Rahmen der unvermeidbaren Meßwertstreuung absolut überein. Erst nach längerer Belastungszeit wirkt sich die Entwicklung der water trees in den feuchten Mustern deutlich auf die Standzeitfestigkeit aus. Eine Extrapolation der Lebensdauerkennlinie aus dem Anfangsbereich hätte somit eine völlig falsche Einschätzung des Langzeitverhaltens der feuchten Isolierung ergeben.

Eine vergleichende Aussage über das WT-Alterungsverhalten von Mittelspannungskabeln mit VPE-Isolierung verschiedener Hersteller, Konstruktionen und Fertigungsjahre - nicht aber im Sinne von Lebensdauervorhersagen - kann durch akzelerierte Prüfungen der WT-Alterung im Labor (erweiterte Typprüfungen) erfolgen (Bild 6.12).

Die Untersuchungen der Restfestigkeit von 20-kV-VPE-Kabeln verschiedener Baujahre und verschiedener Konstruktionen (PVC-Mantel, PE-Mantel, graphitierte Leitschichten, extrudierte Leitschichten), die etwa 10 bis 13 Jahre in Betrieb waren, zeigten, daß die ab 1988 gefertigten Kabel mit extrudierter Leitschicht und PE-Außenmantel eine sehr hohe Restdurchschlagfestigkeit haben (Bild 6.13), [8].

Demgegenüber ist die elektrische Festigkeit von Hoch- und Höchstspannungskabeln (> 45 bis 500 kV) mit einer im Trockenvernetzungsverfahren hergestellten Isolierung aus VPE und mit einem wasserdichten Metallmantel bzw. Schichtenmantel bisher nachweislich nicht durch WT-Alterung beeinträchtigt.

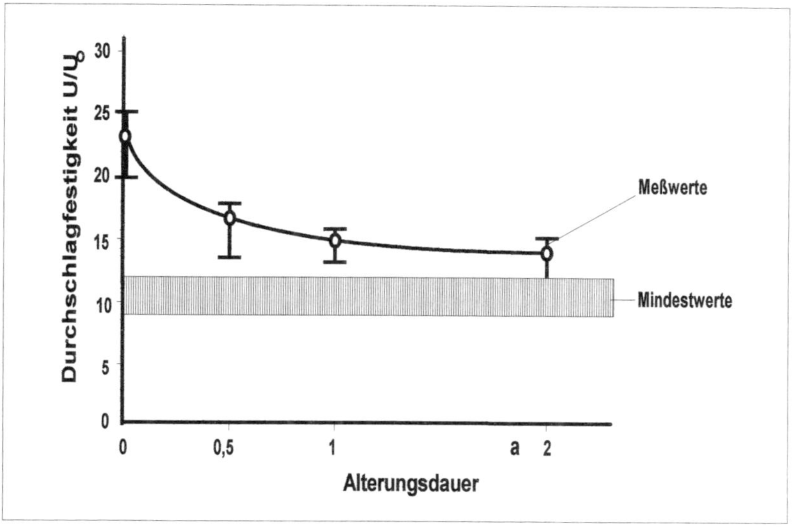


Bild 6.12: Übersicht über durchgeführte erweiterte Typprüfungen an VPE-isolierten Mittelspannungskabeln

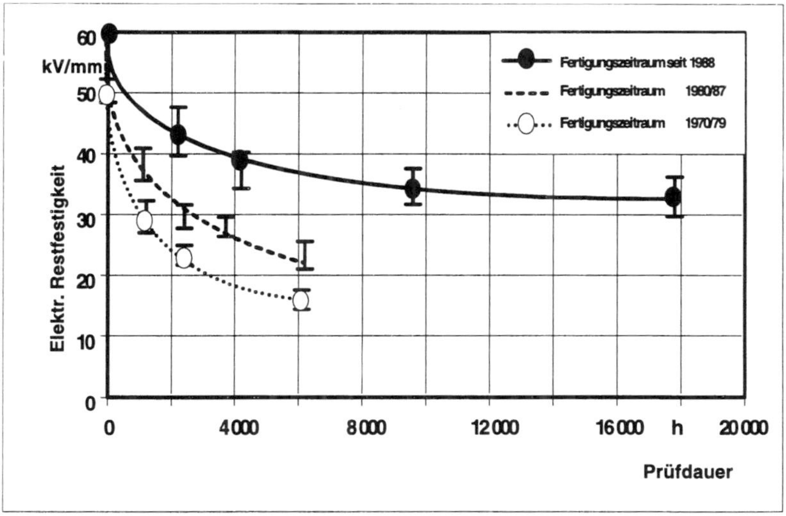


Bild 6.13: Restdurchschlagfestigkeit von VPE-isolierten Mittelspannungskabeln verschiedener Zeiträume

### 6.1.4 Thermische Alterung, Oxidation

Im Gegensatz zu den bisher behandelten Alterungsmechanismen, die in jedem Fall an die Einwirkung einer elektrischen Belastung gebunden sind, stellt die thermische Alterung einen ausschließlich chemischen Prozeß dar. Es handelt sich dabei um eine chemische Umsetzung des Materials (Oxidation) unter Verbrauch von Sauerstoff, in deren Verlauf sich die Eigenschaftswerte des Werkstoffs verändern, in der Regel verschlechtern.

Charakteristisch für thermische Alterung ist dabei, daß sich die beobachtete Eigenschaft nicht kontinuierlich verschlechtert, sondern zunächst über eine mehr oder minder lange Zeit praktisch konstant bleibt. Erst nach Ablauf dieser sog. "Induktionsphase" kommt es zu einem – sich dann allerdings stetig beschleunigenden – meßbaren Verfall des jeweiligen Eigenschaftswertes, bei dem es sich natürlich auch um elektrische Kenngrößen handeln kann.

Der Alterung liegt, wie gesagt, eine chemische Reaktion R zugrunde, deren zeitlicher Ablauf durch die sog. Reaktionsrate dR/dt gegeben ist (Bild 6.14):

$$dR/dt = A \cdot \exp(-W/kT) \quad (5)$$

| | | |
|---|---|---|
| Hierin bedeuten | A | eine werkstoffspezifische Konstante |
| | T | die absolute Temperatur |
| | W | die thermische Aktivierungsenergie |
| | k | die Boltzmannkonstante |
| | T | die Versuchszeit. |

Danach steigt die Reaktionsrate exponentiell mit der absoluten Temperatur; entsprechend schneller verläuft die Veränderung (Verschlechterung) der betrachteten Eigenschaftswerte unter Wärmezufuhr.

Zur Beurteilung des thermischen Alterungsverhaltens eines Materials wird die Gleichung (5) im allgemeinen in logarithmierter Form, der bekannten "Arrhenius-Gleichung", angewendet:

$$\ln(dR/dt) = B - (W/k) \cdot (1/T) \quad (6)$$

mit $B = \ln(A) = \text{const.}$

Aufgetragen in einem geeigneten Maßstab – log(dR/dt) = f(1/T), dem sog. "*Arrheniusdiagramm*" –, erhält man folglich eine Gerade mit der (negativen) Steigung -W/k, aus der sich der Zusammenhang zwischen Reaktionsgeschwindigkeit und Temperatur unmittelbar ablesen läßt (Bild 6.14). Insbesondere eröffnet sich hiermit die Möglichkeit, aus zeitraffenden Untersuchungen bei hohen Temperatu-

**REAKTIONSRATE:**

$$dR/dt = A \cdot \exp(-W / kT)$$

W = Aktivierungsenergie
k = Boltzmannkonstante
T = absolute Temperatur

**ARRHENIUSGLEICHUNG:**

$$\ln (dR/dt) = B - W / kT$$

B = ln (A) = const.

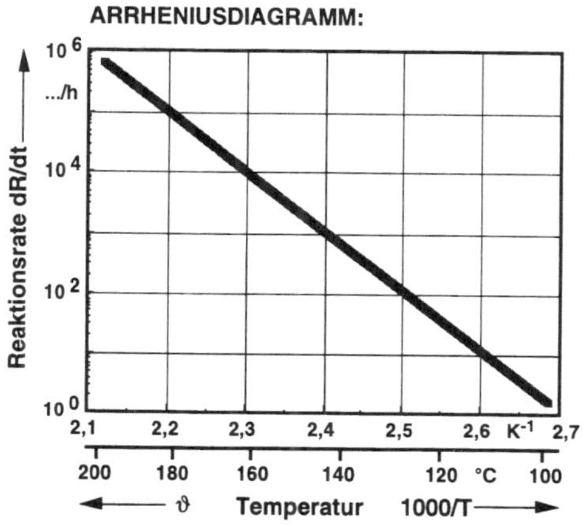


Bild 6.14: Chemische Alterung: Reaktionsverlauf im Arrheniusdiagramm

ren die erwartete Nennlebensdauer unter Betriebsbedingungen in einfacher Weise zu extrapolieren.

Einer allzu intensiven Zeitraffung durch Temperaturerhöhung stehen dabei jedoch im Falle teilkristalliner Werkstoffe wie PE und VPE verhältnismäßig enge physikalische Grenzen im Wege, da diese Materialien bei Überschreitung ihres Kristallitschmelzbereichs (etwa 115 °C) in den plastischen bzw. gummielastischen Zustand übergehen und dort natürlich eine gänzlich andere Alterungscharakteristik aufweisen als im Bereich üblicher Anwendungstemperaturen unterhalb 100 °C.

Allerdings ist das Risiko der thermischen Alterung im Fall moderner Polyolefinisolierungen wie PE und VPE für die Kabeltechnik außerordentlich gering. Denn

- erstens enthalten die technischen Isoliercompounds schon seit vielen Jahren geeignete Zusätze ("Antioxidantien"), die die Oxidationsrate bei den üblichen Anwendungstemperaturen auf ein unkritisches Maß reduzieren, und
- zweitens wirkt sich Oxidation auf die elektrischen Eigenschaften erst in einem weit fortgeschrittenen Stadium spürbar aus.

### 6.1.5 Periphere Erscheinungen

Bei den heute in der Kabeltechnik gebräuchlichen Isoliercompounds handelt es sich um chemisch vernetzbares Polyethylen. Die Vernetzungsreaktion wird während der Verarbeitung durch Peroxide eingeleitet, die – unter Einwirkung hoher Temperaturen – zerfallen und dabei verschiedene Zersetzungsprodukte bilden. So entstehen bei Verwendung des weit verbreiteten Dicumylperoxids u.a. Acetophenon und Cumylalkohol.

Untersuchungen haben nun gezeigt, daß diese Zerfallsprodukte die elektrische Festigkeit des VPE-Dielektrikums ganz beträchtlich steigern können, vergleichbar der Wirkung von Spannungsstabilisatoren. Hierbei handelt es sich jedoch nur um einen temporären Effekt, da die genannten Rückstände flüchtig sind und im Laufe der Zeit aus der Isolierung ausdiffundieren.

Als Beispiel hierfür zeigt Bild 6.15 die Veränderung der Kanaleinsetzspannung chemisch frisch vernetzten Polyethylens in einer Nadel-Platte-Modellanordnung mit 3 mm Elektrodenabstand und 5 µm Nadelspitzenradius in Abhängigkeit von der Dauer $t_L$ einer Auslagerung der Prüflinge bei 90 °C. Zusätzlich dargestellt ist in diesem Diagram die Veränderung des Probengewichtes, bezogen auf seinen Anfangswert.

Innerhalb der ersten zehn Versuchsstunden tritt eine drastische Reduzierung der Kanaleinsetzspannung auf, die eindeutig mit dem Masseverlust der Prüflinge (Ausdiffundieren von Vernetzerresten) im Zusammenhang steht.

Ähnliche Effekte lassen sich auch an VPE-Kabeln nachweisen, wie aus den beiden Weibullverteilungen frisch vernetzter und über 7 Tage bei 90 °C konditionierter Mittelspannungsadern hervorgeht (Bild 6.16). Berücksichtigt man nun die hier gewählten Versuchsbedingungen (extrem kleines Probenvolumen ins-

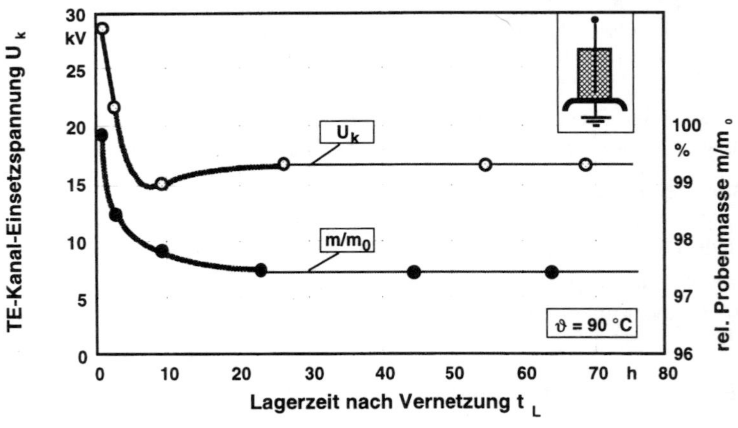


Bild 6.15: Periphere Effekte: Vernetzer-Spaltprodukte in VPE-Modellproben

besondere der Nadelprüflinge, hohe Lagertemperatur), so wird verständlich, daß entsprechende Messungen an dickwandigen, ummantelten Kabelisolierungen leicht zu Fehlinterpretationen hinsichtlich der Lebensdauercharakteristik des Dielektrikums führen können. So haben Messungen an 10-kV-VPE-Kabeln mit 3,4 mm Isolierwanddicke ergeben, daß sich deren Durchschlagfestigkeit nach der Fertigung allein aufgrund des hier beschriebenen Effektes über mehr als ½ Jahr meßbar verringert. Es handelt sich hierbei somit um eine rein periphere Erscheinung ohne jeden Bezug zu physikalischen oder chemischen Alterungsprozessen, die jedoch bei der Beurteilung von Standzeitexperimenten unbedingt angemessen in Betracht gezogen werden muß.

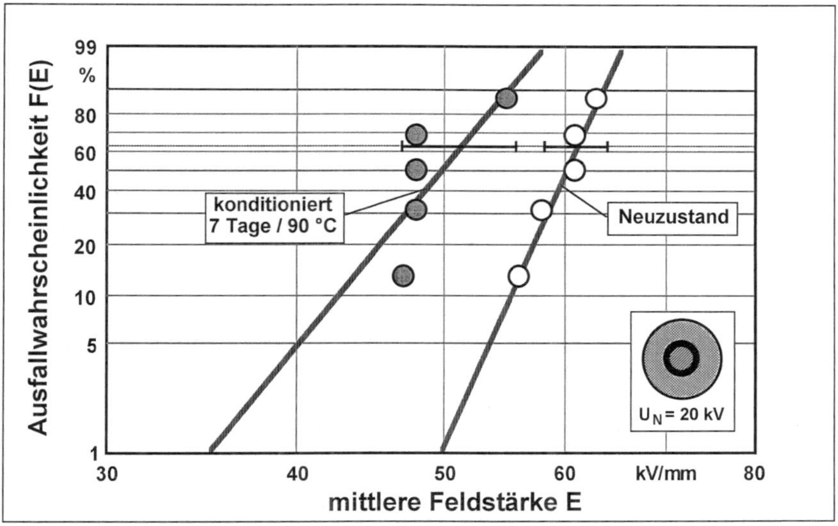


Bild 6.16: Periphere Effekte: Vernetzer-Spaltprodukte in VPE-Kabeln

## 6.2 Aktivitäten zur Verbesserung der Standzeitfestigkeit von PE/VPE

Es kann an dieser Stelle keine umfassende Darstellung aller Forschungs- und Entwicklungsarbeiten gegeben werden, die Hersteller und Anwender von vernetzbarem Polyethylen weltweit seit vielen Jahren mit dem Ziel betreiben, die elektrische Standzeitfestigkeit des Materials zu steigern. Der vorliegende Abschnitt soll lediglich stichwortartig einige Aspekte ansprechen, die in der jüngeren Vergangenheit und Gegenwart Schwerpunkte der Entwicklungsaktivitäten auf dem Gebiet der Kabeltechnik darstellen. Sie betreffen das gesamte Spektrum von der Kabelkonstruktion über die Materialauswahl und -verarbeitung bis hin zur Prüftechnik.

Ausgehend von der Erkenntnis, daß die Isolierstoffoberfläche eine entscheidende Rolle bei der Einleitung des Durchschlags spielt, hat man bereits frühzeitig den Kontakten mit Leiter und Schirm besondere Aufmerksamkeit gewidmet. Heute sind mit der Isolierung fest verschweißte Leitschichten nicht nur Stand der Technik, sondern in den einschlägigen Normen für VPE-Kabel als Regelkonstruktion festgeschrieben (z.B. DIN VDE 0276 / DIN VDE 0263 und IEC 60 840). Fertigungstechnisch durch den Einsatz von Dreifachspritzköpfen realisiert, gewährleistet dieser Aufbau besonders homogene Grenzflächen; geometrisch bedingte makroskopische Feldüberhöhungen sind ausgeschlossen.

Dasselbe trifft auf die Entstehung von Lunkern innerhalb des Dielektrikums zu, in denen Teilentladungen einen Erosionsdurchschlag herbeiführen könnten: Ihr wird durch sorgfältige Prozeßsteuerung bei der Extrusion, Vernetzung und anschließenden Abkühlung wirksam begegnet; dennoch einmal auftretende Fehler dieser Art lassen sich bei der empfindlichen TE-Kontrolle anläßlich der Stückprüfung sicher erkennen.

Im Mittelpunkt der Aktivitäten für Mittelspannungskabel steht ohne Zweifel das Phänomen des water treeing, das zu einer Reihe von Ausfällen vor allem in älteren Kabelanlagen geführt hat.

Da die Entwicklung von WT-Strukturen durch Feldinhomogenitäten begünstigt wird, bemüht man sich, deren Auftreten durch Vermeidung von Einschlüssen in der Isolierung zu verhindern oder wenigstens auf mikroskopisch kleine Bereiche zu begrenzen. Dies setzt hohe Reinheit der Isoliercompounds und entsprechend sorgfältige Wareneingangsprüfungen voraus; zusätzlich wird dem Eindringen fester Verunreinigungen durch den Einsatz feinmaschiger Extrudersiebe begegnet. Einschlüsse mit Abmessungen > 50 µm sind demzufolge in modernen Hochspannungsisolierungen nicht anzutreffen. Um Ansatzpunkte für die besonders kritischen vented trees vor den Leitschichten zu eliminieren, wird – wie bereits erwähnt – größte Sorgfalt auf die Herstellung absolut homogener Grenzflächen zwischen Leitschicht und Isolierung ohne sog. "protrusions" verwandt.

Ein ebenso wichtiger Aspekt für die Vermeidung kritischen water treeings ist in einer wirksamen Behinderung des Feuchtezutritts zur Isolierung zu sehen. In diese Richtung zielen permeationshemmende Mantelwerkstoffe und -konstruktionen, ggf. längs- und querwasserdichte Ausführung des Schirm- und Leiterbereichs und – nicht zuletzt – die Vermeidung des Eindringens flüssigen Wassers bei Verlegung und Betrieb der Kabel. Hier gilt es insbesondere, mechanische Mantelschäden frühzeitig zu erkennen. Eine geeignete Methode ist dem Betreiber in Form der Mantelprüfung mit Gleichspannung nach DIN VDE 0276-620 an die Hand gegeben.

Weiterhin besteht die Möglichkeit, mit Wassersensoren, die unterhalb des Kabelmantels eingearbeitet sind, in das Kabel eindringendes Wasser festzustellen und diese Stellen vom Kabelende zu orten [9].

Gemeinsames Ziel aller bisher beschriebenen Aktivitäten ist eine spürbare Vergrößerung des Koeffizienten N in der Lebensdauerformel $E^N \cdot t = const.$ über den heute gängigen Bereich von N = 10···15 hinaus, gleichbedeutend mit einem möglichst flachen Verlauf der Lebensdauergeraden gemäß Bild 6.1. Die Folge wäre eine spürbare Verbesserung der *Dauer*spannungsfestigkeit bei weitgehend unverändertem Durchschlagverhalten im Kurzzeitbereich.

## 6.3 Möglichkeiten und Grenzen der Lebensdauervorhersage

Eine zuverlässige Prognose der Langzeitfestigkeit einer Isolierung mit Hilfe des Lebensdauergesetzes $E^N \cdot t = const.$ setzt voraus, daß die Lebensdauerkennlinie entprechend Bild 6.1 tatsächlich eine Gerade mit im *gesamten Zeitbereich* konstanter Neigung (-1/N) darstellt. Dies ist jedoch keineswegs in allen Fällen gegeben. Abweichungen vom Geradenverlauf sind vielmehr immer dann zu erwarten, wenn bestimmte Alterungsmechanismen nicht bereits am Anfang der elektrischen Belastung, sondern erst nach längerer Zeit zu wirken beginnen.

Beispiele hierfür waren bereits im Zusammenhang mit der elektrochemischen und der thermischen Alterung von Polyolefinisolierungen angesprochen worden: In beiden Fällen läßt der zeitliche Verlauf der beobachteten Materialkenngrößen zunächst keinerlei Einfluß des jeweiligen Alterungsprozesses erkennen. Erst nach Überschreitung eines bestimmten Schädigungsgrades der Isolierung setzt ein spürbarer Verfall des untersuchten Eigenschaftswertes ein, verbunden mit einer Veränderung der bis dahin gültigen Lebensdauercharakteristik! In diesen beiden Fällen wird also die Betriebserwartung einer Isolierung gegenüber dem statistisch errechneten Verhalten deutlich *verkürzt*, weil spät erkennbare, dann aber schneller ablaufende Alterungsmechanismen *zusätzlich* in die Charakteristik eingreifen.

Es kann aber ebensogut der entgegengesetzte Fall eintreten, daß nämlich die tatsächliche Lebensdauer einer Isolierung den aus Kurzzeitversuchen prognostizierten Wert mehr oder minder deutlich übersteigt. Eine solche Möglichkeit ist dann gegeben, wenn durch die Anwendung sehr hoher Prüffeldstärken währen der Versuche Zerstörungsprozesse initiiert werden, die unter realistischen Betriebsbedingungen nicht auftreten. Einfaches Beispiel: Wird die Prüfbelastung über die sog. "materialeigene Grenzfestigkeit" gesteigert (sie beträgt z.B. für Polyethylen bei Wechselspannung etwa 500···600 kV/mm eff.), so kommt es spontan zum Durchschlag; die "Lebensdauerkennlinie" entartet zu einer senkrecht zur Zeitachse verlaufenden Geraden, der Exponent N strebt den Wert "0" an.

Aber auch unter nicht ganz so extremen Bedingungen besteht die Gefahr, daß Laborversuche mit – zumindest lokal – stark überhöhter elektrischer Beanspruchung eine kürzere Lebensdauer erwarten lassen, als sie im technischen Einsatz tatsächlich erreicht wird. Dies kann beispielsweise auf die vielfach in der Grundlagenforschung angewendeten Nadel-Platte-Modellanordnungen zutreffen, die man bevorzugt zur Nachbildung von Inhomogenitäten und zur Untersuchung des Teilentladungsverhaltens eines Isolierwerkstoffs heranzieht. Vor der Spitze der Nadelelektrode herrschen – bestimmt von deren Krümmungradius – schon bei niedrigsten Prüfspannungen u.U. Feldstärken von einigen 100 kV/mm, die innerhalb kürzester Zeit die Ausbildung von Vorentladungskanälen (electrical treeing) verursachen können. Wird nun die elektrische Beanspruchung weiter aufrecht erhalten – etwa mit dem Ziel, die Standzeit bis zum vollständigen Durchschlag zu ermitteln –, so kommt es in den nunmehr existierenden Hohlkanälen zu intensiven Gasentladungen, die eine beschleunigte Materialerosion herbeiführen. Die verbleibende Lebensdauer der Isolierung kann dann zwar in gewissem Umfang Auskunft geben über die Teilentladungsresistenz des betreffenden Materials. Sie besagt aber so gut wie nichts über sein Langzeitverhalten als betriebsmäßig beanspruchtes Hochspannungsdielektrikum.

Weiterhin muß beachtet werden, daß durch die elektrische Beanspruchung der VPE-Isolierung keine gleichmäßige, elektrische Alterung des Gesamtvolumens erfolgt. Die elektrischen Zerstörungsprozesse finden dominierend an örtlichen Inhomogenitäten mit unterschiedlicher "Intensität" statt. Denn nicht die "äußere" Feldstärke, die sich aus Elektrodengeometrie und angelegter Hochspannung berechnen läßt, bestimmt am speziellen Ort der Inhomogenität die Alterungsintensität, sondern die wesentlich höhere Feldstärke, die sich durch die Felderhöhung an einer Fehlstelle ergibt (Bild 6.4, 6.5). Man kann also nur Lebensdauerkurven extrapolieren die in statistisch gesicherten Konstantspannungsversuchen bzw. Spannungssteigerungsversuchen mit Prüflingen identischer Isolierstoffrezeptur und Fertigungstechnologie ermittelt wurden, die also die gleiche "Reinheit" und die gleichen Oberflächenqualitäten der halbleitenden Schichten aufweisen.

Die Lebensdauerkurve ändert sich auch dann, wenn in Prüflingen mit Hohlräumen gleicher Art, Lage und Größe in Konstantspannungsversuchen bei kleiner werdender Prüfspannung die notwendige Zündspannung für TE (s. Bild 6.7) unterschritten wird. Dann wirkt dieser Hohlraum lediglich als nichtleitender Einschluß in der VPE-Isolierung. Ist der Hohlraum z.B. kugelförmig, dann führt diese Inhomogenität zu einer relativ geringen Felderhöhung um den Faktor 1,2 in dem ungestörten Grundfeld. Es erfolgt keine TE-Alterung mehr, sondern lediglich eine Feldalterung mit sehr geringer Intensität. Die Lebensdauerkurve wird nach größeren Durchschlagzeiten verschoben, die weit über z.B. 30 Jahre (der von der Isolierung erwarteten Mindest-Lebensdauer) reichen kann (Bild 6.17). Dadurch kommt es bei der Darstellung der Lebensdauer für VPE-Isolierungen mit einer vorgegebenen Mindest-Lebensdauer zu einer "Dauerhaltespannung" bzw. "Dauerspannungsfestigkeit", wenn nur die TE-Alterung im Isolierstoff betrachtet wird.

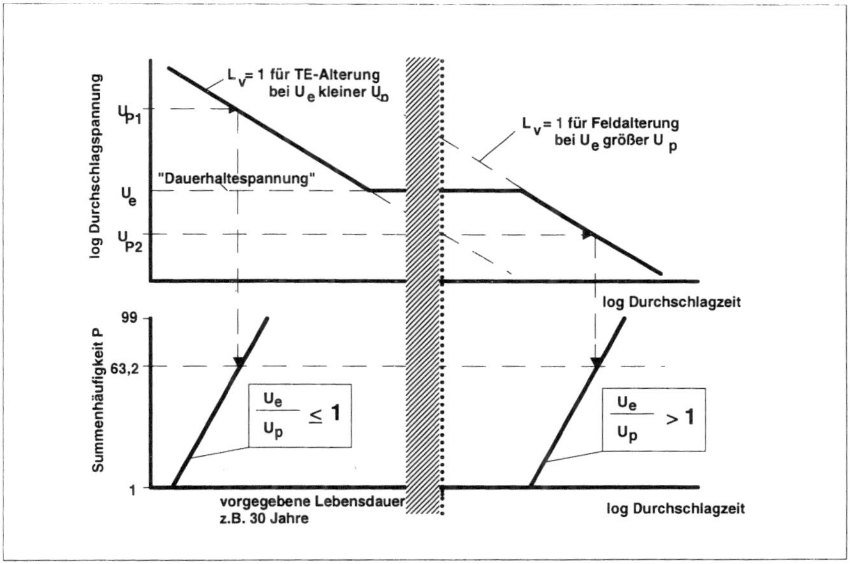


Bild 6.17: Änderung des Alterungsprozesses an einem Hohlraum in Abhängigkeit vom Verhältnis Prüfspannung $U_p$ zu TE-Aussetzspannung $U_e$

Allen hier angesprochenen möglichen Fehlerquellen bei der Vorhersage der Lebensdauer einer Isolieranordnung ist eines gemeinsam: Die Fehler resultieren jeweils aus der Tatsache, daß *verschiedene* Mechanismen ungleichmäßig in die Alterungsscharakteristik eingreifen, sei es

- weil die Prüfbelastung zu hoch gewählt war,
- so daß im Gegensatz zu den Betriebsbedingungen beispielsweise die TE-Einsetzfeldstärke $E_B$ erreicht bzw. überschritten wurde und damit statt der Feldalterung mit geringer Intensität eine beschleunigte TE-Alterung wirkte, oder
- weil sich bestimmte Prozesse erst sehr spät erkennbar auszuwirken beginnen.

Grundvoraussetzung für eine verwertbare Lebensdauerprognose ist jedoch:

- daß der Feldstärke-Zeit-Charakteristik während der gesamten Betriebsdauer – von der Versuchsphase zur experimentellen Bestimmung der Kennlinie bis hin zum endgültigen Ausfall der Isolierung – ein und dieselben Alterungsvorgänge zugrunde liegen;

- d.h., daß zur statistischen Ermittlung der Lebensdauerkurve die Prüfstücke aus dem gleichen Material (z.B. Rezeptur, Reinheit, Polymerstruktur) in der gleichen Technologie hergestellt werden (z.B. Dreifachextrusion, Trockenvernetzung), prinzipiell die gleichen Konstruktionen aufweisen (koaxiale Zylindergeometrie), die gleiche TE-Charakteristik haben (TE-frei bei den Prüffeldstärken) und unter vergleichbaren Umgebungsbedingungen (Temperatur, Feuchte, Biegeradien, Druck) beansprucht werden, wie die zu beurteilenden Kabel,
- und daß bei der Beurteilung der Durchschlagwahrscheinlichkeit eines Kabels die Ergebnisse aus Laborversuchen an ausgewählten Teilvolumina des Dielektrikums (Kurzlängen eines Kabels bzw. Modellkabels) zunächst auf das Gesamtvolumen umgerechnet werden, dessen Betriebserwartung man vorhersagen will. Auch hierfür gibt es geeignete Transformationsformeln, die ähnlich wie das Lebensdauergesetz die mathematische Beschreibung eines empirischen Zusammenhangs darstellen "Volumengesetz" [2, 10, 11].

Wenn alle hier genannten Punkte angemessen berücksichtigt werden, dann – und nur dann – stimmt die vorhergesagte Lebensdauer einer Polyolefinisolierung mit der tatsächlichen Betriebszeit bis zum Durchschlag innerhalb statistischer Streugrenzen befriedigend überein.

## 6.4 Prüfungen zur Beurteilung von PE/VPE-Kabelanlagen

Kabelanlagen sind, wie andere Hochspannungsbetriebsmittel, langlebige Wirtschaftsgüter. Deshalb und zur Erhöhung der Versorgungssicherheit werden an ihnen mit relativ hohem Aufwand Prüfungen durchgeführt:

a) im Neuzustand nach Legung und Montage zur Sicherstellung der Einschaltbereitschaft der Kabelanlage und nach Reparaturarbeiten sowie
b) nach alterungsbedingter Degradation mit Eigenschaftsreduzierungen und Lebensdauerverbrauch zum Nachweis der weiteren Betriebstüchtigkeit.

Für diese Prüfungen sollten möglichst die gleiche Art der Prüfspannung angewendet werden, keine unnötigen Schädigungen gealterter Kabelstrecken erfolgen, die Prüfzeiten und -pegel nicht zu hoch und Gewicht sowie Kosten der Prüfanlage möglichst gering sein.

In den Prüfvorschriften und -entwürfen für VPE-isolierter Mittel-, Hoch- und Höchstspannungskabel [12 - 17] sind für die reine Spannungsprüfung nach der Legung bei einer Vor-Ort-Prüfung sehr große Unterschiede zu erkennen (Tabelle 6.11). Das betrifft sowohl die Spannungsart (Gleichspannung, Wechselspannung 50 Hz, Wechselspannung 45...65 Hz, VLF-(Very Low Frequency-) 0,1 Hz) sowie die Höhe der Prüfpegel und -zeiten (Wechselspannung: 1 · Uo / 24 Stunden, 1,7 · Uo/5 Minuten bis 1 Stunde, 2 · Uo / 60 Minuten; VLF: 3 · Uo / 60 Minuten; Gleichspannung: 3 · Uo / 15 Minuten, 4 · Uo / 15 Minuten).

| Nennspannung [kV] | Norm | Stückprüfung | Prüfung nach Legung | |
|---|---|---|---|---|
| | | | Gleichspannung | Wechselspannung |
| 1 bis 30 | IEC 502 [12] | $U_\sim$: 2,5 $U_0$/5 min. | 4 $U_0$/15 min. | 1,7 $U_0$/5 min. oder 1 $U_0$/24 h |
| | DIN VDE 0276 T.620 [13] | $U_\sim$: 2,5 $U_0$/5 min. oder $U_=$: 8 $U_0$/5 min. | keine Gleichspannungsprüfung | f= 45... 65 Hz 2 $U_0$/60 min. oder f= 0,1 Hz 3 $U_0$/60 min. |
| 45 bis 150 | IEC 840 [14] | $U_\sim$: 2,5 $U_0$/30 min. | 3 $U_0$/15 min. | 1,7 $U_0$/5 min. oder 1 $U_0$/24 h |
| | DIN VDE 0263 [15] | | keine Festlegungen | keine Festlegungen |
| | Draft rev. IEC 840[16] | | 3 $U_0$/15 min. | 1,7 $U_0$/5 min. oder 1 $U_0$/24 h |
| 220 bis 230 | Third draft extension of IEC 840 to higher voltages [17] | $U_\sim$: 2,5 $U_0$/30 min. | keine Gleichspannungsprüfung | a) 1,7 $U_0$/1 h oder b) 1 $U_0$/24 h oder c) anderer ac-test in Kombination mit TE-Messung |
| 275 bis 287 | | | | |
| 330 bis 345 | | $U_\sim$: 2,2 $U_0$/30 min. | | |
| 380 bis 400 | | | | |
| 500 | | $U_\sim$: 2,0 $U_0$/30 min. | | |

Tabelle 6.11: Prüfanforderungen an Kabel mit VPE-Isolierung

Im Mittelspannungsbereich hat sich in den letzten Jahren die Prüfung von PE/VPE-Kabelanlagen mit VLF-0,1 Hz-Spannungen (Sinus und Cosinus-Rechteck, 3 · Uo / 60 Minuten) durchgesetzt. Auch eine 50 Hz Resonanzspannung (2 Uo / 60 Minuten) ist zulässig. Die Gleichspannungsprüfung, die zur Feststellung von Lege- und Montagefehlern in PE/VPE-isolierten Kabelanlagen ungeeignet ist, würde verdrängt [21, 22, 23].

Sehr gute Erfahrungen konnten bei Inbetriebnahmeprüfungen von 110 kV-VPE-isolierten Hochspannungskabelanlagen mit einem mobilen Resonanzprüfsystem mit variabler Frequenz erzielt werden [18]. In einem Frequenzbereich von 35 Hz bis 71 Hz wurden Kabelanlagen vor Ort bis 160 kV über 60 Minuten erfolgreich geprüft.

Vorteilhaft ist auch eine Spannungsprüfung in Kombination mit TE-Messungen. TE-behaftete Fehlstellen können damit sicher erkannt werden, bevor sie zum Durchschlag führen, so daß das Risiko, daß Fehlstellen während der begrenzten Prüfdauer nicht zum Durchschlag führen und somit unentdeckt bleiben, minimiert werden kann. Aufgrund der Dämpfung von TE-Impulsen bei ihrer Ausbreitung längs der z.T. mehrere Kilometer langen Kabelanlage kann dabei die Auskoppelung nicht mehr, wie bei der Stückprüfung der einzelnen Kabellängen im Herstellerbetrieb, an den Enden erfolgen, sondern es muß z.B. an den Garnituren eine ortsselektive Auskopplung mit kapazitiven / induktiven Sensoren erfolgen. Sehr gute Ergebnisse zeigten bei TE-Messungen an ungeschirmten Meßplätzen und vor Ort neuentwickelte Richtkoppler-Sensoren (Bild 6.18) an den Garnituren von Hochspannungskabeln [19, 20].

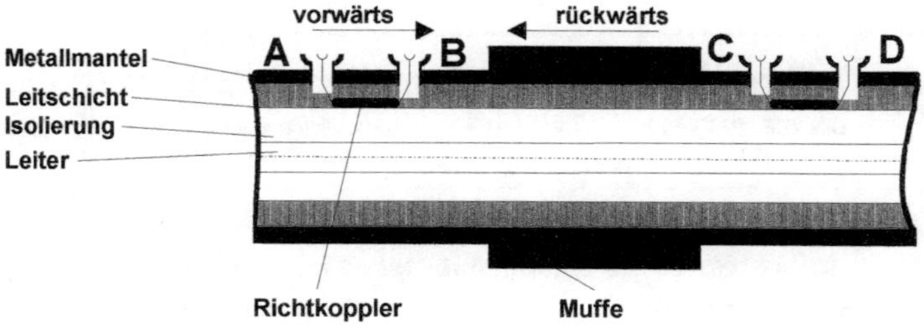


| | A | B | C | D |
|---|---|---|---|---|
| Störung von links | X | | X | |
| TE in der Muffe | | X | X | |
| Störung von rechts | | X | | X |

- **TE-Richtkoppler-Sensor nutzt gemischt kapazitiv/induktive Auskopplung des TE-Signals**
- **Frequenzbereich: 10...400 MHz**
- **eindeutige Unterscheidung zwischen TE der Muffe und äußerer Störung**
- **Kalibrierung der Sensoren und Selbsttest möglich**
- **sehr empfindlich (< 1 pC erreichbar )**

Bild 6.18: Ortsselektive TE-Messung an Kabelgarnituren mit Richtkopplern

Die Prüfverfahren zum Nachweis der weiteren Betriebstüchtigkeit von PE/VPE-isolierten Kabelanlagen können unterteilt werden in:

- reine Spannungsprüfungen vor Ort,
- Spannungsprüfungen kombiniert mit TE-Messung vor Ort
- dielektrische Diagnoseverfahren vor Ort und
- Laboruntersuchungen an Mustern der Kabelanlage.

Bei der reinen Spannungsprüfung (Resonanzwechselspannung ca. 50 Hz, VLF - 0,1-Hz-Sinusspannung, VLF - 0,1-Hz-Cosinus-Rechteckspannung, unipolare oder schwingende impulsförmige Entladespannung 1 bis 12 kHz) können mit relativ hohen Prüfspannungen nur lokale, große Schwachstellen, z.B. mechanische Beschädigungen (Bild 6.19), oder vented trees (Bilder 6.20) erkannt werden. Dabei besteht in jedem Fall – durch die Feldstärkeüberhöhungen – die Gefahr einer prüfungsbedingten Schädigung der Kabelanlage, ohne Informationen über den Gesamtzustand zu bekommen. Auch hierbei kann daher eine mit einer TE-Messung kombinierte Spannungsprüfung das Risiko minimieren, daß während der Prüfung initiierte TE-Fehler (z.B. der Umschlag eines water trees in ein electrical tree) unentdeckt bleiben.

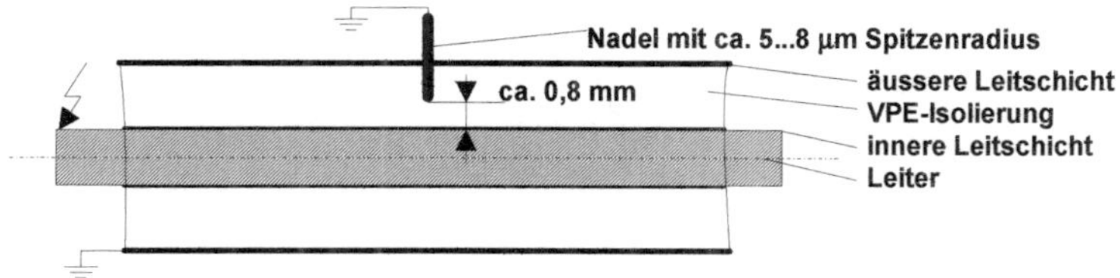


| Spannungsart | Spannungspegel | Prüfdauer | Versuchsanzahl | Durchschläge |
|---|---|---|---|---|
| $U_{\sim}$ 50 Hz | 2 Uo | 30 min | 10 | 10 |
| VLF-Sinusspg. | 3 Uo | 30 min | 5 | 5 |
| VLF-Cos.-Recht. | 3 Uo | 30 min | 5 | 5 |
| "osc. voltages" | 4 Uo | 50 Stöße | 5 | 5 |
| $U_{=}$ | 8 Uo | 30 min | 6 | 0 |

Bild 6.19: Ein 10-kV-VPE-Kabel mit künstlicher Fehlstelle und Ergebnisse der Spannungsprüfungen

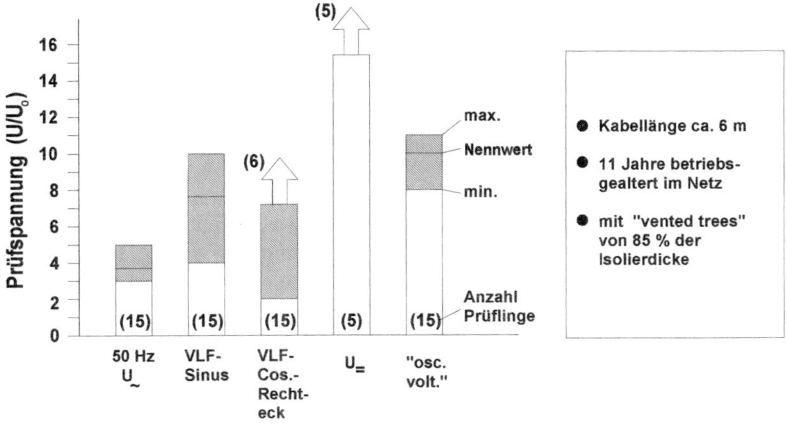


Bild 6.20: Restfestigkeit eines betriebsgealterten 10-kV-VPE-Kabels bei verschiedenen Spannungsarten

Die dielektrischen Diagnoseverfahren haben eine Beurteilung des allgemeinen Alterungszustandes von PE/VPE-Mittelspannungskabeln zum Ziel. Bekannte Verfahren sind z.B. [21, 37]:

- Verlustfaktormessungen bei 0,1 Hz [21 bis 28, 35],
- Depolarisationsstrom-Messung [33] bzw. seine Bewertung in der sogenannten "Isothermal-Relaxation-Current" – (IRC-) Analyse) [29, 30],
- Messungen der Wiederkehrspannung [31, 32],
- Messung der Rückkehrladung (CDA-Verfahren) [34].

Bei der Verlustfaktormessung mit VLF 0,1 Hz ist es zweckmäßig, die Veränderung des Verlustfaktors zum Neuzustand sowie die Spannungsabhängigkeit zu bewerten [35]. Kritische Werte durch WT-Schädigung, die ein Auswechseln der Kabelstrecke erfordern, liegen bei tan $\delta$ (2 Uo) > 4 ‰ oder einem tan $\delta$-Anstieg [tan $\delta$ (2 Uo)] - [tan $\delta$ (Uo)] > 1 ‰ [28]. Für homopolymere PE/VPE-Kabelisolierungen werden Erhöhungen der tan $\delta$ (2 Uo) -Werte gegenüber dem Neuzustand um $1 \ldots 2 \cdot 10^{-3}$ und tan $\delta$-Anstiege [tan $\delta$ (2 Uo)] - [tan $\delta$ (Uo)] > $0{,}6 \cdot 10^{-3}$ als kritisch benannt [22].

Zur Bewertung der isothermen Relaxationsströme (IRC-Analyse) wird nach Anlegen einer Formierspannung von 1 kV (Gleichspannung) an das zu bewertende Dielektrikum über eine Polariationszeit von 30 Minuten und einer anschließenden, 5 Sekunden dauernden direkten Entladezeit in den darauffolgenden 5 ... 1800 Sekunden der transiente Teil des Relaxationsstromes aus der Kabelisolierung gemessen und computergestützt mittels mathematischer Algorithmen ein sog. Alterungsbeiwert ermittelt. Eine Korrelation dieses Alterungsbeiwertes zum allgemeinen Alterungszustand vor allem WT-geschädigter Mittelspannungskabel konnte nachgewiesen werden [29, 30, 37].

Mit diesem Verfahren konnten auch an längs- und querwasserdichten VPE-isolierten Höchstspannungskabeln der Nennspannung 220 kV Untersuchungen durchgeführt werden, die zeigten, daß nach 6 Jahren Betrieb keine nachweisbare Alterung stattgefunden hatte [29].

Auch bei der Wiederkehrspannungs- bzw. Rückkehrladungsmessung wird die PE/VPE-Isolierung zunächst mit einer Gleichspannung von z.B. $0{,}5 \ldots 2 \cdot$ Uo angeregt. Nach einer anschließenden Entladezeit kann die "Antwort" (Spannung oder Ladung) gemessen und bewertet werden [32, 34].
Ein generelles Problem dieser dielektrischen Diagnoseverfahren ist, daß die Aussagefähigkeit infolge teilweise noch ungeklärter Abhängigkeiten von den Meßparametern wie z.B. Temperatur, Prüfspannung, konstruktiver Aufbau der Kabel, Polymerstruktur (Homopolymer, Copolymer) Kabellänge, äußere und innere Leitschicht (Rezeptur), Art und Konzentration der Zusätze zum Isolierstoff (Peroxide, Stabilisatoren) und den im allgemeinen nicht bekannten Meßwerten Neuzustand der Kabel eingeschränkt ist [23, 36, 37].

Für Laboruntersuchungen zur Einschätzung der Betriebstüchtigkeit von Kabelanlagen werden Kabelmuster aus dem Netz entnommen. An diesen werden die Restfestigkeit bei Wechselspannungsbeanspruchung bestimmt und an eingefärbten Dünnschnitten mikroskopische Untersuchungen durchgeführt. Wenn WT in den Mustern auftritt, werden Art, Größe und Dichte sowie der Wassergehalt bestimmt, ferner werden die Isolierung sowie die Oberflächen der Leitschichten auf Unregelmäßigkeiten untersucht. Nach Auswertung aller Meß- und Prüfbefunde wird die Restlebensdauer eingeschätzt. Dieses Verfahren ist zwar sehr aufwendig, aber eine verhältnismäßig zuverlässige Methode zur Beurteilung des Alterungszustandes eines Kabels.

## 6.5 Zusammenfassung

**Lebensdauergesetz**

- $E^N \cdot t = \text{const.}$ →

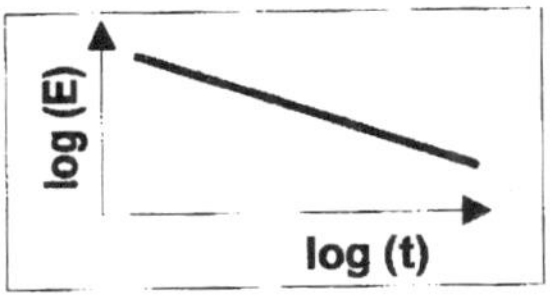


**Einflußgrößen**

- Raumladungen → Randfelderhöhung
- Fehlstellen → Feldalterung
- Hohlräume → TE-Alterung
- Water Treeing → Elektrochemische Alterung
- Oxidation → Thermische Alterung
- Periphere Prozesse

**Aktivitäten zur Verbesserung von VPE-Kabeln**

- Glatte Grenzschichten / hohe Materialreinheit
- Sorgfältige Fertigung / TE-Prüfung
- Behinderung des Feuchtezutritts
- Mantelprüfung
- Zugabe von Antioxidantien

**Voraussetzungen zur Lebensdauerprognose**

- Realistische Prüfbelastung
- Hinreichende Versuchsdauer
- Vorsorge gegen Spätprozesse
- Identische Fertigung von Prüfling und Produkt
- Volumentransformation

**Prüfungen zur Beurteilung von PE/VPE-Kabelanlagen**

- Reine Spannungsprüfung
- Spannungsprüfung kombiniert mit TE-Messung
- Dielektrische Diagnoseverfahren
- Laboruntersuchungen an Mustern aus der Kabelanlage

## 6.6 Literatur

[1] R.v.Olshausen; Durchschlagprozesse in Hochpolymeren und ihr Zusammenhang mit den Leitungsmechanismen bei hohen Feldstärken; Habilitationsschrift Universität Hannover, 1979

[2] W.Weißenberg; Einfluß makroskopischer Fehlstellen auf die elektrische Alterung von Polyethylenkabeln bei Wechselspannungsbelastung; Dissertation TU Dresden, 1986

[3] K.G.Bürger; Untersuchung des Raumladungseinflusses und der Schädigungsmechanismus beim Initialaufbruch von Polyethylen; Dissertation TH Aachen, 1984

[4] E.Philippow; Taschenbuch Elektrotechnik Bd. 2; Starkstromtechnik VEB-Verlag Technik, Berlin 1965 S. 756

[5] G.Bahder, G.S.Eager, D.A.Silver, R.G.Lukac; Criteria for Determiniming Performance in Service of Crosslinked Polyethylene Insulated Power Cables; IEEE Trans. on PAS Vol. PAS-95 (1976) Nr. 5 S. 1552–1560

[6] J.Pilling; Ein Beitrag zu Interpretation der Lebensdauerkennlinien und zur dielektrischen Bemessung und Prüfung von hochpolymeren Feststoffisolierungen; Dissertation B TU Dresden, 1975

[7] G.Bahder, R.Eaton, T.Garrity, C.Katz, M.Sosnowski; Physical model of electric aging and breakdown of extruded polymeric insulated power cables; IEEE Trans. on PAS, PAS-101 (1982) S. 1379–1388

[8] L.Goehlich, P.Küllig; Qualität setzt sich durch SIEMENS-Zeitschrift; EV-Report 1/96 S. 26

[9] U.Glaese, L.Goehlich; Überwachung von Hochspannungskabelanlagen Methoden und Kundennutzen; Elektrizitätswirtschaft Heft 16/1995, S. 992–1000

[10] R.v.Olshausen, H.Westerholt; Volumeneffekte beim Wechselspannungsdurchschlag von Polyethylen-Modellprüfkörpern; etz-Arschiv 3 (1982) S.23–26

[11] W.Hauschild; Zur Ermittlung der Durchschlagwahrscheinlichkeit von Hochspannungsisolierungen nach dem Vergrößerungsgesetz; Z. elektr. Inform.- u. Energietechnik Leipzig 11 (1981) 4 S. 313–348

[12] CEI IEC Publikation 60 502: Power cables with extruded insulation and their accessories for rated voltages from 1 kV (Um = 1,2 kV) up to 30 kV (Um = 36 kV); First edition 1997-04

[13] DIN VDE 0276 - 620: Starkstromkabel, Teil 620: Energieverteilungskabel mit extrudierter Isolierung für Nennspannungen Uo/U 3,6/6 kV bis 20,8/36 kV; Deutsche Fassung HD 620 S1 Teil 1, 3C, 4C, 5C und 6C: 1996

[14] IEC-Publikation 60 840: Test for power cables with extruded insulation for roted voltages above 30 kV (Um = 36 kV) up to 150 kV (Um = 170 kV); first edition 1988

[15] DIN VDE 0263: Kabel mit Isolierung aus vernetztem Polyethylen und ihre Garnituren, Nennspannungen Uo/U > 18/30 kV bis 87/150 kV, Februar 1991

[16] Draft revision of IEC 840: Test for power cables with extruded insulation and their accessories for rated voltage above 30 kV (Um = 36 kV) up to 150 kV (Um = 170 kV); 20 A/351/CDV: 1997

[17] New draft: Test for power cable systems, cables with extruded insulation and their accessories above 150 kV (Um = 170 kV) up to 500 kV (Um = 525 kV); 20 A/357/NP: 1997

[18] W.Weißenberg, L.Goehlich, J.Scharschmidt; Inbetriebnahmeprüfungen von VPE-isolierten Hochspannungskabelanlagen mit Wechselspannung; E-Wirtschaft 1997, Heft 9

[19] D.Pommerenke, I.Krage, E.Lemke, P.Schmiegel; On-site PD measurement on high voltage cable accessories using integrted sensors; 9th ISH Graz, 1995, Paper 5608
[20] D.Pommerenke, T.Strehl, W.Kalkner; Directional Coupler Sensor for Partial Discharge Recognition on High Voltage Cable Systems; zum 10th ISH, Montreal, 1997 eingereichter Beitrag
[21] M.Kuschel, R.Plath, I.Stapputat, W.Kalkner; Diagnostic Techniques for service-aged XLPE-insulated Medium Voltage Cables, REE, Number 8, August 1996, Volume 1
[22] H.-J.Mathis; Prüfung und Diagnose an Mittelspannungskabeln mit 0,1 Hz Sinusspannung und Verlustfaktormessung; HDT-Seminar Sept. 1996, Wien
[23] W.Kalkner; Aufgaben und Möglichkeiten der Labor- und Vor-Ort-Prüfungen von Kabelanlagen; HDT-Seminar, Sept. 1996, Wien
[24] G.Kaul, R.Plath, W.Kalkner; Development of a Computerized Loss Factor Measurement System for Different Frequencies, Including O.1 Hz and 50/60 Hz; 8th International Symposium on High Voltage Engineering (ISH), Yokohama, Aug. 1993, p.56.04
[25] R.Bach, P.Craatz, W.Kalkner, K.-H.Krefter, H.Oldehoff, G.Ritter; Spannungsprüfungen zur Beurteilung von Mittelspannungskabelanlagen; Elektrizitätswirtschaft Jg. 92 (1003) H. 17/18, S. 1068–1074
[26] R.Bach, W.Kalkner, H.Oldehoff; Verlustfaktormessung bei 0,1 Hz an betriebsgealterten PE/VPE-Kabelanlagen; Elektrizitätswirtschaft Jg. 92 (1993), Heft 17/18, S. 1076–1080
[27] K.-H.Krefter; Erfahrungen mit Prüfverfahren für Kunststoffkabel in Mittelspannungsnetzen; Elektrizitätswirtschaft Jg. 92 (1993) H. 21, S. 1248-1255 und H. 26, S. 1680-1690 (Diskussionsbeiträge)
[28] H.Oldehoff; Ergebnisse aus Labor- und Vor-Ort-Untersuchungen mit 0,1-Hz-Verlustfaktormessungen an VPE-isolierten Mittelspannungskabeln; VDEW Kabeltagung 1993, in Elektrizitätswirtschaft Jg. 92 (1993) H. 26, S. 1680–1690 (Diskussionsbeiträge)
[29] M.Beigert; Mikrodielektrometrische zerstörungsfreie Alterungsdiagnostik von PE- und VPE-isolierten Mittelspannungskabeln; Dissertation Wuppertal, 1995
[30] D.Meurer, W.-D.Schuppe, M.Beigert, H.-G.Kranz; Alterung VPE-isolierter Mittelspannungskabelsysteme; etz, Heft 20/1995 S. 34–41
[31] O.Goll; Untersuchungen zur Erfassung des Alterungszustandes von Energiekabeln durch die Methode der "wiederkehrenden Spannung"; Vortrag Hagenuk, Kabelsymposium, 22.06.1993, Kiel-Flintbek
[32] Schäfer; Prüfungen zur Beurteilung von Kunststoffkabeln in Mittelspannungsnetzen; HDT-Seminar Sept. 1996, Wien
[33] T.Heizmann; Ein Betrag zur Beurteilung des Alterungszustandes von verlegten, kunststoffisolierten Hochspannungskabeln; Dissertation Zürich, 1994
[34] E.Lemke, P.Schmiegel; Complex Discharge Analysing (CDA) - an alternative procedure for diagnosis tests on HV power apparatus of extremely nigh capacity; 9th ISH, Graz 1995, paper 56.17
[35] M.Kuschel, R.Plath, W.Kalkner; Dissipation Factor Measurement at 0,1 Hz as a Diagnostic Tool for Service-aged XLPE-insulated Medium Voltage Cables; 9th ISH, Graz 1995, paper 56.16
[36] W.Kalkner, M.Kuschel, T.Strehl; Übersicht über Vor-Ort-Prüfungen und -Diagnostik an Kabelanlagen; Highvolt Kolloquium Dresden, Mai '97
(37] R. Plath, W.Kalkner, J. Krage; Vergleich von Diagnosesystemen zur Beurteilung des Alterungszustandes PE/VPE-isolierter Mittelspannungskabel; E-Wirtschaft Jg. 96 (97) H. 20, S. 1130–1140

# 7 VPE-isolierte Mittel- und Hochspannungskabel

D. Meurer

## 7.1 Einleitung

VPE-isolierte Kabel zur Energieübertragung und -verteilung gewinnen im Mittel- und Hochspannungsbereich in Deutschland seit vielen Jahren zunehmend an Bedeutung.
Wesentliche Gründe dafür lassen sich beim Vergleich mit herkömmlichen Kabelkonstruktionen mit einer Isolierung aus getränkten Papieren in 2 Bereichen zusammenfassen:

- ökonomischer Bereich
- geringerer Montageaufwand
- keine Wartung
  - verminderter Reparaturaufwand (insbesondere bei Mittelspannungskabeln)
  - reduzierte dielektrische Verluste (von Bedeutung bei Hochspannungskabeln)

- ökologischer Bereich
  - keine Gefahr von Leckagen mit Öl-/Masseaustritt
  - geringerer Bergungs- und Entsorgungsaufwand
  - höheres Recyclingpotential

Die aktuelle Situation am Markt im Bereich der für Energieverteilungsnetze wichtigsten Spannungsebene (12/20 kV) zeigt Bild 7.1. Deutlich ist die starke Zunahme des Umsatzanteiles der VPE-isolierten Kabel auf Kosten anderer Isolierwerkstoffe, insbesondere der Papier/Masse-Isolierung zu erkennen.

Auch im Hochspannungsbereich findet dieser Übergang statt, wie eine Analyse des Bestandes an Kabelbauarten mit unterschiedlichen Isoliersystemen im deutschen 110 kV Netz belegt (Bild 7.2).

Obwohl heute noch der Anteil der Ölkabel und der vor allem im innerstädtischen Bereich eingesetzten papierisolierten Gasdruckkabel überwiegt spiegelt sich in der Verteilung beim aktuellen Zuwachs der zunehmende Einsatz VPE-isolierter Bauarten deutlich wider.

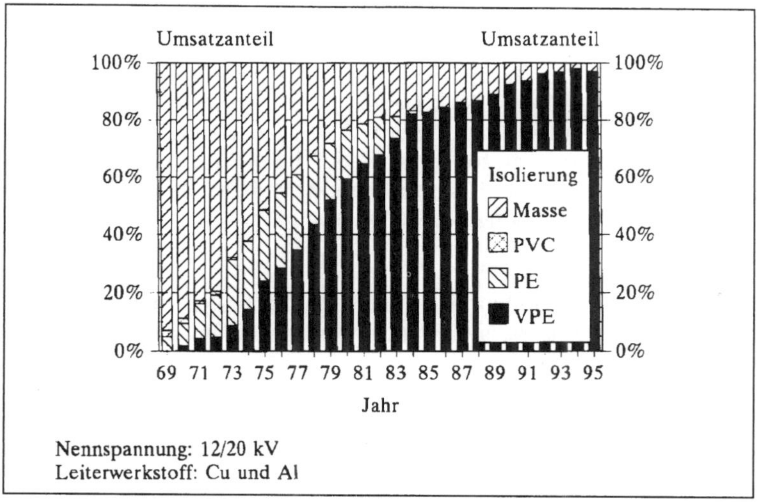


Bild 7.1: Umsatzentwicklung Starkstromkabel (nach ETG)

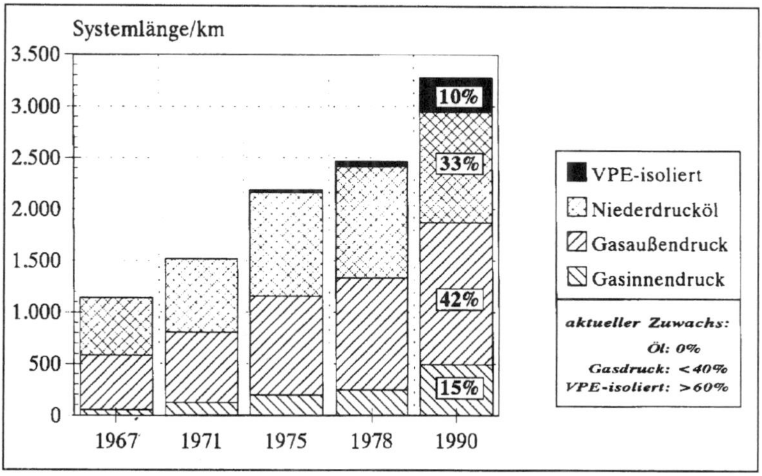


Bild 7.2: Kabelbauarten in 110 kV Anlagen (alte Bundesländer)

## 7.2 Werkstoffe

Der Einsatz von Kunststoffen beschränkt sich bei heutigen Kabelbauarten bei weitem nicht auf das eigentliche Isoliersystem.
Es werden sowohl bei Bandierungen in Form von Folien, Bändern oder Vliesen, als auch bei der Herstellung wasserdichter Kabel durch Einbringung von quellfähigen Materialien in Leiter oder Schirm verstärkt synthetische Werkstoffe eingesetzt und auch die Außenmäntel bestehen aus extrudierbaren Kunststoffen wie PVC oder PE.

Wesentlich für das elektrische Verhalten bleibt im Mittel- und Hochspannungsbereich das dreischichtige Isoliersystem aus schwach leitfähigen und isolierenden Compounds.
In Tabelle 7.1 ist eine Auswahl physikalischer und chemischer Eigenschaften der 4 technisch bedeutendsten Isolierwerkstoffe gegenübergestellt. Im Vergleich zeigt sich die Überlegenheit des vernetzten Polyethylens (VPE) im Bereich der

| | VPE | PE | PVC | EPR |
|---|---|---|---|---|
| **Dielektrizitätszahl** | 2,3 | 2,3 | 5-7 | 3-4 |
| **Verlustfaktor * 1000 (50Hz)** | 0,4 | 0,4 | ca. 50 | 3 |
| **spez. Widerstand / Ωcm** | $> 10^{16}$ | $> 10^{16}$ | $>10^{12}$ | $> 10^{15}$ |
| **Zugfestigkeit / (N/mm²)** | 18 | 14 | 10-20 | 5-10 |
| **Bruchdehnung / %** | 600 | 700 | 300 | 700 |
| **Schmelztemperatur / °C** | – | < 115 | <130 | – |
| **Ozonbeständigkeit** | +++ | +++ | +++ | +++ |
| **Ölbeständigkeit** | ++ | ++ | +++ | -- |
| **Flammbeständigkeit** | -- | -- | ++ | -- |
| **Alterungsverhalten** | | | | |
| **bei 100°C** | +++ | + | – | +++ |
| **120°C** | +++ | -- | -- | ++ |
| **150°C** | ++ | -- | -- | – |
| **Leitertemperatur max.** | | | | |
| **im Betrieb / °C** | 90 | 70 | 70 | 90 |
| **im Kurzschluß / °C** | 250 | 150 | 150 | 250 |

Tabelle 7.1: Kabelisolierwerkstoffe

elektrischen, mechanischen und insbesondere thermischen Eigenschaften, durch die hohe zulässige Leitertemperaturen im Betrieb und Kurzschluß möglich werden. Die ebenfalls thermisch hoch belastbaren EPR (Ethylen-Propylen-Rubber)-Werkstoffe werden in Deutschland für die hier diskutierten Anwendungsfälle nicht eingesetzt.

Im Hinblick auf einen über mehrere Jahrzehnte reichenden störungsfreien Einsatz müssen an die Isolier- und Leitcompounds extrem hohe Anforderungen gestellt werden.

Dazu gehören u.a.:

- ein hoher Grad an Homogenität und Sauberkeit,
- die gute Verschweißbarkeit der Leit- und Isolierwerkstoffe untereinander,
- optimierte Verarbeitungseigenschaften und
- eine hohe Alterungsbeständigkeit auch unter dem Einfluß von Wasser.

Die im Isoliersystem beherrschbare elektrische Feldstärke bestimmt bei vorgegebener Spannung und Leitergeometrie die erforderliche Dicke der Isolierschicht.

Abweichend zur physikalischen Grenzfestigkeit von vernetztem Polyethylen im Bereich mehrerer 100 kV/mm sind in heutigen technischen Kabelisolieranordnungen Betriebsfeldstärken im Bereich < 15 kV/mm realisierbar.

Begrenzend wirken hier im wesentlichen morphologische Eigenschaften des Werkstoffes nach der Systemextrusion, die elektrische Festigkeit der Grenzflächen zu den Leitschichten und die technologisch nicht vollständig vermeidbaren Inhomogenitäten in der Isolierung.

## 7.3 Kabelkonstruktion und Normung

Bedingt durch die fortschreitende Harmonisierung von technischen Regeln und Vorschriften im europäischen Bereich erlebt die Normung auch im Bereich der Kabeltechnik derzeit einen starken Wandel.

In Deutschland werden zukünftig kabelrelevante Festlegungen unter der DIN-VDE-Nummer 0276 zusammengefaßt, für die wichtige Gruppe der hier diskutierten VPE-isolierten Mittelspannungskabel gilt DIN VDE 0276-620 vom Dezember 1996.

| Nennspannung | 6/10 kV | 12/20 kV | 18/30 kV |
|---|---|---|---|
| Leiterwerkstoff | Kupfer, Aluminium | | |
| Leiterquerschnitt | 25 mm² - 500 mm² | | |
| innere Leitschicht | mindestens 0,3 mm, vernetzt | | |
| VPE-Isolierschicht | 3,4 mm | 5,5 mm | 8,0 mm |
| äußere Leitschicht | mindestens 0,3 mm, fest verschweißt | | |
| Schirm | Kupferdrähte mit Querleitwendel | | |
| Außenmantel | PE oder PVC, mindestens 2,5 mm | | |

Tabelle 7.2: Mittelspannungskabel nach DIN VDE 0276-620/12.96

Der besonderen Bedeutung dieses Produktes im Rahmen der Energieversorgung angemessen, wurden dabei nicht nur Prüfverfahren und Anforderungen festgelegt, sondern in der Tradition der früheren DIN VDE 0273 auch der Kabelaufbau spezifiziert. In Tabelle 7.2 sind wesentliche Konstruktionsparameter zusammengefaßt.

Bild 7.3 zeigt die Standardausführung dieses Kabels und eine der Realisierungsmöglichkeiten für den längswasserdichten Schirmbereich.

Im Hochspannungsbereich wird in Deutschland überwiegend die in Bild 7.4 gezeigte Kabelkonstruktion eingesetzt. Wichtige Merkmale sind:

- verdichteter Leiter
- Isoliersystem mit fest verschweißter äußerer Leitschicht, Isolierwanddicke 18 mm
- längswasserdichter Schirmbereich
- querwasserdichter Schichtenmantel (Al-Folie, PE-Außenmantel).

## 7.4 Fertigung

Der für die spätere Betriebstüchtigkeit bedeutsamste Teil des Fertigungsprozesses VPE-isolierter Mittel- und Hochspannungskabel ist die Herstellung der Ader d.h., die Umhüllung des Leiters mit dem dreischichtigen Isoliersystem.

**I. Standardausführung** DIN VDE 0276-620

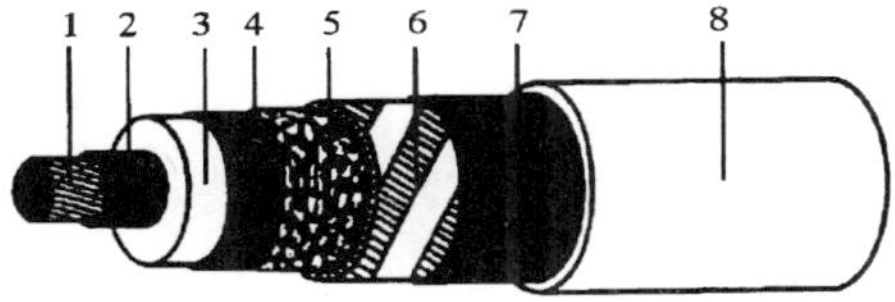


1 Leiter(rund, mehrdrähtig)
2 innere Leitschicht
3 Isolierung
4 äußere Leitschicht
5 leitfähiges Band
6 Kupferdrahtschirm mit Gegenwendel
7 Bandage
8 PE-Außenmantel

**II. längswasserdichte Ausführung**

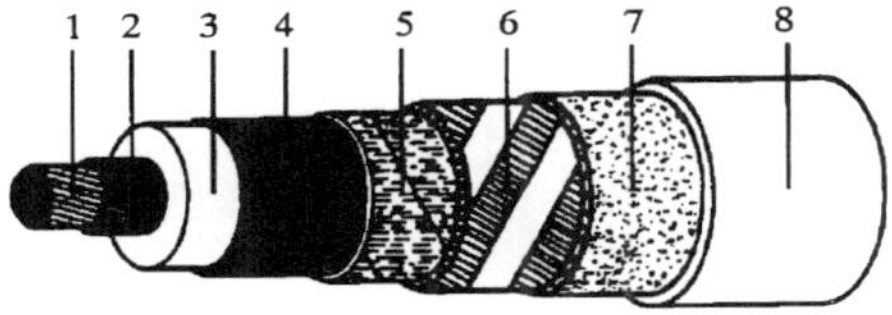


1 Leiter(rund, mehrdrähtig)
2 innere Leitschicht
3 Isolierung
4 äußere Leitschicht
5 leitfähiges Band und Quellmaterial
6 Kupferdrahtschirm mit Gegenwendel
7 Innenmantel
8 PE-Außenmantel

Bild 7.3: VPE-isolierte Mittelspannungskabel

Das überwiegend für den hier diskutierten Produktbereich eingesetzte Verfahren gliedert sich in 3 Schritte:

*1. Extrusion*

In der Extrusion werden die Materialströme der in 3 Extrudern (entsprechend den 3 Schichten des Systems) plastifizierten Werkstoffe (Isoliercompound, Leitschichtcompounds) einem Dreifachspritzkopf zugeführt und das Isoliersystem damit in einem Arbeitsgang hergestellt.

*2. Vernetzung*

Bei der Vernetzung (hier: peroxidische Vernetzung) werden die Kettenmoleküle der Polymere miteinander verbunden. Die dazu erforderliche chemische Reaktion bewirken bei entsprechenden Drücken und Temperaturen Peroxide, die den Ausgangsmaterialien zugesetzt wurden.

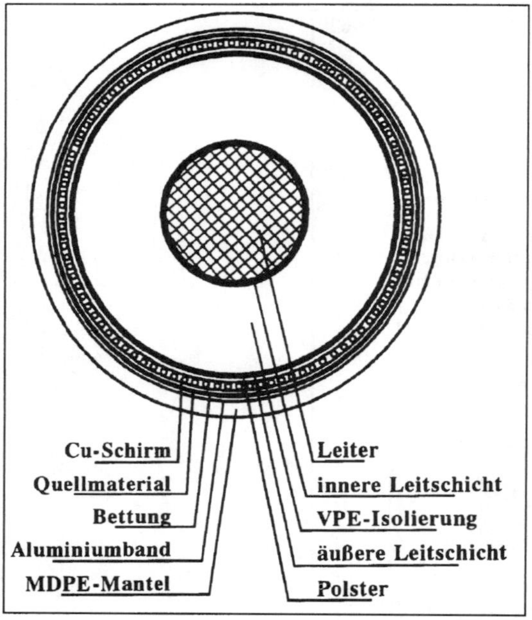


Bild 7.4: VPE-isolierte Hochspannungskabel

*3. Kühlung*

Die Prozeßführung in der Abkühlphase bestimmt wesentlich die innerer Struktur des Isoliersystems und beeinflußt damit insbesondere die mechanischen Eigenschaften.

Im Bereich der Fertigungsanlagen (CV-Anlagen ⇒ continuous vulcanization) sind gebräuchlich:

- *Horizontalanlagen*
  - *Kettenlinie* (prinzipieller Aufbau in Bild 7.5)
    üblich für Mittelspannungskabel, für Hochspannungskabel möglich
  - *Kontaktrohranlagen*
    Hochspannungskabel, große Isolierwanddicken

- *Vertikalanlagen* (prinzipieller Aufbau in Bild 7.6)
  große Querschnitte, große Isolierwanddicke
  hohe Investitionskosten ⇒ Turm

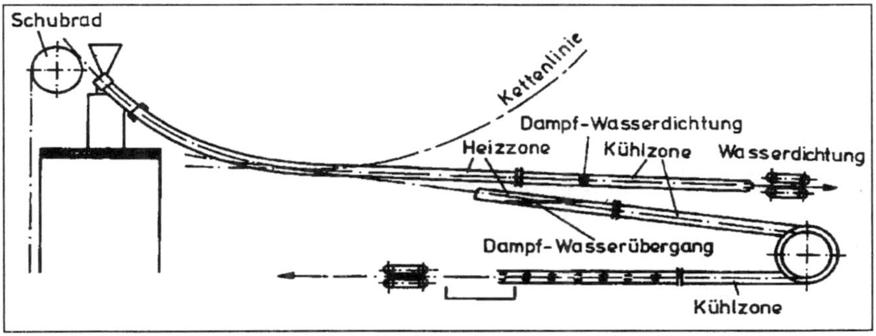


Bild 7.5: Horizontale CV-Anlage (Kettenlinie)

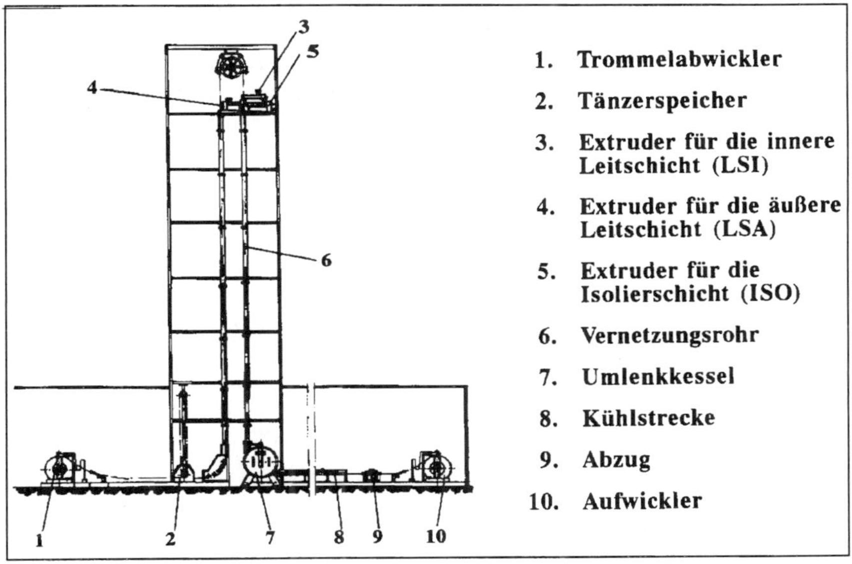


Bild 7.6: Vertikale CV-Anlage

## 7.5 Prüfungen

VPE-isolierte Kabel werden nach heutigem Stand der Technik über ihre gesamte Lebensdauer spezifischen, sich teilweise wiederholenden Prüfungen mit unterschiedlichster Zielrichtung unterworfen.

Diese Prüfsystematik beginnt bei *Typprüfungen* zum Nachweis der grundsätzlichen Eignung von Konstruktion, Aufbau und Werkstoffen, umfaßt die fertigungsbegleitenden *Stück- und Auswahlprüfungen*, schließt *System- und Langzeitprüfungen* ein und reicht bis zu *Vor-Ort Prüfungen* an der Anlage zum Nachweis der Montagequalität und später zur Diagnose des Alterungszustandes.

Von zentraler Bedeutung bleiben jedoch immer die unmittelbar mit der Fertigung des Produktes verbundenen Prüfungen beim Hersteller, durch die der Nachweis für grundlegende Qualitätsmerkmale geführt werden kann und muß.

Als beispielhafter Überblick werden deshalb nachfolgend in Tabelle 7.3 die in der DIN VDE 0276-620 für VPE-isolierte Mittelspannungskabel festgelegten Prüfungsgruppen und die darin enthaltenen Einzelprüfungen aufgeführt.

## 7.6 Alterung

VPE-Isoliersysteme in Kabeln unterliegen komplexen Alterungsprozessen, deren Dynamik vom jeweiligen physikalischen Belastungszustand mitbestimmt wird, die aber grundsätzlich durch vielfältige Wechselwirkungen externer Einflüsse mit dem inneren Zustand der polymeren Werkstoffe bestimmt werden.

Als wichtigstes lokales Langzeit-Alterungsphänomen findet sich das Wachsen von wassergefüllten Strukturen innerhalb der Isolierschicht, das sogenannte *„water treeing"*.

Man unterscheidet dabei zwischen „vented trees" mit einem Fußpunkt an einer der Leitschichten und „bow tie trees", die sich innerhalb des Isoliervolumens bevorzugt an Inhomogenitäten entwickeln.

Bis heute konnten die Initiierungs- und Wachstumsmechanismen wissenschaftlich nicht vollständig geklärt werden, bekannt sind dagegen die wesentlichen Voraussetzungen: das Vorliegen eines inhomogenen elektrischen Feldes und Wasser.

Water trees verursachen in diesem Zusammenhang noch keine unmittelbare Gefährdung der Isolierung, sie wirken jedoch als zusätzliche Inhomogenitäten, die in der Regel eine lokale Erhöhung des elektrischen Feldes bewirken.

| Typprüfung |
|---|
| **Elektrische Eigenschaften** |
| 1. Teilentladungs(TE)-prüfung |
| 2. Biegeprüfung + TE-Prüfung |
| 3. Verlustfaktor tanδ=f(T) |
| 4. Lastwechselprüfung + TE-Prüfung |
| 5. Blitzstoßspannungsprüfung |
| 6. Langzeitalterungsprüfung |
| **Nichtelektrische Eigenschaften** |
| 1. Prüfungen an der Isolierhülle |
| 2. Prüfungen an der Ader |
| 3. Prüfungen am Mantel |
| 4. Prüfungen am vollständigen Kabel |
| **Stückprüfung** |
| 1. Leiterwiderstand |
| 2. Spannungsprüfung |
| 3. TE-Prüfung |
| **Auswahlprüfung** |
| 1. Aufbau des Leiters |
| 2. Prüfung der inneren Leitschicht |
| 3. Prüfung der Isolierschicht |
| 4. Prüfung der äußeren Leitschicht |
| 5. Durchmesser über der Isolierhülle |
| 6. Prüfung des Schirmes |
| 7. Prüfung des Mantels |
| 8. Prüfung des Außendurchmessers |
| 9. Prüfung der Kennzeichnung |
| 10. Wärmedehnung der Isolierung |
| 11. Längsschrumpfung des Mantels |

Tabelle 7.3: Prüfungen an Kabeln nach DIN VDE 0276-620

Damit steigt die Gefahr des „electrical treeing“, dem Wachstum kanalförmiger Zerstörungen im Festkörperdielektrikum, die eine hochgradige Gefährdung darstellen und zeitlich abhängig von den vorliegenden Randbedingungen immer zum Durchschlag des Kabels führen.

Bild 7.7 zeigt das Ergebnis von Untersuchungen der Störungsursachen an Kabeln aus Betrieb. Danach war etwa bei 66 % der Prüflinge das Phänomen water treeing ursächlich verantwortlich für den Kabeldurchschlag.

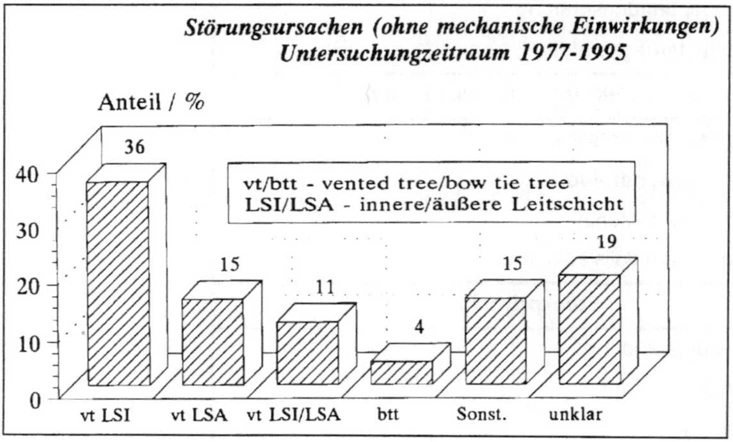


Bild 7.7: VPE-isolierte Mittelspannungskabel

Im Hinblick auf die Produktqualität, die voraussichtliche Lebensdauer und damit auf die Sicherheit der Netze sind Maßnahmen zur Beherrschung der Alterungsphänomene unverzichtbar.
Bei Hochspannungskabeln erstrecken sich diese Maßnahmen im wesentlichen auf konstruktive Möglichkeiten, es wird eine längs- und querwasserdichte Bauart gewählt und water treeing damit unterbunden. Langjährige Betriebserfahrungen haben die Wirksamkeit des Konzeptes belegt.

Obwohl diese Möglichkeiten auch bei Mittelspannungskabeln bestehen, beschritt man in Deutschland in Abstimmung zwischen Herstellern und Anwendern einen anderen Weg.

Auf der Basis der Ergebnisse von Langzeitprüfungen unter alterungsbeschleunigenden Beanspruchungsparametern wurde die Qualität der Kabel durch gezielte Auswahl und Entwicklung von Werkstoffen, durch Modifikation des Aufbaus und durch gezielte Steuerung der Fertigungsprozesse derart optimiert, daß auch bei Vorliegen von beliebigen Mengen Wasser im Kabel eine Lebensdauer im Bereich von 40 Jahren prognostiziert werden kann.

Diese ebenfalls in der DIN VDE 0276-620 festgeschriebene Langzeitprüfung im Rahmen der Typprüfung (siehe Tabelle 7.2) wird ergänzt durch eine regelmäßige Fertigungsüberwachung zur Sicherstellung eines gleichbleibenden Qualitätsniveaus (Bild 7.8).

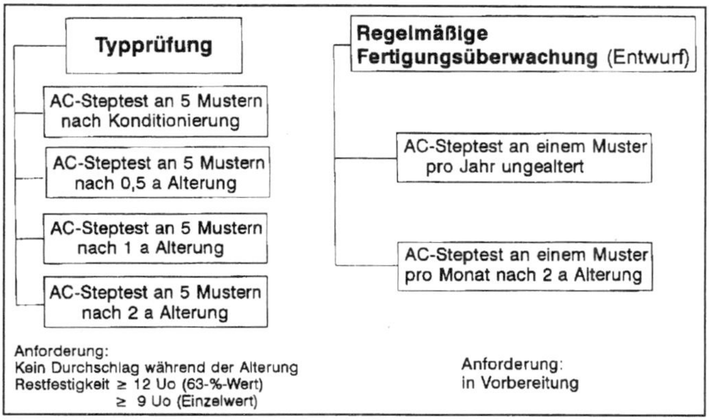


Bild 7.8: Langzeitprüfungen nach DIN VDE 276-620

## 7.7 Garnituren

Mittel- und Hochspannungskabel sind in technischen Anlagen zur Energieübertragung und -verteilung erst einsetzbar, wenn sie durch die erforderlichen Garnituren zu Kabelsystemen ergänzt werden.

Garnituren, die entweder einen Abschluß des Kabels zu anderen Betriebsmitteln (Endverschluß) oder eine Verbindung von 2 Kabellängen (Muffen) ermöglichen stehen notwendigerweise in engem Kontakt mit dem Kabel und müssen damit auf die jeweiligen Besonderheiten der Kabelbauart, insbesondere aber auf das eingesetzte Isoliersystem abgestimmt sein.

Bei VPE-isolierten Kabeln werden deshalb für die besonders kritischen Komponenten, die die elektrische Feldsteuerung am Ende der Kabelisolierung übernehmen müssen, verwandte Kunststoffe eingesetzt, derzeit vor allen Silikon-Gummi (SiR) und Ethylen-Propylen-Gummimischungen (EPR, EPDM).

Einen Überblick der Garniturenarten und ihrer wichtigsten Funktionen gibt Tabelle 7.4.

| Garniturengruppe | mechanische Funktion | elektrische Funktion |
|---|---|---|
| **Endverschluß (EV)**<br>Freiluft-EV<br>Schaltanlagen-EV<br>Transformator-EV | - mech. Stabilisierung des Kabelendes (Porzellan, Verbund - isolator) | - Feldsteuerung an der Kante der äußeren Kabelleitschicht<br>- stromtragfähiger Anschluß |
| **Muffe**<br>Verbindungsmuffe<br>Übergangsmuffe | - Schutz der Verbindungsstelle | - stromtragfähige Leiterverbindung<br>- kabeläquivalente elektrische Isolierung der Verbindungsstelle |

Tabelle 7.4: Kabelgarnituren

## 7.8 Schlußbemerkungen

Im Mittel- und niederen Hochspannungsbereich bis 123 kV werden zur Verkabelung in Deutschland praktisch ausschließlich VPE-isolierte Bauarten eingesetzt, im Spannungsbereich bis 245 kV werden seit einigen Jahren ausgezeichnete Betriebserfahrungen gesammelt.

Kabelsysteme bis 420 kV haben weltweit umfangreiche Langzeitversuche bestanden und zur Zeit wird das 400 kV-Netz von Berlin durch eine umfangreiche VPE-isolierte Kabelverbindung erweitert.

Damit stehen VPE-isolierte Kabel für alle Aufgaben in der Übertragung und Verteilung elektrischer Energie als unterirdische Alternative zur Freileitung zur Verfügung.

# 8 Hybridkabel für CATV- und LAN-Netze

P. E. Zamzow

## 8.1 Einleitung

Es wird heute diskutiert, einen transparenten Zugang über das Kabelnetz von den Multimedien zum Teilnehmer weltweit zu betreiben. Im vorliegenden Fall wird spezifisch Deutschland im EG-Raum betrachtet. Zu dem großen Netzbetreibern der Deutschen Telekom gibt es jetzt auch die privaten Kommunikationsanbieter. Die bevorstehende Liberalisierung des Telekommunikationsmarktes in 1998 führt zu einem vollen Zugang zum Telekom-Netz und den Teilnehmern.

Es ist bereits erkennbar, daß durch technische Investitionen eine Vielzahl der Programme zukünftig digitalisiert werden. Der Vorzug der digitalen Technik bewirkt eine verbesserte Kostensituation bei den Betreibern und letztendlich auch bei den Benutzern. Diese Technik bietet bessere Informationsgestaltung und verbesserte Qualität in Bild und Ton.

Für einen hochwertigen Ausbau ist eine Netztopologie erforderlich, damit Glasfaserverbindungen über lange Distanzen (> 100 km) repeaterfrei betrieben werden können. Dazu gehört es, daß diese Netzarchitekturen wirtschaftlich betrieben werden müssen. Das führt zu den typischen Hybridlösungen, die Netze sind kombiniert aus Glasfaserzubringerkabel (Transportnetz) und im Verteilungsbereich (Accessnetz) wird die Kupfertechnik verwendet.

Bei der Verteilung von Fernsehsignalen werden vorzugsweise koaxiale Elemente benutzt. Bei normalem Datentransfer mit wenigen TV-Kanälen werden die Übertragungen vom optisch/elektronischen Punkt bis zum Teilnehmer auch symmetrisch verteilt.

Die Zukunft liegt bei den breitbandigen Hybrid-Netzen mit Rückkanalfähigkeit. Der Teilnehmer kann sich dann interaktiv im Netz bewegen.

Die Vorbereitung, den Glasfaserausbau bis zum Teilnehmer mit Fiber-to-the-Home Lösungen zu betreiben (FTTH), wird ausschließlich über das Preis-Leistungs-Verhältnis im Markt reguliert. Studien zeigen, daß hybride Netze wirtschaftlicher um den Faktor 3 - 5 betrieben werden können.

Die Verbindung aller Netze weltweit wird über die ITU (International Telekommunication Union) standardisiert und von allen Ländern akzeptiert. Dieses führt letztendlich zu einer Global Information Infrastructure (GII). Das bedeutet, alle Netze wachsen zusammen, z.B. Telekommunikations-, Daten-, Mobilfunk-,Satelliten- und CATV-Netze.

Eine typische Multimedia Anbindung via Kabelnetz wird in Bild 8.1 dargestellt.

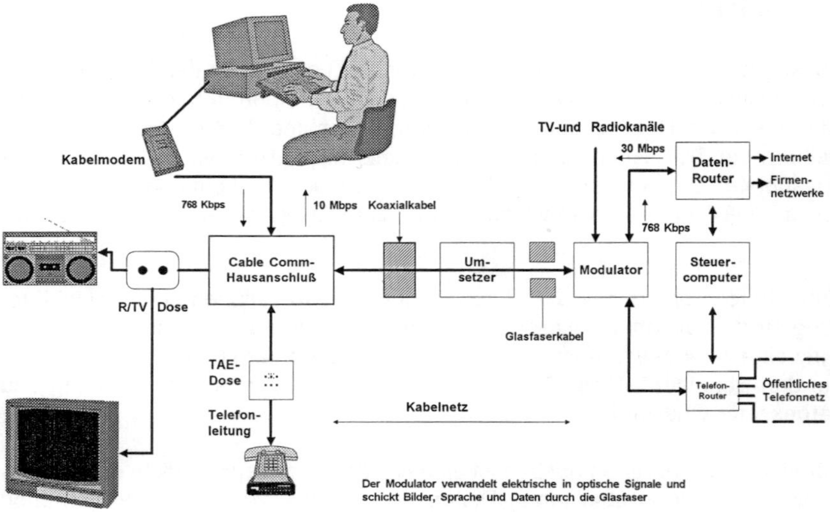


Bild 8.1: Beispiel eines multimedia Datentransfer via Kabelnetz

## 8.2 Netzstrukturen

Die typischen Netzstrukturen für Kommunikationsübertragung oder TV-Verteilung mit Rückkanal sind ring- und sternförmig aufgebaut. (Bild 8.2)
Die Zubringerleitung von der Kopfstation erfolgt über Glasfasern bis zum BONT (Broadband Optical Network Termination) und von dort aus wird in Kupfertechnik (symmetrisch oder koaxial) zum Teilnehmer verteilt. Das existierende Kupfernetz wird in die Hybridstruktur mit integriert.
Das typische BK-TV-Netz der Deutschen Bundespost ist eine Baumnetzstruktur und in Bild 8.3 dargestellt. Die neue Hybridfaser-Koax-Netzlösung wird schematisch in Bild 8.4 gezeigt.

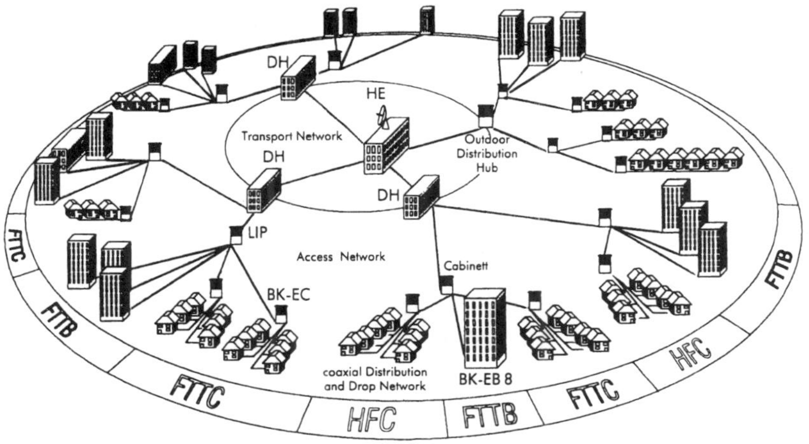


Fibre
Coaxial

Figure 1 – Schematic illustration of the network structure

Bild 8.2: Hybrid (fiber/coax) Netzstruktur

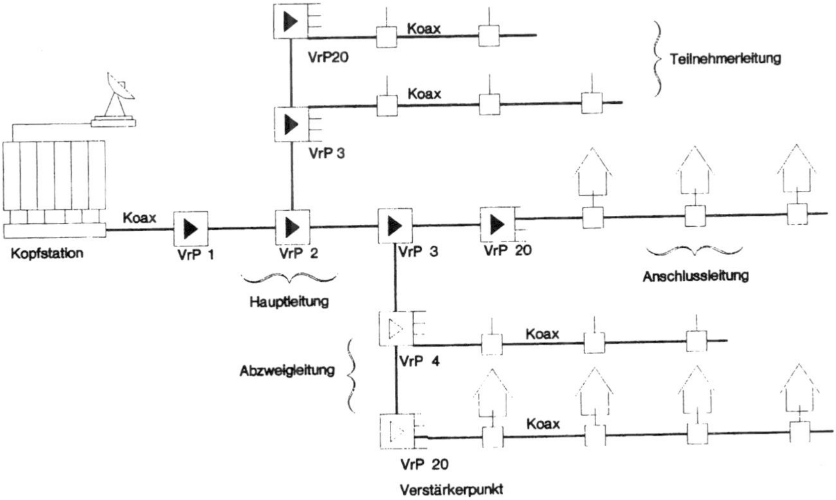


Bild 8.3: Baumstruktur des BK-Verteilnetzes der Deutschen Telekom

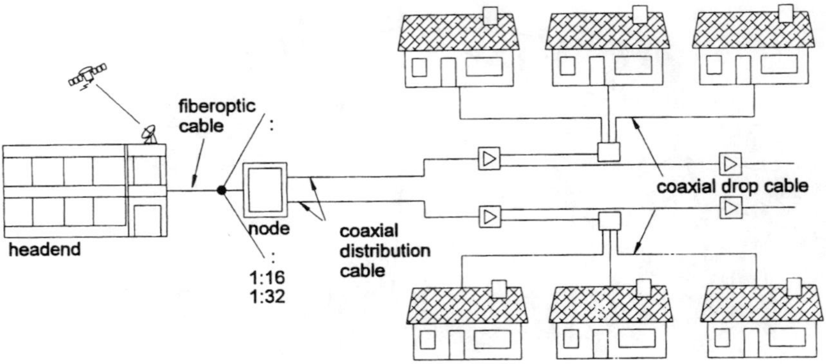


Bild 8.4: Typisches Hybrid-Fibre-Coax-Netzwerk

Netzlösungen mit Rückkanal sind für den Anschluß über ein Modem, z. B. an das Internet oder als Cablephone zu betreiben (Bild 8.5). Dieser Lösungsansatz ist besonders für die Netzbetreiber mit Koaxialkabeln von Interesse, die aus einem Distributionsverteilnetz ein Kommunikationsnetz realisieren müssen.

Die Tabelle 8.1 zeigt den Frequenzbereich im Breitbandverteilnetz der Deutschen Telekom. Heute können 31 analoge Fernsehkanäle übertragen werden. Geplant sind weitere 150 digitale Fernsehkanäle im Hyperband.

Die mögliche Ausnutzung der Bandbreite mit maximalen Entfernungen und ihre kritischen Reichweiten sind in Bild 8.6 dargestellt.

## 8.3 Aktive und passive Komponenten

Das hybride CATV-Netzwerk in Bild 8.7 zeigt die wesentlichen passiven und aktiven Komponenten, die in diesem Netzwerk eingesetzt werden:

- optische Sender, Verstärker und Empfänger
- die optisch-elektrische Schnittstellen
- optische Kabel für Erd- und Luftverlegung
- koaxiale Kabel für Außenverlegung und Innenhausinstallation
- koaxiale Verstärker, Verzweiger und Stecker

Im Bild 8.8 sind die typischen passiven CATV-.Netzkomponenten und Verbindungstechniken dargestellt, die in den hybriden Koaxialnetzen Verwendung finden. Ein beispielhaftes Datenblatt über einen optischen Hochleistungsverstärker für 1550 nm wird in Bild 8.9 gezeigt.

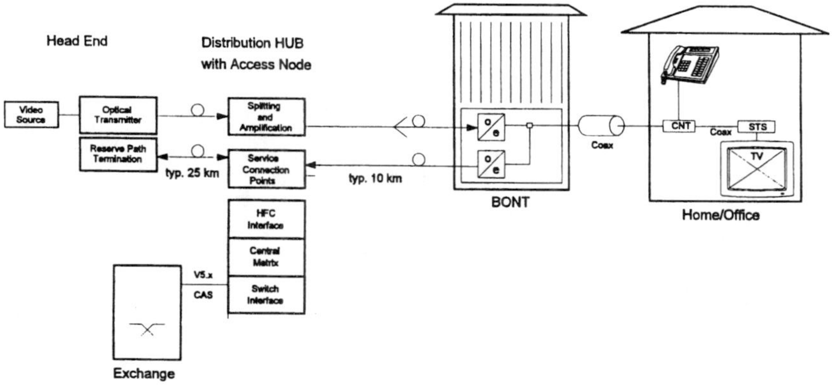


Bild 8.5: Netzwerklösungen für Cable Phone

| Fernsehbereich | Kanal | Frequenz (MHz) | Programme |
|---|---|---|---|
| I | 2 - 4 | 47 - 68 | TV: 3 PAL |
| II | | 87,5 - 108 | UKW |
| unterer Sonderkanalbereich | S3 - S10 | 111 - 125<br>125 - 174 | DSR (Digitales Satellitenradio)<br>TV: 7 PAL |
| III | 5 - 12 | 174 - 230 | TV: 8 PAL |
| oberer Sonderkanalbereich | S11 - S20 | 230 - 300 | TV: 10 PAL |
| "Hyperband" | S21 - S32 | 302 - 446 | TV: 3 PAL, zusätzlich bis zu 150 digital (VHS-Qualität) |
| IV | 21 - 37 | 470 - 606 | von Telekom z. Z. nicht genutzt |
| V | 38 - 60 | 606 - 790 | von Telekom z. Z. nicht genutzt |

Tabelle 8.1: Frequenzplan für BVN der DT

## 8.4 Kabelkonstruktionen

Für den Kabelkonstrukteur und für den Anwender (Nutzer) ist es wichtig zu wissen, welche Kabeleinflußgrößen von Bedeutung sind. In Bild 8.10 sind die Einflußgrößen zum Kabeldesign dargestellt.

Das Bild 8.11 erklärt ein Bezeichnungsbeispiel für ein Lichtwellenleiteraußenkabel.

## Technology Typical Span Length and Bandwidth of Cables

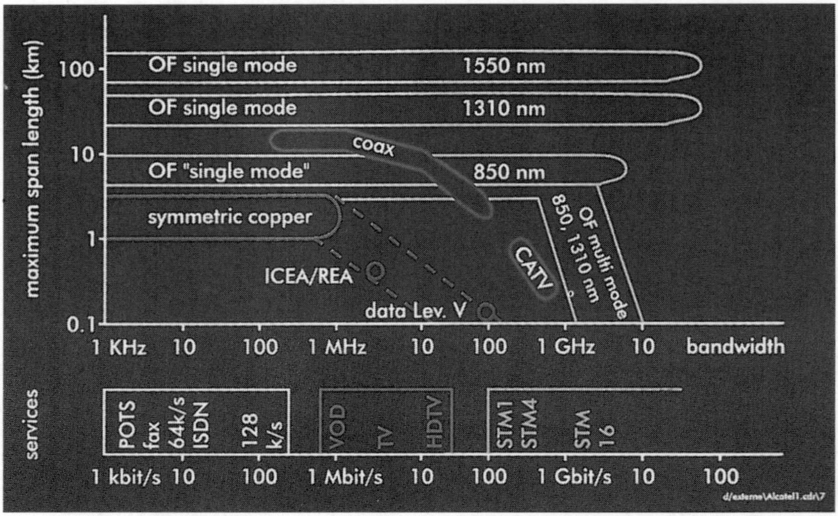


Bild 8.6: Bit-Raten, Wellenlängen und Reichweiten von Kabeln

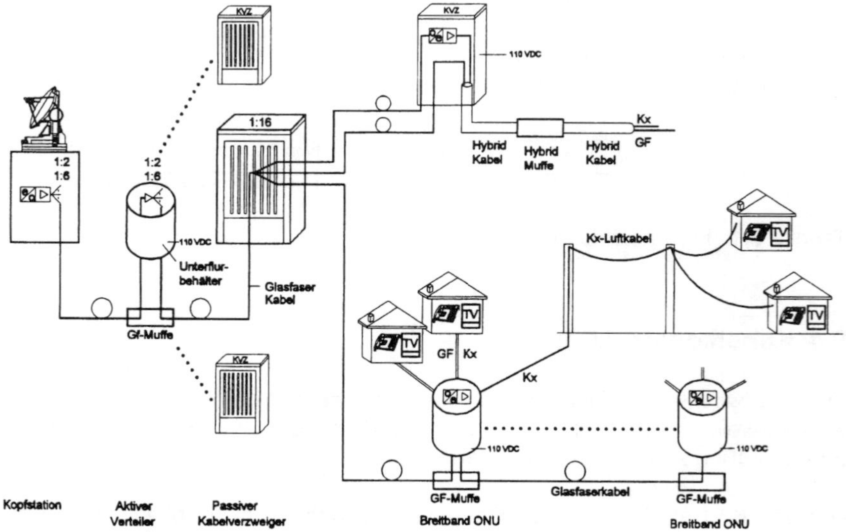


Bild 8.7: Produkte für hybride CATV Netzwerke

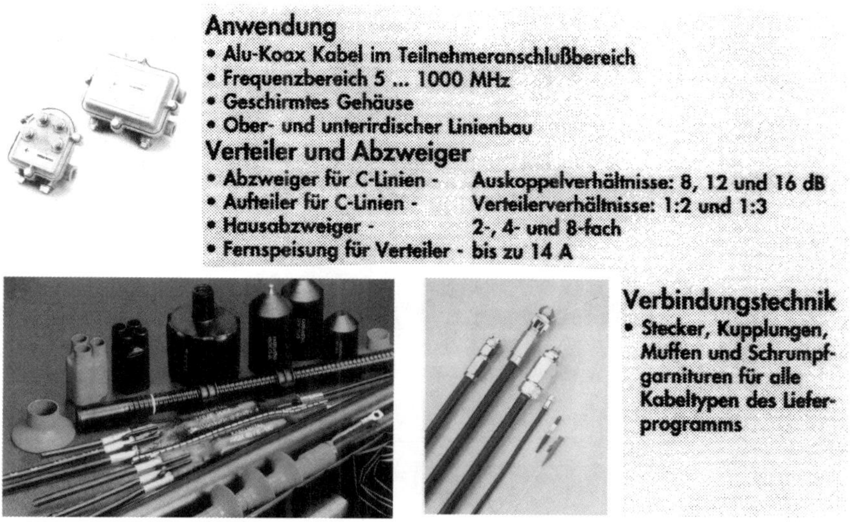


Bild 8.8: Passive CATV Netzkomponenten

Zwei wesentliche Glasfaserkabelkonstruktionen, die zentrale Bündelader (Bild 8.12) und die verseilte Bündelader (Bild 8.13) werden beispielhaft beschrieben.

Ergänzend zu den Außenkabeln ist das Glasfaser-Innenkabel, ein typisches Einmoden-Aufteilkabel ist in Bild 8.14 dargestellt.

Über die koaxiale Kabelkonstruktion für CATV-Kabel mit Aluminium- oder Kupferaußenleiter, die weltweit eingesetzt werden wird informiert. In Deutschland werden bisher vorzugsweise geschweißte Kupfer-Innen- und Außenleiter mit Bamboe-Isolierung verwendet. Demgegenüber wird im Export z. B. in Südeuropa (Italien, Spanien etc.) eine äquivalente Konstruktion mit geschweißtem Aluminium-Außenleiter und einer Gasinjektion-Isolierung benutzt.

Beide Konstruktionen haben eine historische Entwicklung durchgemacht. Koaxiale Kupferkabel sind einfach und haben eine hohe Lebenserwartung, aber sie sind von der Kostenbetrachtung deutlich höher als Aluminiumkabel. Aluminiumkabel und die verwendeten Verbindungen sind technisch gleichwertig und als kostengünstiger anzusehen. Über ein Jahrzehnt an positiven Erfahrungen für koaxiale Aluminiumkabel liegen vor. Das Beispiel Koaxkabel mit Bamboe-Isolierung und geschweißtem Kupferaußenleiter ist in Bild 8.15 dargestellt. Demgegenüber ist ein äquivalentes koaxiales Kabel mit Aluminium-Außenleiter und Gasinjektionisolierung in Bild 8.16 dargestellt.

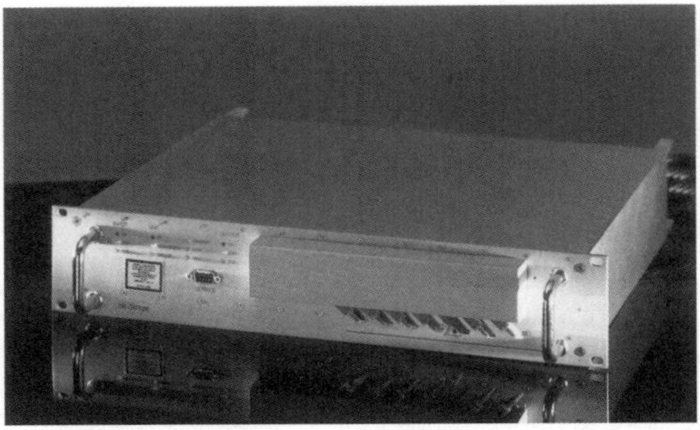

**Application**
Booster amplifier for optical transmitters
Distribution amplifier

**Features**
- double pumped
- high power solid-state laser
- ideal for analog and digital transmission

**General Specifications:** Revision 1.0

| Model No. | | | BK-OV 122-19" | BK-OV 123-19" | BK-OV 124-19" | BK-OV 126-19" |
|---|---|---|---|---|---|---|
| **Optical Data** | | | | | | |
| Optical Output Power | typ. | [dBm] | 2*16.5 | 3*16.0 | 4*15.0 | 6*13.0 |
| | worst case | [dBm] | 2*16.0 | 3*15.5 | 4*14.5 | 6*12.5 |
| Optical Return Loss | typ. | [dB] | -55 | -55 | -55 | -55 |
| Optical AGC Range | | [dB] | 0 ... 13 | 0 ... 13 | 0 ... 13 | 0 ... 13 |
| Optical Wavelength | | [nm] | 1555 ±10 | 1555 ±10 | 1555 ±10 | 1555 ±10 |
| Optical Connector | | | any HRL type | any HRL type | any HRL type | any HRL type |
| Bandwidth | | [MHz] | unlimited*) | unlimited*) | unlimited*) | unlimited*) |
| CSO | typ. | [dBc] | 80 | 80 | 80 | 80 |
| CTB | typ. | [dBc] | 90 | 90 | 90 | 90 |
| Optical Input Power Range | typ. | [dBm] | 0 ... +8 | 0 ... +8 | 0 ... +8 | 0 ... +8 |

Bild 8.9: Optischer Hochleistungsverstärker für 1550 nm in 19" Gehäuse

Ein Vergleich der elektrischen und mechanischen Eigenschaften für beide unterschiedlichen Kabelkonstruktionen Kupfer- und Aluminium-CATV-Kabel (bei 1000 MHz) kann aus Bild 8.17 entnommen werden.

Eine typische Kabelkonstruktion für den Inhouse-Bereich wird in Bild 8.18 wiedergegeben. Eine Weiterentwicklung der Kabelkonstruktion zeigen die hybriden Kabel, d.h. koaxiales Kabel mit Kupferpaaren und Glasfasern. Einige Beispiele solcher Kombinationen, wie sie im Inhousebereich und Außenbereich verwendet werden, sind in Bild 8.19 aufgeführt. Bild 8.20 zeigt eine anspruchsvolle Hybridkabelkonstruktion, der Innenleiter als geschweißtes Cu-Röhrchen nimmt die Glasfasern auf, diese Konstruktion führt zu einem sehr sicheren Kabel gegen Abhören.

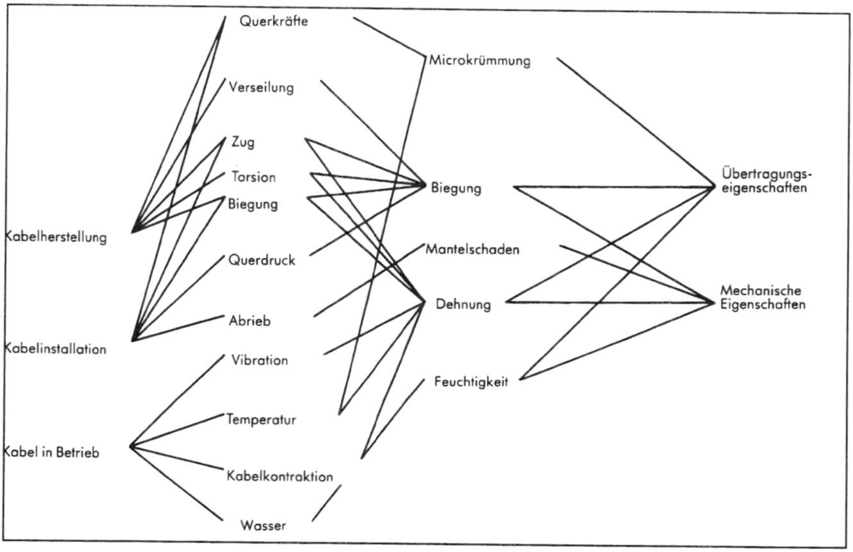


Bild 8.10: Einflußgrößen für Kabeldesign

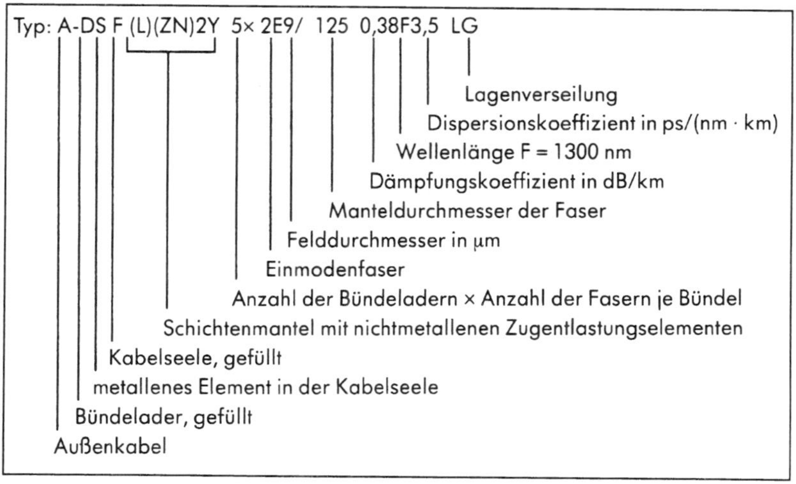


Bild 8.11: Bezeichnungsbeispiel

**Anwendungsbereich**
Außenkabel in metallfreiem Design zur optischen Übertragung von analogen und digitalen Signalen für Kommunikation, Datenübertragung und Television. Diese Kabel können in Kabelschächten, Rohren oder auf Rosten verlegt werden.

**Spezielle Eigenschaften**
- geringer Biegeradius, sogar mit hoher Faseranzahl
- geringes Gewicht, auch bei hoher Faseranzahl
- längswasserdicht
- geschützt gegen Zugbelastung, Druck und Schlaufenbildung
- aufgrund des metallfreien Designs unempfindlich gegenüber elektromagnetischen Störungen

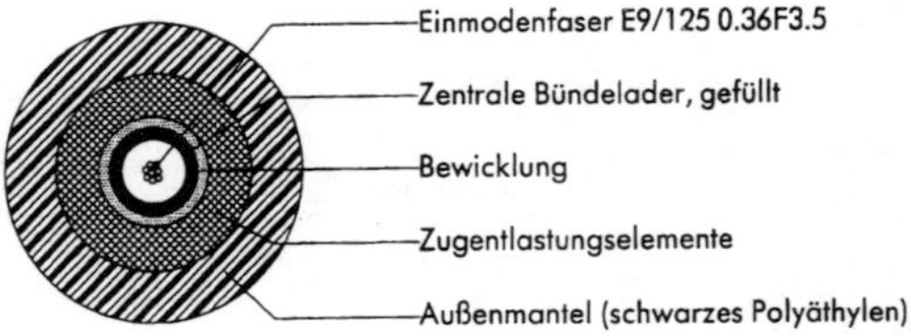


Bild 8.12: Metallfreies LWL-Kabel mit zentraler Bündelader

**Anwendungsbereich**
Außenkabel in metallfreiem Design zur optischen Übertragung von analogen und digitalen Signalen für Kommunikation, Datenübertragung und Television. Diese Kabel können in Kabelschächten, Rohren oder auf Rosten verlegt werden.

**Spezielle Eigenschaften**
- geringes Gewicht, auch bei hoher Faseranzahl
- längswasserdicht durch gefüllte Kabelseele
- geschützt gegen Zugbelastung, Druck und Schlaufenbildung
- aufgrund des metallfreien Designs unempfindlich gegenüber elektromagnetischen Störungen
- geringer Biegeradius

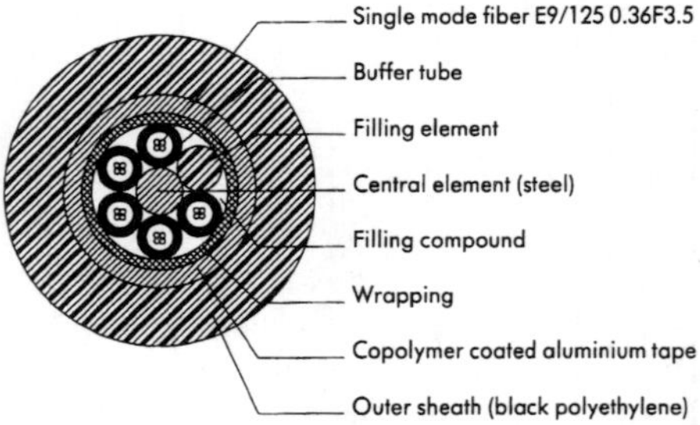


Bild 8.13: LWL-Kabel mit verseilten Bündeladern und Schichtenmantel

**Anwendungsbereich**
Nach Entfernen des Außenmantels können die Grundelemente als einzelne Ein-Faser-Innenkabel verwendet werden. Dadurch können die Fasern durch eine einfache Steckermontage direkt mit den Geräten verbunden werden.

**Spezielle Eigenschaften**
- einfache Verlegung durch Handhabung von mehreren Innenraumkabeln in einem Arbeitsschritt

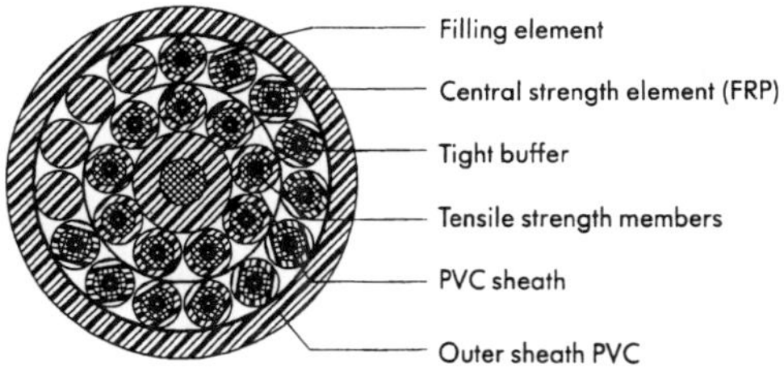


Bild 8.14: Aufteilbares LWL-Innenkabel mit Einmodenfasern

**Anwendungsbereich**
Erdkabel mit Bambus-Dielektrikum und geschweißtem Kupfer-Außenleiter, geeignet für die Übertragung von analogen und digitalen Signalen, speziell für Kommunikation, Datenübertragung, Television und interaktive Dienste. Diese Kabel können direkt vergraben werden oder in Kabelschächten, Rohren und auf Rosten verlegt werden.

**Spezielle Eigenschaften**
- sehr gute Querstabilität
- hohe Langzeitstabilität
- längs- und querwasserdichte Luftkammern

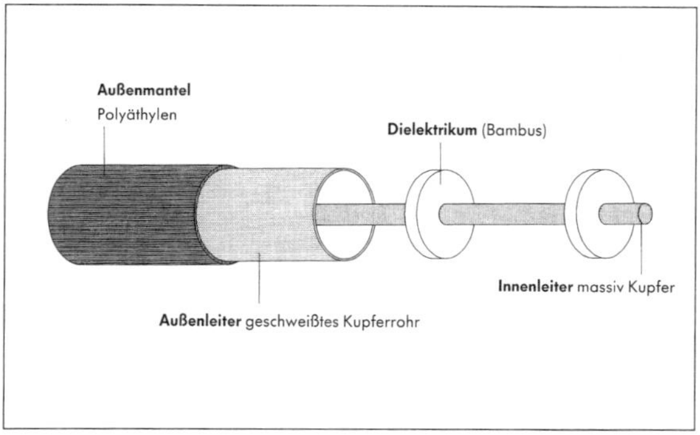


Bild 8.15: Koaxiale Kabel für Transport- und Access-Netzwerk Kabel mit Kupferaußenleiter (geschweißt)

**Linien- und Verteiler-Erdkabel mit reduziertem Biegeradius**

**Anwendungsbereich**
Erdkabel mit physikalisch geschäumtem Dielektrikum und geschweißtem Aluminium-Außenleiter, geeignet für die Übertragung von analogen und digitalen Signalen, speziell für Kommunikation, Datenübertragung, Television und interaktive Dienste. Diese Kabel können direkt vergraben werden oder in Kabelschächten, Rohren und auf Rosten verlegt werden. Es sind Varianten mit und ohne Flooding Compound, sowie mit zusätzlicher Bewehrung lieferbar.

**Spezielle Eigenschaften**
- sehr flexibel
- extrem geringer Biegeradius
- geringes Gewicht
- längswasserdicht

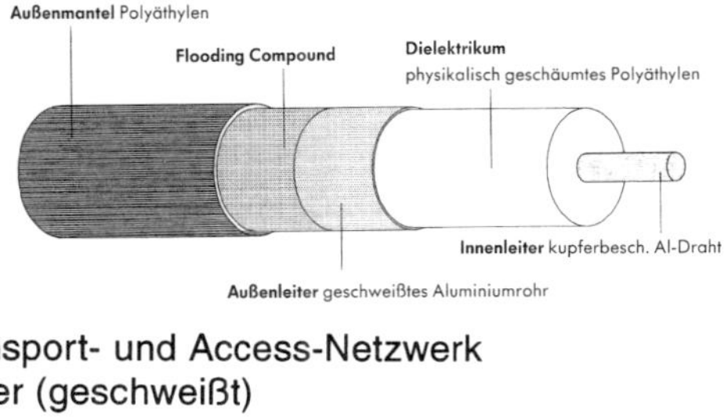


Bild 8.16: Koaxiale Kabel für Transport- und Access-Netzwerk Kabel mit Al-Außenleiter (geschweißt)

Vergleich Kupfer- mit Aluminiumkoaxialkabel
Dämpfung für beide Typen bei 1000 MHz ca. 10 dB/100 m

Kupferkoaxialkabel

| | | |
|---|---|---|
| **Aufbaudaten** | | |
| Innenleiter aus Kupfer | [Ø in mm] | 2,20 |
| Isolierhülle aus Voll-Polyäthylen | [Ø in mm] | — |
| Lufthohlraumisolierung | [Ø in mm] | 8,80 |
| Außenleiter aus | | |
| geschweißtem Kupferrohr | [Ø in mm] | 9,3 |
| Mantel aus Polyäthylen | [Ø in mm] | 12,5 |
| Kabelgewicht ca. | [kg/km] | 185 |
| Biegeradius, einmaliges Biegen | | |
| mehrfaches Biegen | [mm] | 200/400 |
| Max. Zugkraft | [N] | 350 |
| **Elektrische Daten bei 20 °C** | | |
| Wellenwiderstand | [Ohm] | 75 ± 1.5 |
| Kapazität | [pF/m] | 51 |
| Relative Ausbreitungsgeschwindigkeit | v/c) | 0,88 |
| Gleichstromwiderstand | | |
| des Innenleiters | [Ohm/km] | 5,6 |
| des Außenleiters | [Ohm/km] | 3,0 |
| Schirmdämpfung | | |
| (50–1000 MHz) | [dB] | ≥ 110 |

Aluminiumkoaxialkabel

| | | |
|---|---|---|
| **Aufbaudaten** | | |
| Innenleiter aus kupferbeschichtetem | | |
| Aluminiumdraht | [Ø in mm] | 2,24 |
| Isolierung aus phys. gesch. PE | [Ø in mm] | 9,2 |
| Außenleiter aus | | |
| geschweißtem Aluminiumrohr | [Ø in mm] | 10,5 |
| Außenmantel aus PE | | |
| einschließlich Flooding Compound | [Ø in mm] | 12,2 |
| Kabelgewicht | [kg/km] | 115 |
| Biegeradius, einmaliges Biegen | | |
| mehrfaches Biegen | [mm] | 100 |
| Max. Zugkraft | [N] | 600 |
| **Elektrische Daten bei 20 °C** | | |
| Wellenwiderstand | [Ohm] | 75 ± 2 |
| Kapazität | [pF/m] | 51 |
| Relative Ausbreitungsgeschwindigkeit | (v/c) | 0,87 |
| Gleichstromwiderstand | | |
| des Innenleiters | [Ohm/km] | 6,79 |
| des Außenleiters | [Ohm/km] | 1,44 |
| Schirmdämpfung | [dB] | ≥ 110 |

Bild 8.17: Kennwerte von Koaxialkabel

Hauszuführungskabel und Innenraumkabel

**RG-Hauszuführungskabel (Dreifachgeschirmtes Kabel)**

**Anwendungsbereich**
Hochflexible Koaxialkabel mit Zell-PE Dielektrikum und einem Außenleiter aus AL/PET/AL-Folie sowie Aluminiumgeflecht und zusätzlicher AL/PET/AL-Folie (Trishield). Geeignet für Innenraum- und Außenmontage und Satellitenempfangssysteme.
Lieferbare Varianten:
- opt. Bedeckung von 53, 60, 80 or 90 %
- verklebte Folien
- schwarzer PE-Außenmantel
- schwarzer PE-Außenmantel + Korrosionsschutz

**Spezielle Eigenschaften**
- einsetzbar bis in hohe Frequenzbereiche
- hochflexibel
- geringer Biegeradius

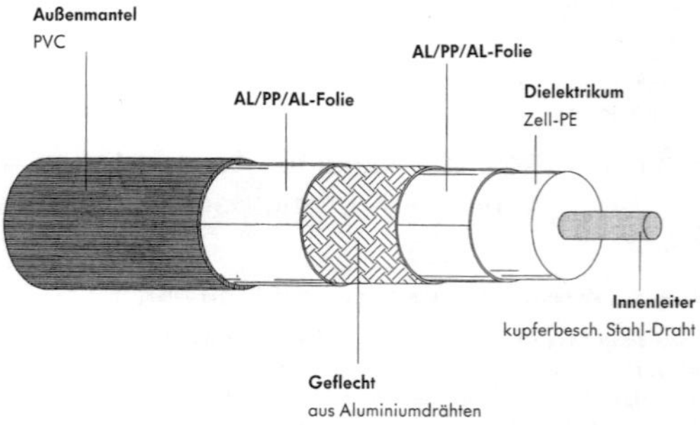


Bild 8.18: Kabel für Inhousebereich (hochabgeschirmt)

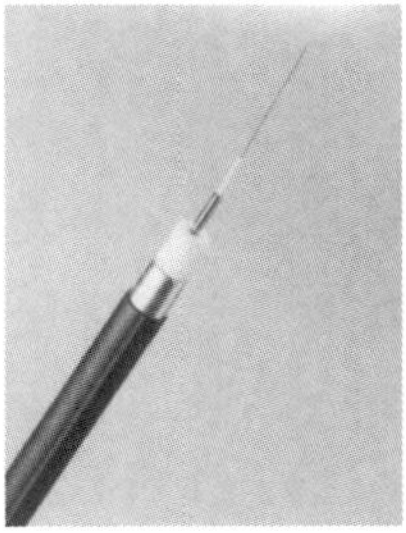

## Anwendung

- Als Erdkabel (Alu- oder Kupfer-Koax) für Verbindungslinien und den Verteilbereich
- Für analoge und digitale Übertragungssysteme

## Eigenschaften

- Zusätzliche Kupferpaare und LWL für die Telekommunikation
- Hochflexibel
- Kleiner Biegeradius
- Geringes Eigengewicht
- Hohe Zuverlässigkeit

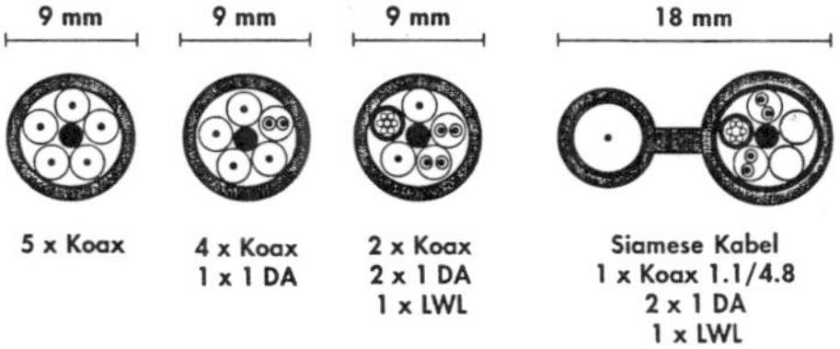


Bild 8.19: Nordura® Hybridkabel (Koaxdesigns mit zusätzlichen Kupferpaaren und LWL)

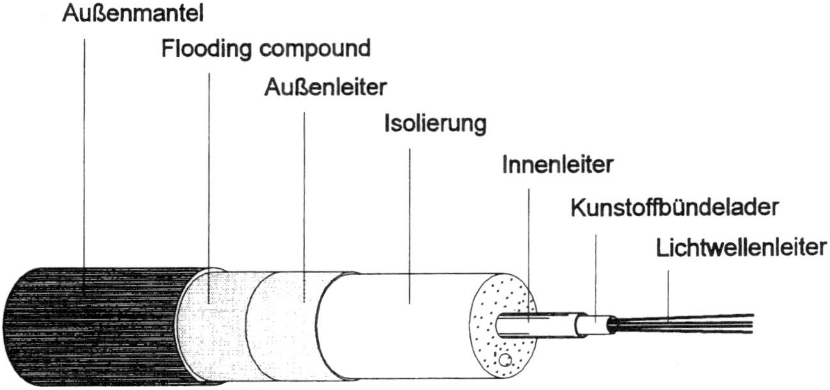


Bild 8.20: Beispiel Hybridkabel – Koaxialkabel mit LWL-Fasern im Innenleiter

- $\geq$ 2 Mbit / s und bis zu 600 Mbit / s
- Entfernungen $\leq$ 100 m
- Basis für LAN

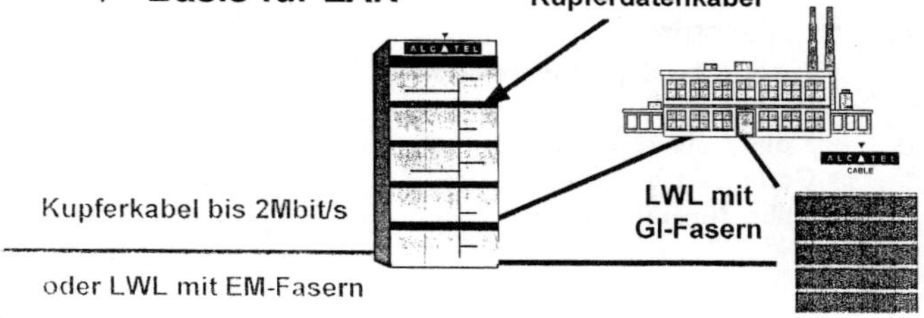


Bild 8.21: Datenkabel

| Kategorie | Frequenzbereich | Anwendung |
|---|---|---|
| 1 | 300 bis 3400 Hz | analoges Telefon |
| 2 | < 1 MHz | ISDN |
| 3 | < 16 MHz | LANz.B.Token Ring(4/16Mbit/s), Ethernet(10Mbit/s) |
| 4 | < 20 MHz | TP / PMD |
| 5 | < 100 MHz | CDDI (100Mbit/s) |
| 6 | < 300 MHz | ATM(>155Mbit/s), Multimedia |

Tabelle 8.2: Anwendungskategorien für Datenkabel

| **Kabeltype** | **Dämpfung** | **NEXT** | **ACR** |
|---|---|---|---|
| ***AWG(mm)*** | ***dB/100m*** | ***dB*** | ***dB*** |
| **22 (0,64)** | **29** | **70** | **41** |
| **23 (0,57)** | **34** | **70** | **36** |
| **24 (0,51)** | **36** | **70** | **34** |

***Aufbau :***

***Isolierung :*** ***Foamskin-PE***

***Paarschirmung :*** ***Al/PT-Folie***

***Gesamtschirm :*** ***Verz.Kupfergeflecht***

***Kabeltypenbezeichnung :J - 02YSCH (halogenfrei)***

Tabelle 8.3: Datenkabel mit Kupferleiter (Eigenschaften bei 300 MHz)

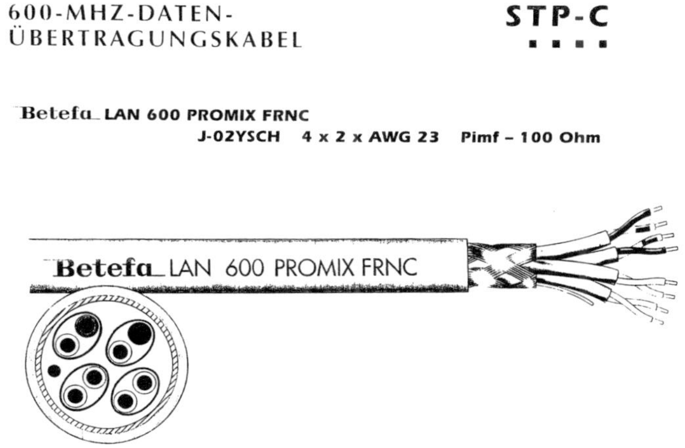


Bild 8.22: Beispiel Datenkabel für LAN

## 8.5 Datenkabel mit Kupferleitern

In den LAN-Netzen (Local Area Network) ist es von Bedeutung, daß die Kabel eine niedrige Wellendämpfung aufzeigen. Dazu gehört ein gleichmäßiger Wellenwiderstand und eine hohe Nebensprechdämpfungen, damit die Netze mit hohen Bitraten betrieben werden können. Es ist erforderlich gegen elektrische Einflüsse (EMV= Elektromagnetische Verträglichkeit), einen niedrigen Kopplungswiderstand zu erreichen. Ein hohes Nebensprechverhältnis ACR (Attenuation Crosstalk Ratio) wird gewünscht.

Typische Daten eines Netzes für Datenkabel ist in Bild 8.21 wiedergegeben. Die Anwendungskategorie für die Datenkabel zeigt die Tabelle 8.2. Typische Eigenschaften von Datenkabeln mit Kupferleitern bei 300 MHz sind in Tabelle 8.3 aufgeführt.

Ein praktisches Beispiel für ein Datenkabel mit 600 MHz Bandbreite ist in Bild 8.22 dargestellt.

| Netz-Architektur | Anschlußkosten pro Teilnehmer | Bandbreite pro Teilnehmer | Zukunfts-perspektive |
|---|---|---|---|
| FTTH | sehr hoch | sehr groß | sehr sicher |
| FTTC | mittelhoch | mittel | sicher |
| ADSL | sehr gering | gering | sicher *) |
| HFC | mittel | groß | sicher |

*Legende:*

*FTTH Fiber To The Home*

*FTTC Fiber To The Curb*

*ADSL Asymmetrical Digital Subscriber Line*

**) eingeengte Bandbreite*

Tabelle 8.4: Zukunftsperspektiven der Netze

## 8.6 Zukunftsperspektiven von CATV-Netzen

Es wird noch heftig diskutiert, welche Netzstruktur für das 21. Jahrhundert von Bedeutung sein könnte.

Aus Tabelle 8.4 ist abzuleiten, bei welcher Netzarchitektur die Zukunftsperspektiven am günstigsten sind.

Sicherlich wird die Lösung zum Zuge kommen, die den Bedarf am wirtschaftlichsten abdecken kann.

Im Wettbewerb der privaten Dienstanbieter zu den großen Telekomanbietern wird die Netzstruktur noch weiter verfeinert.

Die Entwicklung geht dahin, daß die immer näher zum Teilnehmer vordringen wird, so daß zukünftig ein noch größeres Diensteangebot zur Verfügung steht.

# 9 Was man über Kabel im Brandfall wissen sollte

S. Richter

## 9.1 Das Verhalten von Kabeln im Brandfall

Normengerechte Kabel und Leitungen sind sichere Betriebsmittel. Von ordnungsgemäß abgesicherten, nach den Regeln der Technik installierten und betriebenen Kabeln wird kein Brand ausgelöst. Es ist aber nicht auszuschließen, daß Kabel von einem Brand erfaßt werden, der an anderer Stelle entstanden ist, dann selbst zu brennen beginnen und gegebenenfalls den Brand weiterleiten. In den folgenden Abschnitten wird das Verhalten von Kabeln und Leitungen im Brandfall beschrieben und die wichtigsten Begriffe erläutert. Der Einfachheit halber wird dabei nur von Kabeln gesprochen. Die für Kabel getroffenen Aussagen gelten in gleicher Weise auch für Leitungen.

*Verhalten von Kabeln, die einem Brand ausgesetzt sind*

Thermoplastische Mäntel von Kabeln erweichen durch die Brandhitze, schon ehe die Flammen das Kabel erreicht haben. Unter dem Einfluß der Wärme kann sich der Mantel verformen und bei großer Hitze sogar brennend abtropfen. Besteht auch die Isolierung aus einem thermoplastischen Werkstoff, so geschieht hier das Gleiche. An Stellen, an denen Druck auf das Kabel ausgeübt wird, z.B. unter Schellen oder in Bögen mit geringen Biegeradien, kann es dabei zu Kurzschlüssen zwischen den Leitern oder der auf Erdpotential liegenden Umgebung des Kabels kommen.

Isolierungen und Mäntel aus vernetzten Werkstoffen erweichen nicht unter der Einwirkung der Brandhitze. Sie sind wärmedruckbeständig. Es besteht somit auch nicht die Gefahr eines frühzeitigen Kurzschlusses.

Haben die Flammen des Brandes das Kabel erreicht, so können sich Mäntel und Isolierungen der Kabel durch die Brandhitze zersetzen und schließlich im unmittelbaren Einwirkungsbereich der Flammen selbst zu brennen beginnen. Ob das Kabel dann auch außerhalb des Flammenbereiches weiterbrennt, hängt von verschiedenen Faktoren ab:

- Aufbau des Kabels — viel oder wenig brennbares Material.
- Art des Werkstoffes — selbstverlöschend oder weiterbrennend.
- Lage des Kabels — waagerecht oder senkrecht.
- Anzahl der Kabel — ein einzelnes Kabel oder Kabelbündel.

| | | |
|---|---|---|
| – | Anordnung der Kabel | Kabelbündel dicht gepackt oder mit Abstand zwischen Kabeln. |
| – | Installationsart | in der Wand oder auf Putz, auf Traversen, oder in Schächten |
| – | Umgebungsbedingungen | viel oder wenig Luftzufuhr<br>im Freien, in Innenräumen, in Kanälen oder in Schächten |

### 9.1.1 Aufbau der Kabel

Die Menge brennbarer Werkstoffe in Isolierungen, Umhüllungen und Mänteln stellt den Energie-Inhalt dar, den das Kabel zum Brandgeschehen beiträgt, die Brandlast.

Im Kabel enthaltene Metalle für Leiter, Schirme, Metallmäntel und Bewehrungen kühlen den Brand und leiten die Wärme zu den Enden des Kabels hin ab.

Große, luftgefüllte Räume im Kabel, wie sie z.B. bei Steuerkabeln und Fernmeldekabeln anzutreffen sind, fördern die Luftzufuhr innerhalb des Kabels und damit das Brennen der Kabel.

Flammschutz-Barrieren, wie z.B. Glasseiden-Bänder, schotten die darunter liegenden brennbaren Werkstoffe gegen die Zündflamme ab und halten die verkohlten oder zu Asche verbrannten Isolierhüllen zusammen, so daß sich die Leiter nicht berühren können und zumindest für eine gewisse Zeit Kurzschlüsse zwischen den Leitern und/oder der geerdeten Umgebung vermieden werden (Isolationserhalt, siehe 9.4).

Runde und flache Kabel haben bei gleicher Aderzahl und gleichen Leitern auf Grund der unterschiedlichen geometrischen Verhältnisse von Volumen und Oberfläche auch ein unterschiedliches Brandverhalten.

### 9.1.2 Art der Werkstoffe

Abhängig von der chemischen Zusammensetzung der Werkstoffe haben diese ein unterschiedliches Brandverhalten. Man unterscheidet

- leicht und schwer entflammbare Werkstoffe.
- weiterbrennende und selbstverlöschende Werkstoffe.

Abhängig von der zur Verfügung stehenden Menge an Sauerstoff können grundsätzlich alle Werkstoffe – auch Metalle – zum Brennen gebracht werden. Ein Maß für das Brennverhalten eines Werkstoffes ist der Sauerstoff-Index (LOI). Er gibt an, wieviel Sauerstoff zum Brennen eines bestimmten Werkstoffes benötigt wird (siehe 9.3.11)

Selbstverlöschende Werkstoffe brennen außerhalb des Bereiches der Zündflamme kaum oder gar nicht weiter und verlöschen nach dem Entfernen der Zündflamme von selbst.

### 9.1.3 Lage der Kabel

Waagerecht liegende Kabel leiten einen Brand nach den Seiten nur langsam oder gar nicht weiter, wenn der Brand nicht zusätzlich durch einen seitwärts gerichteten Luftstrom, z.B. in einem Kabelkanal, unterstützt wird.

Dagegen brennen senkrecht installierte Kabel z.T. sehr schnell nach oben weiter, weil bei diesen senkrecht verlegten Kabeln die aufsteigenden, heißen Brandgase und der nach oben gerichtete Luftstrom des Brandes das Weiterbrennen fördern (Schornsteineffekt).

Sowohl bei waagerecht wie auch bei senkrecht verlegten Kabeln kann das Weiterbrennen durch den Einsatz flammwidriger Werkstoffe und feuerhemmender Konstruktionselemente vermindert oder sogar ganz verhindert werden.

### 9.1.4 Anzahl der Kabel

Einzelne und mehrere Kabel des gleichen Kabeltyps können unterschiedliches Brandverhalten zeigen. Mehrere Kabel einer Bauart, die einzeln verlegt den Brand nicht weiterleiten, können als Kabelbündel durchaus die Weiterleitung eines Brandes unterstützen. Die Unterschiede im Brandverhalten einzelner Kabel und Kabelbündel aus den gleichen Kabeln sind z.T. sehr beträchtlich.

### 9.1.5 Anordnung der Kabel

Neben der Anzahl der Kabel hat auch deren Anordnung einen ganz außerordentlichen Einfluß auf das Verhalten der am Brand beteiligten Kabel. Dies gilt insbesondere für gemischte Bündel aus unterschiedlichen Bauarten und/oder Abmessungen.

Wird das Weiterbrennen schon beim einzelnen Kabel durch die senkrechte Installation gefördert, so gilt dies in noch viel stärkerem Maße für senkrecht installierte Kabelbündel. Ganz besonders heftig brennen Kabelbündel, bei denen der Abstand der Kabel untereinander etwa gleich ihrem Kabeldurchmesser ist. Die beim Brand durch Zersetzung der Isolier- und Mantelwerkstoffe freiwerdenden, heißen, oft brennbaren Gase steigen im Bündel auf, erhitzen die darüber liegenden Kabelabschnitte und bereiten sie auf diese Weise für den Weiterbrand vor. Hinzu kommt die gute Luftführung im Kabelbündel, unterstützt durch den Schornsteineffekt, die dem Brand Sauerstoff zuführt.

In dicht gepackten Kabelbündeln können sich die Brandgase dagegen nicht so gut ausbreiten und die Luft erreicht den Kern des Bündels nur schwer oder gar nicht. Ein kompaktes Kabelbündel ohne Zwischenräume verhält sich sehr ähnlich einem Kabel, dessen Durchmesser gleich dem Durchmesser des Kabelbündels ist.

Kabelbündel sind in senkrechten Kabelschächten besonders gefährdet, weil hier der Schornsteineffekt noch verstärkend wirkt. Die Abmessungen des Kabelschachtes im Verhältnis zum Kabelbündel oder mehreren im gleichen Schacht untergebrachten Kabelbündeln und die Luftzufuhr spielen hier eine entscheidende Rolle. Je weniger Luft-Sauerstoff zur Verfügung steht, um so geringer ist die Brandweiterleitung.

## 9.2 Brandgase

Bei jedem Brand entstehen Brandgase. Man unterscheidet:

- Qualm und Rauch
- brennbare Gase
- korrosiv wirkende Gase
- giftige Gase

Im Regelfall treten diese Eigenschaften der Gase in Kombination auf.

Personen, die sich in der Nähe des Brandes aufhalten, besonders Menschen auf der Flucht und die Feuerwehr, sind durch alle hier genannten Brandgase gefährdet. Je nach Intensität der auftretenden Brandgase muß die Feuerwehr unter Umständen mit Atemschutzgeräten arbeiten, was die Löscharbeiten erheblich behindern kann.

Die Wirkung der Brandgase hängt aber nicht nur von der spezifischen Rauchentwicklung der beteiligten Kabel, sondern in hohem Maße auch von den Umweltbedingungen, insbesondere der Raumgröße ab. Ein einzelnes Kabel mit starker Rauchentwicklung wird einen großen Raum weniger verqualmen als eine größere Anzahl von Kabeln, von denen jedes nur wenig Rauchgas entwikkelt, die sich aber in einem kleinen Raum befinden.

### 9.2.1 Qualm und Rauch

Qualm und Rauch behindern die Sicht, sowohl für die aus dem Brandbereich flüchtenden Personen, als auch für die Feuerwehr.

### 9.2.2 Brennbare Gase

Brennbare Gase fördern das Weiterbrennen der Kabel. Insbesondere bei senkrechter Verlegung der Kabel können über dem Brand befindliche Kabelabschnitte erhitzt werden. Sie können dann selbst brennbare Gase abgeben und beginnen schließlich zu brennen.

Von Kabeln abgegebene brennbaren Gase können darüber hinaus zur Entzündung brennbarer Stoffe in der Umgebung der Kabel beitragen.

### 9.2.3 Korrosive Gase

Korrosiv wirkende Gase verbinden sich mit dem Löschwasser zu aggressiven Säuren, die Metallteile in der Umgebung des Brandherdes angreifen und hier – selbst bei sonst geringem Brandschaden – durch Korrosion große Folgeschäden verursachen können, in ungünstigen Fällen auch an Stellen, die vom Brand direkt gar nicht betroffen waren. Besonders bekannt sind die Folgeschäden im Zusammenhang mit verbranntem PVC. Beim Verbrennen von PVC entstehen Chlorgase, die sich mit dem Löschwasser oder der Luftfeuchtigkeit zu Salzsäure verbinden.

Besonders gefährdet sind elektronische Bauteile und elektrische Kontakte, aber auch freie und sogar von Beton eingeschlossene Stahlkonstruktionen.

### 9.2.4 Giftige Gase

Giftige Gase entstehen bei jedem Brand, insbesondere das nicht sichtbare, geruchs- und geschmacklose und deshalb besonders gefährliche Kohlenmonoxid. Dazu können noch weitere giftige Gase, abhängig von der Art des brennenden Werkstoffes, kommen. Sie beeinflussen den Brand selbst nicht und hinterlassen am Material auch keine Schäden, aber sie gefährden die vom Brand eingeschlossenen Menschen und behindern die Arbeit der Feuerwehr.

## 9.3 Eigenschaften der Kabel im Brandfall

Die Eigenschaften von Kabeln im Brandfall lassen sich wie folgt definieren:

- leicht brennbar
- flammwidrig
- flammbeständig
- feuerbeständig
- raucharm
- halogenfreie Brandgase
- keine korrosiven Brandgase
- wenig giftige Brandgase

Diese Eigenschaften sind kombinierbar. Das bedeutet zum Teil einen erheblichen, zusätzlichen materiellen und konstruktiven Aufwand, z.B. Einsatz spezieller Werkstoffe für Isolierung und Mantel und/oder zusätzliche Bewicklungen als Flammschutz-Barrieren.

Nachstehend wird über die einzelnen Eigenschaften getrennt berichtet. Aus den Angaben zu einer einzelnen Eigenschaft kann man nicht auf andere Eigenschaften schließen. Der Begriff "halogenfrei" wird häufig gleichbedeutend mit flammwidrig oder flammbeständig, raucharm und frei von korrosiven Gasen verwendet. Das ist nicht korrekt. Zum Beispiel sind Kabel mit PE-Isolierung und PE-Mantel halogenfrei, doch sie brennen und können dabei schwarzen Rauch entwickeln, der jedoch nicht korrosiv ist.

### 9.3.1 Leicht brennbar

Als leicht brennbar gelten Kabel, die, von einer Zündflamme in Brand gesetzt, von sich aus weiterbrennen und nicht von selbst verlöschen. Sie können den Brand als Einzelkabel weitertragen.

### 9.3.2 Flammwidrig

Flammwidrig sind Kabel, die zwar von einer Zündflamme zum Brennen gebracht werden können, deren Brand sich aber beim Einzelkabel nur wenig über den Zündbereich hinaus ausbreitet und nach dem Entfernen der Zündflamme schnell von selbst erlischt. Zu dieser Gruppe gehören vor allem die normalen PVC-Kabel, sowie die mit Polychloropren ummantelten Gummi-Schlauchleitungen und Schiffskabel.

Einzelne flammwidrige Kabel tragen den Brand nicht weiter, sie können aber als Bündel weiterbrennen und so zur Ausbreitung des Brandes beitragen.

### 9.3.3 Flammbeständig

Flammbeständig sind Kabel, die zwar durch eine Zündflamme entzündet werden können, die aber weder als Einzelkabel noch als Kabelbündel wesentlich über den Zündbereich hinaus weiterbrennen, die von selbst verlöschen wenn die Zündflamme entfernt wird und die den Brand nicht weitertragen. Bei dieser Gruppe handelt es sich zumeist um Kabel deren Isolier- und Mantelwerkstoffe besonders schwer entflammbar sind und/oder in die zusätzliche Flammschutzmittel eingearbeitet wurden.

### 9.3.4 Feuerbeständig

Als feuerbeständig sind Kabel anzusehen, deren Isoliervermögen für eine bestimmte Zeit während des Brandes oder danach erhalten bleibt und die damit einen Notbetrieb während dieser Zeit ermöglichen. Im Einzelfall ist zwischen Anwender und Kabelhersteller zu vereinbaren, für welchen Zeitraum und unter welchen Bedingungen der Isolationserhalt aufrecht zu erhalten ist. Das Isoliervermögen kann durch Löschmittel verschlechtert werden.

Der Isolationserhalt eines Kabels darf nicht mit dem Funktionserhalt einer Kabelanlage verwechselt werden (siehe 9.4).

### 9.3.5 Mineral-isolierte Kabel

Mineral-isolierte Kabel sind eine besondere Art der feuerbeständigen Kabel. Sie können über viele Stunden dem Feuer ausgesetzt sein, ohne ihr Isoliervermögen und damit ihre Betriebsfähigkeit zu verlieren. Sie sind, solange der Metallmantel unversehrt ist, unempfindlich gegenüber Löschwasser und anderen Löschmitteln.

Mineral-isolierte Kabel sind teuer. Ihre Installation ist sehr umständlich und aufwendig. Deshalb werden Mineral-isolierte Kabel nur in Ausnahmefällen eingesetzt, und zwar dann, wenn höchste Sicherheit gefordert ist, z.B. im heißen Kern von Kernkraftwerken.

### 9.3.6 Raucharm

Raucharm sind Kabel, die während des Brandes nur wenig Rauch entwickeln. Wenn Rauch entsteht, soll dieser möglichst hell und lichtdurchlässig sein.

### 9.3.7 Halogenfreie Brandgase

*Halogenfreie* Brandgase entwickeln Kabel, deren Isolier- und Mantelwerkstoffe sowie evtl. vorhandene Bewicklungen keine Halogene (Chlor, Brom, Fluor, Jod) enthalten.

### 9.3.8 Korrosive Brandgase

*Halogenhaltige* Brandgase können zusammen mit dem Löschwasser stark korrosiv wirkende Säuren entwickeln; so verbinden sich beispielsweise Chlorgas und Wasser zu Salzsäure.

Aber nicht nur halogenhaltige Brandgase können zusammen mit dem Löschwasser aggressive Säuren bilden. Dies ist auch mit anderen Chemikalien möglich. Bekannt ist z. B. die korrosive Wirkung von Schwefelverbindungen.

### 9.3.9 Giftige Brandgase

Die Forderung nach wenig giftigen Brandgasen wird immer häufiger gestellt. Sie ist grundsätzlich nicht erfüllbar.

Bei jedem Brand, gleichgültig ob natürliche oder synthetische Werkstoffe verbrennen, entsteht in großen Mengen Kohlenmonoxid. Dieses Gas ist farb-, geruch- und geschmacklos. Deshalb wird es häufig von den Opfern gar nicht oder erst viel zu spät bemerkt. Auf diese Weise ist es besonders gefährlich. Andere giftige Gase machen sich häufig durch ihren Geruch oder Geschmack bemerkbar und warnen damit ihre Opfer, z.B. Chlorwasserstoff durch seinen beißenden Geruch.

Es kommt hinzu, daß jeder Brand der Luft Sauerstoff entzieht. Die vom Brand Eingeschlossenen sind deshalb auf das Höchste vom Erstickungstod bedroht. Nach Feststellungen der Versicherungsgesellschaften ersticken weitaus mehr Menschen in den Rauchgasen (= 80 %) als durch sie vergiftet werden.

Auch die mit Recht gefürchteten Dioxine und Furane lassen sich nicht völlig vermeiden. Sie entstehen, wenn Chlor- und/oder Brom-haltige Werkstoffe bei geringen Temperaturen verschwelen. Bei hohen Temperaturen werden sie dagegen mit verbrannt. Es ist zu beachten, daß nicht nur synthetische Werkstoffe Chlorverbindungen enthalten, sondern Chlor und Brom auch in Naturstoffen wie Holz, Papier und Wolle eingelagert sind, die im Brandfall ebenfalls zur Dioxin-Bildung beitragen können (siehe 9.6.1).

### 9.3.10 Brandlast

Unter der Brandlast versteht man die Energiemenge, die durch Verbrennen freigesetzt werden kann. Die Brandlast von Kabeln wird aus dem Heizwert und der Menge der verwendeten, brennbaren Werkstoffe errechnet. Der Brandlast kommt besondere Bedeutung für Gebäude zu, in denen sich viele Menschen aufhalten, z.B. Behörden, Schulen, Krankenhäuser und Theater.

Die Brandlast bildet ein Maß für die anzuwendenden Feuerwiderstandsklassen und Schutzmaßnahmen, z.B. bei der Bemessung von Sprinkler-Anlagen. Nach DINVDE 0108 Teil 1 ist eine niedrigere Einstufung der Feuerwiderstandsklassen für die Installation möglich, wenn die Brandlast der Kabel den Wert 7 kWh/ $m^2$ nicht übersteigt . Dieser Wert erhöht sich auf 14 kWh/$m^2$, wenn Kabel mit besonderen Eigenschaften im Brandfall eingesetzt werden.

Zur Zeit wird in den zuständigen Fachgremien über eine neue Festlegung der Höhe und der Bemessungsgrundlagen der zulässigen Grenzwerte für dieBrandlast beraten. So soll zukünftig nicht mehr die mittlere, auf die gesamte Flurfläche eines Raumes bezogen Brandlast für die Beurteilung herangezogen werden, sondern der auf 5 $m^2$ bezogene Wert der einzelnen Teilflächen. Dafür soll der Grenzwert zukünftig 35 kWh/5 $m^2$ statt 7 kWh/$m^2$ für normale Kabel betragen und die Grenzwerte für "Kabel mit besonderen Eigenschaften im Brandfall" von bisher 14 kWh/$m^2$ auf 105 kWh/ 5 $m^2$ angehoben werden.

Vom Verband der Sachversicherer e.V. Köln wurden für die gängigen Kabelbauarten und Abmessungen Brandlastwerte herausgegeben. Diese Angaben sind auch in DINVDE 0108 enthalten. Einige Beispiele sind in der Tabelle 9.1 wiedergegeben. Bei diesen Werten handelt es sich um mittlere Werte, weil die von den Kabelherstellern eingesetzten Werkstoffe und ihre spezifischen Brennwerte unterschiedlich sind.

Die Beispiele der Tabelle 9.1 lassen erkennen, daß die Werte abhängig von den Bauarten und Abmessungen sehr unterschiedlche sind. Selbst Unterschiede in der Leiterform machen sich bemerkbar, wie der Vergleich der Lfd. Nr. 8 und 10 zeigt. Der kleinere Leiterquerschnitt 25 $mm^2$ mit runden Leitern hat wegen der großen, mit brennbarem Material ausgefüllten Zwickelräume eine höhere Brandlast als der größere Leiterquerschnitt 35 $mm^2$ mit sektorförmigen Leitern, weil hier der Durchmesser über den Adern kleiner ist und kaum Zwickelräume vorhanden sind, die brennbare Masse also geringer ist..

Mit der Halogenfreiheit ist keineswegs auch eine geringere Brandlast verbunden, wie der Vergleich der lfd. Nr. 1 und 3 zeigt. Die geringere Brandlast der lfd. Nr. 2 und 6 gegenüber den entsprechenden PVC-Leitungen Nr. 1 und 5 ergeben sich aus den geringeren Wanddicken für die Isolierung und den Mantel. Auch bei Kommunikationskabeln liegen die Brandlastwerte für halogen-freie Kabel über den Werten der normalen PVC-Kabel (lfd. Nr. 26-29).

### 9.3.11 Sauerstoff-Index ( LOI)

Der Sauerstoff-Index (LOI) gibt an, bei welchem Sauerstoffgehalt (%) der umgebenden Atmosphäre eine Werkstoffprobe definiert und kontinuierlich weiterbrennt. Daraus kann man auf das Brandverhalten des Werkstoffes (Entzünden und Weiterbrennen) schließen. Der Sauerstoff-Index ist jedoch ungeeignet das Brandverhalten von Kabeln zu beschreiben. Dies wird sehr wesentlich durch andere Konstruktionselemente, insbesondere die metallenen Leiter, Schirme und Bewehrungen sowie Flammschutz-Barrieren mitbestimmt.

Es gelten die folgenden Sauerstoff-Indexwerte:

| | | |
|---|---|---|
| LOI | $\leq 23$ | als brennbar |
| | 24 – 28 | als bedingt flammwidrig |
| | 29 – 35 | als flammwidrig |
| | $\geq 36$ | als besonders flammwidrig |

Je weiter der Sauerstoff-Index eines Werkstoffes von dem Wert 23 entfernt ist, um so leichter ($\leq 23$) bzw. schwerer ($\geq 23$) brennt er.

In der Kabelindustrie werden in der Regel Werkstoff-Mischungen eingesetzt. Von ihrer Zusammensetzung (Füll-und Zusatzstoffe) wird der LOI sehr wesentlich beeinflußt. Der LOI normaler PVC-Mischungen liegt bei 27. Er kann durch geeignete Zusätze auf Werte deutlich über 30 bis 40 gesteigert werden.

### 9. 3.12 Temperatur-Index

Der Temperatur-Index sagt aus, bei welcher Temperatur eine Werkstoffprobe in einer definierten Atmosphäre, die 20 % Sauerstoff enthält, kontinuierlich weiterbrennt.

Wie der Sauerstoff-Index ist auch der Temperatur-Index eine Werkstoff-Kenngröße, die keine Aussagen über das Brandverhalten der daraus gefertigten Kabel zuläßt.

## 9.4 Isolations- / Funktionserhalt von Kabeln im Brandfall

Sind Kabel dem Feuer ausgesetzt, so verbrennen in der Regel die im Kabel verwendeten Isolier- und Mantelwerkstoffe, sofern es sich nicht um Werkstoffe handelt, die unter der Einwirkung der Brandhitze schon vorher ganz oder teilweise abgetropft sind. Ausnahme: Mineral-isolierte Kabel.

| Lfd. Nr. | Kabelbauart und Abmessung | | Brandlast kWh/m |
|---|---|---|---|
| 1 | NYM | 3 x 1,5 | 0,44 |
| 2 | (N)HMH | " | 0,39 |
| 3 | NHXHX | " | 0,78 |
| 4 | NYY | " | 0,75 |
| 5 | NYM | 3 x 25 | 2,39 |
| 6 | (N)HMH | " | 2,00 |
| 7 | NHXHX | " | 2,25 |
| 8 | NYY | 3 x 25 rm | 2,47 |
| 9 | NYM | 3 x 35 | 2,78 |
| 10 | NYY | 3 x 35 sm | 2,14 |
| 11 | " | 4 x 95sm | 5,11 |
| 12 | NYCWY | 3 x 95 sm/95 | 4,28 |
| 13 | NA2XY | 1 x 50 | 0,98 |
| 14 | " | 4 x 50 se | 3,33 |
| 15 | " | 4 x 120 se | 6,04 |
| 16 | " | 4 x 240 se | 11,06 |
| 17 | NA2X2Y | 1 x 50 | 1,35 |
| 18 | " | 4 x 50 se | 4,10 |
| 19 | " | 4 x 120 se | 7,36 |
| 20 | " | 4 x 240 se | 13,28 |
| 21 | H07RN-F | 3 G 1,5 | 0,65 |
| 22 | " | 3 G 35 | 5,17 |
| 23 | H07V-U | 1 X 1,5 | 0,04 |
| 24 | " | 1 X 35 | 0,23 |
| 25 | H05VV-F | 3 G 1,5 | 0,36 |
| 26 | I - YY | 4 x 2 x 0,6 | 0,17 |
| 27 | I - HH | " | 0,33 |
| 28 | I - YY | 100 x 2 x 0,6 | 1,69 |
| 29 | I - HH | " | 3,72 |

Tabelle 9.1: Brandlastwerte verschiedener Kabel (Beispiele)

Nach dem Brand können die auf dem Leiter verbliebenen Rückstände, wenn sie nicht durch Verkohlen oder durch die Einwirkung von Löschmitteln leitfähig geworden sind, einen Kurzschluß zwischen den Leitern verhindern und damit bei geringen Spannungen (220/380 V) einen Notbetrieb möglich machen. Diese Rückstände sind in der Regel mechanisch nicht belastbar. Schon geringste Bewegungen, wie thermisch bedingte Längenänderungen beim Abkühlen nach dem Brand oder leichte Erschütterungen, können zur Zerstörung dieser "Abstandhalter" führen. Damit wird das Kabel für den Notbetrieb unbrauchbar.

Kabel, die im Brandfall zumindest für einen begrenzten Zeitraum betriebsfähig bleiben müssen, beispielsweise Kabel für Brandmeldeanlagen oder den Betrieb von Feuerschutz-Einrichtungen, werden mit Werkstoffen isoliert, die im Brandfall standfester sind. Zusätzlich eingebrachte mineralische Schichten, wie Glas-Glimmer-Bänder, können das Isoliervermögen im Brandfall dadurch aufrecht erhalten, daß sie die Aschenreste über dem Leiter zusammenhalten oder als Isolierung direkt auf dem Leiter aufgebracht sind. Durch Löschmittel kann das Isoliervermögen verschlechtert werden.

Höchste Sicherheit in Bezug auf die Betriebsfähigkeit im Brandfall wird mit Mineral-isolierten Kabeln erreicht. Sie sind mit einer festen Keramikmasse isoliert und mit einem nahtlosen Mantel aus Kupfer oder nicht-rostendem Stahl umhüllt.

Es ist deutlich zu unterscheiden

- Isolationserhalt des Kabels – bezieht sich nur auf das Brandverhalten des Kabels, fälschlich auch als Funktionserhalt bezeichnet.
- Funktionserhalt der Kabel-Anlage – bezieht sich auf sämtliche an der Installation der Anlage beteiligten Elemente einschließlich der Befestigungsmittel und dem Bau-Untergrund.

### 9.4.1 Isolationserhalt

Der Isolationserhalt sagt aus, wie lange ein freiliegendes, unter definierten Bedingungen dem Brand ausgesetztes Kabel seine Isolierfähigkeit behält, d.h. kein Kurzschluß zwischen den Leitern oder kein Erdschluß zum benachbarten Erdpotential eintritt.

Der Isolationserhalt bezieht sich ausschließlich auf diese Kabeleigenschaft.

### 9.4.2 Funktionserhalt

Der Funktionserhalt sagt aus, wie lange eine Kabelanlage, die mit allen zugehörigen Installationselementen auf einem Bauelement montiert ist, während eines definierten Brandes funktionsfähig bleibt, d.h. wie lange in der Anlage kein Kurz- oder Erdschluß auftritt, der die vorgeschaltete Sicherung zum Ansprechen bringt.

Der Funktionserhalt zieht alle an der Installation beteiligten Elemente und letztlich auch den Untergrund, auf dem Installation erfolgt ist, mit ein. Die Qualität der Teile, die zusammen mit dem Kabel in einer Anlage verbaut werden, und die Qualität der Montage haben entscheidenden Anteil am Funktionserhalt der Anlage. Der Ausfall eines Elementes kann zum Versagen aller Teile der Anlage führen.

## 9.5 Auswahl geeigneter Kabel

Es ist außerordentlich wichtig, daß sich Anwender und Kabelhersteller im Gespräch über Kabel mit besonderen Eigenschaften im Brandfall auf die zuvor genannten Definitionen verständigen und danach für den betreffenden Einzelfall das Anforderungsprofil für das benötigte Kabel festlegen. Hierbei sind evtl. Auflagen durch Baubehörden, Feuerschutz-Beauftragte und Versicherungen zu berücksichtigen. Eine grobe Orientierungshilfe geben die Beispiele in der Tabelle 9.2.

| lfd. Nr. | Eigenschaften | Öffentl. Gebäude | Industrie-Anlagen | Feuer-schutz-einrichtg. | Verkehrs einrichtg. | Kraft-werke | Schiffe |
|---|---|---|---|---|---|---|---|
| 1 | Brandweiterleitung | | | | | | |
| 1.1 | als Einzelkabel | ● | ● | ● | ● | ● | ● |
| 1.2 | als Kabelbündel | | | | | | |
| | - waagerecht | ● | O | ● | ● | O | ● |
| | - senkrecht | ● | ● | ● | ● | ● | ● |
| 2 | Brandgase | | | | | | |
| 2.1 | Rauchgas-Dichte | ● | ● | O | ● | ● | ● |
| 2.2 | halogenfreie Gase | O | O | O | O | O | O |
| 2.3 | keine korrosive Gase *) | O | O | O | O | O | O |
| 2.4 | wenig giftige Gase | O | O | O | ● | O | ● |
| 3 | Isolationserhalt | O | O | ● | O | O | ● |

l = wichtig
O = weniger wichtig , abhängig von Installations- und Betriebsart sowie Verwendung
*) immer wichtig zum Schutz elektronischer Anlagen

Tabelle 9.2: Beispiele für die Anforderungen an offen verlegte Kabel

Es ist keineswegs notwendig in jedem Einzelfall, alle möglichen Eigenschaftskombinationen zu verlangen. Um zu einer technisch/wirtschaftlich optimalen Lösung zu gelangen, müssen das Schutzziel und die Umgebungsbedingungen eindeutig definiert sein. Die im Abschnitt 9.6 genannten brandschutztechnischen Anforderungen an Kabelanlagen geben dazu eine Fülle von Hinweisen.

## 9.6 Installation von Kabelanlagen

Die sachgemäße, den anerkannten Regeln der Technik entsprechende Verlegung und Installation von Kabeln ist im Hinblick auf das Verhalten der Kabel im Brandfall genauso wichtig wie die Auswahl der geeigneten Kabel.

In Erde, in Beton sowie im oder unter Putz liegende Kabel sind an der Brandweiterleitung nicht beteiligt. Direkt durch den Brand gefährdet sind nur die freiliegenden Kabel, insbesondere wenn Kabelhäufungen auftreten, wie in Schaltverteilungen, in Kabelkanälen, in Zwischendecken oder umfangreichen Geräteverkabelungen.
Um mögliche Gefahren zu vermeiden, die von brennenden Kabeln ausgehen könnten, oder zumindest um diese zu mildern, bieten sich folgende Möglichkeiten an:

- Trennung von leicht- und schwer brennbarem Material,
- Überwachung der Anlagen,
- Schottungen,
- Automatische Feuerschutz-Einrichtungen,
- Brandschutz-Beschichtungen,
- Kabel mit besonderen Eigenschaften im Brandfall.

Wesentliche Hinweise auf die brandschutztechnischen Anforderungen an Kabelanlagen enthalten die in Tabelle 9.3 enthaltenen Bestimmungen und Richtlinien.

| | |
|---|---|
| **DIN VDE 0108** | **Starkstromanlagen und Sicherheitsstromversorgungen in baulichen Anlagen für Menschenversammlungen.** |
| | Herausgeber: „Deutsche Elektrotechnische Kommission“ (VDE) |
| **Muster für Richtlinien über brandschutztechnische Anforderungen an Leitungsanlagen (MLeitR)** | |
| | Herausgeber: „Arbeitsgemeinschaft der für Bau-, Wohnungs- und Siedlungswesen zuständigen Minister der Länder“ ( ARGEBAU) , Fachkommission „Bauaufsicht“ |
| **Kabel und Leitungsanlagen. Richtlinien zur Schadensverhütung** | |
| | Herausgeber: „Verband der Schadensversicherer (VdS) |

Tabelle 9.3: Brandschutztechnische Anforderungen an Kabelanlagen

### 9.6.1 Trennung von leicht- und schwerbrennbarem Material

Sowohl bei der Planung von Kabelanlagen als auch im Betrieb, muß auf die Trennung von leicht- und schwer brennbarem Material größtes Augenmerk verwendet werden.

Kabelkeller sind kein Aufbewahrungsort für Altpapier und im Boden eingelassene Kabelkanäle keine Abfalleimer für Öl und Putzwolle.

### 9.6.2 Überwachung von Anlagen

Die Überwachung von Anlagen durch Temperaturfühler und Rauchmelder führt zur frühzeitiger Erkennung von Bränden und ermöglicht das rechtzeitige Einleiten von Bekämpfungsmaßnahmen.

An allen Stellen, an denen ein erhöhtes Sicherheitsrisiko besteht, sollte deshalb eine derartige Überwachung nicht fehlen, auch dann nicht, wenn Kabel mit besonderen Eigenschaften im Brandfall eingesetzt werden.

### 9.6.3 Schottung

Die feuersichere Schottung von Kabelführungen und Kabelkanälen, insbesondere bei senkrechten Kabelschächten oder in Zwischendecken ausgedehnter Flure, ist eine Möglichkeit den Verlauf einer Kabeltrasse in verschiedene, sicher voneinander getrennte Brandabschnitte aufzuteilen. Kommt es zu einem Brand, wird vermieden, daß sich das Feuer entlang der Kabeltrasse über die Schottungen hinaus ausbreitet. Damit wird auch die Ausbreitung von Rauch sowie korrosiven und giftigen Gasen verhindert.

Die Schottung erhält zunehmende Bedeutung als eine einfache, nicht zu teuere, aber wirkungsvolle Möglichkeit zur Verhinderung der Brandweiterleitung.

### 9.6.4 Automatische Feuerlösch-Einrichtungen

Automatische Feuerlösch-Einrichtungen, wie Sprinkler-Anlagen, versprühen automatisch Brandbekämpfungsmittel (Wasser, Schaum, Chemikalien), sobald ein Brand ausgebrochen ist. Auf diese Weise läßt sich die Sicherheit einer Anlage beträchtlich erhöhen. Allerdings sind Errichtung und Wartung solcher Einrichtungen sehr teuer. Ihre Verwendung ist deshalb zumeist auf Anlagen mit sehr hohen Schutzanforderungen beschränkt.

### 9.6.5 Brandschutz-Beschichtungen

Brandschutz-Beschichtungen werden nachträglich wie Farbe auf die bereits verlegten Kabel aufgetragen. Im Falle eines Brandes schäumen die Anstrichmassen auf und erschweren der Zündflamme den Zutritt zum Kabel und/oder erschweren das Weiterbrennen.

Brandschutz-Beschichtungen können eine hohe Schutzwirkung entwickeln. Sie sind besonders geeignet, mit relativ geringem Kostenaufwand bestehende Kabelanlagen nachträglich, wirksam zu schützen.

## 9.7 Kabel mit besonderen Eigenschaften im Brandfall

Die nachstehend für Kabel getroffenen Aussagen gelten in gleicher Weise auch für Leitungen.

Der Aufbau von Kabeln mit besonderen Eigenschaften im Brandfall unterscheidet sich nicht grundsätzlich vom Aufbau "normaler" Kabel. In beiden Fällen sind Leiter, Isolierung und Mantel die wesentlichen Grund-Bauelemente der Kabel. Der Unterschied von Kabeln mit besonderen Eigenschaften im Brandfall zu normalen Kabeln liegt in der Auswahl der für Isolierung und Mantel eingesetzten Werkstoffe sowie ggf. zusätzlich eingebrachter Flammschutz-Barrieren.

Um festlegen zu können, welche Werkstoffe eingesetzt werden müssen, und ob Flammschutz-Barrieren erforderlich sind, ist es notwendig, die Verwendung und die Anforderungen an die Kabel mit besonderen Eigenschaften genau zu kennen. Letztere ergeben sich aus den Umgebungsbedingungen, unter denen die Kabel eingesetzt werden, den besonderen Schutzzielen für die Anlage und ggf. gesetzlichen und/oder behördlichen Auflagen.

- Verwendung
  - flexible Leitung
  - fest installiertes Kabel
- Anforderungen
  - keine Brandweiterleitung
  - als Einzelkabel
  - als Kabelbündel
  - geringe Rauchgas-Dichte
  - halogenfreie Brandgase
  - keine korrosiven Brandgase
  - wenig giftige Brandgase
  - Isolationserhalt
  - für welche Zeit
- Installationsbedingungen
- gesetzliche oder behördliche Auflagen

Nur wenn diese Angaben lückenlos vorliegen, ist es möglich, eine technisch/ wirtschaftlich optimale Lösung zu finden bzw. die günstigste Kabelbauart aus einem bestehenden Lieferprogramm auszuwählen.

### 9.7.1 Werkstoffe

Mit sehr wenigen Ausnahmen werden bei der Kabelherstellung keine reinen Werkstoffe, sondern Werkstoff-Mischungen verwendet, die aus vielen unterschiedlichen Komponenten bestehen, wobei die bestimmende Komponente der Basis-Werkstoff der jeweiligen Mischung ist.

Im allgemeinen wird heute Halogenfreiheit verlangt, wenn Kabel mit besonderen Eigenschaften im Brandfall benötigt werden. Dabei ist die Halogenfreiheit nur eine der Eigenschaften, die Kabel mit besonderen Eigenschaften im Brandfall aufweisen können, aber nicht notwendigerweise auch müssen.

Deshalb ist eine rechtzeitig und sorgfältige Abstimmung der tatsächlich notwendigen besonderen Eigenschaften der Kabel im Brandfall zwischen Anwender und Kabelhersteller erforderlich. Dabei ist zu bedenken, daß jede der zusätzlich geforderten Eigenschaften seinen Preis hat. Unnötige Forderungen verhindern eine technisch/wirtschaftliche optimale Lösung.

Die Tabelle 9.4 gibt einen Überblick über einige typische, halogenfreie Basis-Werkstoffe für Isolierungen und Mäntel von Kabeln. Die Zahl dieser Werkstoffe steigt, weil sowohl die chemische Industrie wie auch die Kabelhersteller ständig bemüht sind, neue, geeignete Werkstoffe und Werkstoff-Mischungen zu entwickeln.

Die in der Tabelle 9.4 angegebenen Werte für den Sauerstoff-Index (LOI) sind erreichbare Werte, die aber, abhängig von der jeweils verwendeten Mischungs-Zusammensetzung, unterschiedlich sind, d.h. auch geringer sein können.

Die Angaben "raucharm, korrosive und giftige Gase" beziehen sich auf allgemein verwendete Mischungen. Im Einzelfall kommt es auch dabei, abhängig von den Mischungskomponenten, zu Abweichungen.

Die in der Tabelle 9.4 aufgeführten Werkstoffe für Kabel mit besonderen Eigenschaften bauen, mit einer Ausnahme (Polyetheretherketon), alle auf den zuvor genannten Thermoplasten, Thermoplastischen Elastomeren (TPE) und Elastomeren auf. Durch spezielle Mischungskomponenten kann bei den Sonder-Mischungen insbesondere der Sauerstoff-Index (LOI) erhöht und die Rauchgasdichte verringert werden.

| Lfd Nr. | Werkstoff Chem. Bezeichnung (Basis-Werkstoff) | Kurzzeichen Chem. | Kurzzeichen VDE | Eigenschaften flamm-widrig (LOI) | rauch-arm 1) | korrosive Gase 2) | giftige Gase 3) |
|---|---|---|---|---|---|---|---|
| **Thermoplaste** | | | | | | | |
| 1 | Polyethylen | PE | 2Y | ≤ 22 | j | n | n |
| 2 | Polyamid | PA | 4Y | ≤ 22 | j | n | n |
| 3 | Polypropylen | PP | 9Y | ≤ 22 | j | n | n |
| **Thermoplastische Elastomere (TPE)** | | | | | | | |
| 4 | Polyamid | TPE-A | 4Y | ≤ 22 | j | n | n |
| 5 | Polyurethan[5] | TPU | 11Y | ≤ 26 | j | n | j[4] |
| 6 | Polyester | TPE-E | 13Y[6] | ≤ 28 | j | n | n |
| 7 | Polyolefin | TPE-O | 18Y[6] | ≤ 25 | j | n | n |
| 8 | Styrol-Ethenbuten | TPE-S | 17Y[6] | ≤ 27 | n | n | n |
| **Elastomere (vernetzte Werkstoffe)** | | | | | | | |
| 9 | Natur-Kautschuk | NR | G | ≤ 22 | n | n[7] | n |
| 10 | Styrol-Butadien | SBR | G | ≤ 22 | n | n[7] | n |
| 11 | Ethylen-Propylen | EPR | 3G | ≤ 22 | j | n | n |
| 12 | Ethylen-Vinylacetat | EVA | 4G | ≤ 22 | j | n | n |
| 13 | Silikon | SIR | 2G | ≤ 30 | j | n | n |
| 14 | Polyethylen, vernetzt | PE | 2X | ≤ 22 | j | n | n |
| **Werkstoffe für Kabel mit besonderen Eigenschaften im Brandfall** | | | | | | | |
| 15 | Olefine[8] | PE-Cop. | HI/HM | ≤ 40 | j | n | n |
| 16 | Polyurethan[5] | TPU | 11Y | ≤ 29 | j | n | j[4] |
| 17 | Polyester | TPE-E | 13Y | ≤ 28 | j | n | n |
| 18 | Polypropylen | PP | 9Y | ≤ 28 | j | n | n |
| 19 | Etylen-Vinylacetat | EVA | 4G | ≤ 34 | j | n | n |
| 20 | Etherimid | PEIC | 21Y[6] | ≤ 45 | j | n | n |
| 21 | Silikon | SIR | 2G | ≤ 34 | j | n | n |
| 22 | Polyetheretherketon | PEEK | 20Y[6] | ≤ 35 | j | n | n |

j = ja n = nein

1) raucharm Þ Lichtintensität ≥ 70 %, nach DINVDE 0472 Teil 816.
2) keine korrosiven Gase ⇒ pH-Wert ≥ 4,3 ; Leitfähigkeit ≤ 100 µS/cm, nach DIN VDE 0472 Teil 813.
3) keine giftigen Gase ⇒ Gift-Index ≤ 5, nach NES 713.
4) größter Anteil: HCN.
5) auch vernetzt, mit Kurzzeichen: 11X.
6) diese Kurzzeichen sind noch nicht in DINVDE 0207 übernommen.
7) bei Schwefel-Vernetzung korrosive Gase möglich.
8) auch vernetzt, mit Kurzzeichen: 2X.

Tabelle 9.4: Eigenschaften im Brandfall von halogenfreien Kabelwerkstoffen

Mit der Ertüchtigung der Mischungen hinsichtlich des Brandverhaltens geht im allgemeinen eine Verringerung der mechanischen Eigenschaften gegenüber den Ausgangs-Werkstoffen einher. Dies darf aber nicht überbewertet werden, denn die verbleibende mechanische Festigkeit ist im Regelfall noch immer ausreichend. Bei der Beurteilung der mechanischen Festigkeit darf man nicht von der Zugfestigkeit und Zerreißdehnung ausgehen, weil die dafür in den Werkstoff-Bestimmungen (z.B. DINVDE 0207) festgelegten Merkmalswerte Werkstoff- und nicht Anwendungs-bezogen sind, wie die nachstehende Tabelle 9.5 am Beispiel flexibler Leitungen zeigt:

| Verwendung | Zugfestigkeit $N/mm^2$ | Zerreißdehnung % |
|---|---|---|
| Gummi-Isolierung | 5 | 200 |
| PVC-Isolierung | 10 | 150 |
| Halogenfreie Isolierung | 5 | 125 |
| Gummi-Mantel | 7 | 300 |
| PVC-Mantel | 10 | 150 |
| Halogenfreier Mantel | 6 | 125 |
| Polyurethan-Mantel | 25 | 300 |

Tabelle 9.5: Zugfestigkeit und Zerreißdehnung von Isolier- und Mantelmischungen (geforderte Mindestwerte)

In der Praxis liegen die erreichten Werte häufig mit weitem Abstand über diesen Werten. Dies gilt insbesondere für die Dehnung. So sind bei Gummi-Mischungen Werte für die Zerreißdehnungen von 500 % bis 600 % – und sogar darüber – nicht selten.

Es kommt hinzu, daß Isolierung und Mantel keinen Einfluß auf die Zugfestigkeit eines Kabels haben, weil auf Grund des völlig anderen Zug-Dehnungs-Verhaltens der Kupferleiter die gesamte Zugkraft von den Kupferleitern und ggf. weiteren metallenen Aufbauelementen aufgenommen werden. Isolierung und Mantel können die Zugkräfte erst aufnehmen, wenn die Leiter und ggf. vorhandene Bewehrung zerrissen sind.

Die Dehnung in der äußeren Phase eines Kabels, das um einen Kern mit dem gleichen Durchmesser wie der Kabelduchmesser gebogen wird, erreicht 50 %. Alle übrigen im Kabel tatsächlich auftretenden Werte sind geringer.

Zugfestigkeit und Zerreißdehnung dienen vornehmlich der Bestimmung des Alterungsverhaltens. Wesentlich aussagekräftiger im Hinblick auf das mechanische Verhalten in der Praxis sind der 50 % - Modul, d.h. die Kraft, die notwendig ist, um eine Dehnung der Werkstoffprobe von 50 % zu bewirken. Damit lassen sich auch “weiche”, für die Verwendung in flexiblen Leitungen geeignete, von “harten” Mischungen unterscheiden.

Für die Beurteilung, ob eine Mischung in mechanischer Hinsicht als Außenmatel geeignet ist, sind die Werte von Kerbfestigkeit, Weiterreißwiderstand und Abrieb von größerer Bedeutung als die Werte für Zugfestigkeit und Zerreißdehnung. Sie zeigen, abhängig vom Basis-Werkstoff, aber auch von der Mischungszusammensetzung, große Unterschiede, wie die in der Tabelle 9.6 aufgeführten Beispiele für Mäntel flexibler Leitungen zeigen:

| Verwendung | Weiterreiß-Widerstand N/mm | Abrieb $mm^3$ | Kerb-festigkeit N/mm |
|---|---|---|---|
| Gummi-Mantel | $\geq 10$ | $\leq 300$ | $\geq 30$ |
| PVC-Mantel | $\geq 10$ | $\leq 200$ | $\geq 35$ |
| Polyurethan-Mantel | $\geq 50$ | $\leq 35$ | $\geq 80$ |

Tabelle 9.6: Weitere mechanische Eigenschaften von Mantelmischungen flexibler Leitungen (typische Werte)

Die Auswahl geeigneter Werkstoffe aus der an sich breiten Palette kann durch zusätzliche Anforderungen, die sich aus der Verwendung und dem Betrieb des Kabels ergeben, weiter eingeschränkt werden. Zu diesen zusätzlichen Forderungen gehören vor allem:

- erhöhte Betriebs- und/oder Umgebungs-Temperaturen,
- Beständigkeit gegenüber Ölen, Fetten und Treibstoffen,
- Beständigkeit gegenüber Säuren und Laugen oder anderen Chemikalien.

Die Tabelle 9.7 enthält für einige der halogenfreien Kabelwerkstoffe mit besonderen Eigenschaften im Brandfall Angaben über zusätzliche Eigenschaften. Wegen der von Hersteller zu Hersteller unterschiedlichen Zusammensetzung der Werkstoff-Mischungen kann es jedoch zu bemerkenswerten Abweichungen kommen. Die Angaben in der Tabelle 9.7 dienen deshalb nur zur Orientierung. Der Einsatz von Kabeln mit besonderen Eigenschaften im Brandfall bei solchen zusätzlichen Anforderungen sollte deshalb nur in Absprache mit dem jeweiligen Kabelhersteller erfolgen.

| Lfd Nr. | Werkstoff Chem. Bezeichnung (Basis-Werkstoff) | Kurzzeichen Chem. | Kurzzeichen VDE | max. Temperatur °C | zusätzliche Eigenschaften Beständigkeit gegenüber Ölen Fetten | Säuren Laugen | Chemikalien |
|---|---|---|---|---|---|---|---|
| 1 | Olefine, thermoplast., | PE-Cop. | HI/HM | 70/90 | 0 | + | 0 |
| | vernetzt | | 2X | 90/105 | 0 | + | 0 |
| 2 | Polyurethan, thermopl., | TPU | 11Y | 90 | ++ | + | + |
| | vernetzt | | 11X | 90 | ++ | + | + |
| 3 | Polyester, | TPE-E | 13Y | 100 | + | 0 | + |
| 4 | Polypropylen | PP | 9Y | 90 | + | + | + |
| 5 | Etylen-Vinylacetat | EVA | 4G | 110 | 0 | + | 0 |
| 6 | Etherimid | PEIC | 21Y*) | 130 | + | 0 | + |
| 7 | Silikon | SIR | 2G | 180 | - | 0 | - |
| 8 | Polyetheretherketon | PEEK | 20Y*) | 220 | ++ | ++ | + |

+ = gut beständig 0 = mäßig beständig - nicht beständig
*) diese Kurzzeichen sind noch nicht in DINVDE 0207 übernommen.

Tabelle 9.7: Zusätzliche Eigenschaften von halogenfreien Kabelwerkstoffen mit besonderen Eigenschaften im Brandfall

## 9.7.2 Flammschutz-Barrieren

Flammschutz-Barrieren im Kabel dienen dazu, den Isolationserhalt im Brandfall zu gewährleisten.
Aufgabe der Flammschutz-Barrieren ist es:

- der Zündflamme den Zutritt zu brennbarem Material zu erschweren,
- Asche-Rückstände auf der Isolierung festzuhalten,
- einen Notbetrieb während des Brandes und danach für eine bestimmte, vorher festgelegte Zeit zu ermöglichen.

#### 9.7.2.1 *Glas-Glimmer-Bänder*

Als Flammschutz-Barrieren werden in der Regel Glasbänder, die häufig zusätzlich mit Glimmer beschichtet sind, verwendet.

Glas-Glimmer-Bänder können als Flammschutz-Barrieren an folgenden Stellen im Kabel angeordnet werden:

- zwischen Innen- und Außenmantel,
- über den verseilten Adern,
- bei Kommunikationskabeln über Paaren oder Vierern,
- über jeder einzelnen Ader,
- über den Leitern jeder einzelnen Ader.

Es sind mehrere solcher Flammschutz-Barrieren in einem Kabel möglich, wenn dies im Hinblick auf den geforderten Isolationserhalt erforderlich ist.

Die Glas-Glimmer-Bänder werden entweder auf die Unterlage (Leiter, Ader, Seele usw.) gewickelt, oder sie laufen im Fertigungprozeß längs über dem jeweiligen Bauelement ein und umschließen es rohrförmig mit Überlappung.

Jede Flammschutz-Barriere verringert die Flexibilität des Kabels. Bei fest installierten Kabeln ist das meist ohne Bedeutung, bei flexiblen Leitungen kann dadurch die Verwendung aber wesentlich eingeschränkt werden.

Je weiter außen die Flammschutz-Barriere im Kabel angeordnet ist, um so früher tritt ihre Schutzwirkung ein, wenn eine Zündflamme auf das Kabel trifft. Allerdings ist hier ihre Wirkung auch am geringsten, weil bei starker Flammeneinwirkung die Zersetzung des darunterliegenden Isolier-Werkstoffes nur verzögert, aber nicht verhindert werden kann. Sind die Zersetzungsprodukte mechanisch nicht stabil, kann es unter der Flammschutz-Barriere schon frühzeitig zu Kurzschlüssen kommen. Der Isolationserhalt ist also nur für kurze Zeit gewährleistet.

Flammschutz-Barrieren über den einzelnen Adern sind wesentlich wirkungsvoller, weil sie einerseits die Asche-Rückstände über dem Leiter wirkungsvoller zusammenhalten als Bänder über der verseilten Kabelseele oder zwischen den Mänteln und andererseits bilden sie eine zusätzliche Isolierung zwischen den einzelnen Adern, die dem Brand längere Zeit standhält, auch wenn der darunterliegende Isolierstoff bereits verbrannt ist.

Im Hinblick auf den Isolationserhalt sind Glas-Glimmer-Bänder über dem Leiter am wirkungsvollsten. Die Kombination eines Glas-Glimmer-Bandes direkt auf dem Leiter mit einer weiter außen liegenden Flammschutz-Barriere kann notwendig werden, wenn lange Standzeiten für den Isolationserhalt gefordert sind.

*9.7.2.2 Schirme und Bewehrungen*

Im Kabel konzentrisch angeordnete Aufbau-Elemente, wie Schirme und Bewehrungen, wirken ebenfalls auf das Brandverhalten des Kabels ein, und zwar in zweierlei Hinsicht:

- zur Wärmeableitung,
- als Flammschutz-Barriere.

Metallene Aufbauelemente leiten die Wärme von der Stelle, an der die Zündflamme auftritt, zu den Kabelenden hin ab. Dies um so mehr, je größer ihr Metall-Inhalt und damit ihre Wärmeleitfähigkeit ist, d.h. sie kühlen den eigentlichen Brandherd, reduzieren die Brandhitze und verlangsamen damit das Weiterbrennen.

Den gleichen Effekt bewirken auch die Leiter. Weil bei den Energiekabeln wesentlich größere Metallvolumen vorhanden sind, ist bei diesen Kabeln mit steigendem Leiterquerschnitt die Brandausbreitung häufig geringer als bei dünnen Kabeln, bei denen dieser Kühl-Effekt nicht wirksam wird.

Geschlossene, konzentrische, metallene Aufbau-Elemente, wie Band-Bewicklungen, aber auch sehr dichte Draht-Geflechte erschweren den Zutritt von Luft-Sauerstoff zum Brandherd. Auch dies führt zu einer Verlangsamung der Brandweiterleitung. Geschlossene Metall-Mäntel verhindern den Zutritt von Luft-Sauerstoff vollständig. Doch besteht hier die Gefahr, daß sich heiße Brandgase unter dem Mantel sammeln und, wenn sie nicht zu den Kabelenden hin abfließen können, den Mantel explosionsartig aufreißen. Dabei kann es zur Bildung von Stichflammen kommen.

### 9.7.3 Bauarten von Kabeln mit besonderen Eigenschaften im Brandfall

Die Normung von Kabeln mit besonderen Eigenschaften im Brandfall steckt noch in den Anfängen. Aus diesem Grund sind auf dem Markt eine Vielzahl Hersteller-spezifischer Bauformen anzutreffen. Sie an dieser Stelle alle aufzuführen ist nahezu unmöglich, weil sich die Liste der angebotenen Sonder-Typen ständig erweitert. Viele der unter unterschiedlichen Handelsnamen angebotenen Kabel sind jedoch gleich oder zumindest sehr ähnlich. In den Tabellen 9.8 bis 9.10 werden einige, typische Beispiele aufgeführt, sie erheben aber keinesfalls den Anspruch auf Vollständigkeit. Die Bauarten A bis E entsprechen folgenden DINVDE-Bestimmungen:

| Bauart *) | Typ-Kurzzeichen Nennspannung | | DINVDE |
|---|---|---|---|
| A | NHMH | 300/500 V | 0250 Teil... (i.V.) |
| B | NHXMH | 300/ 500 V | 0250 Teil 214 |
| C | N2XH | 0,6/1 kV | 0266 Teil 2 |
| D | N2XH | 0,6/1 kV | 0266 Teil 3 |
| E | Hersteller-Warenzeichen | | 0266 Teil 3 + Zusatz-Bedingungen |

*) Diese Kurzzeichen werden nur in den Tabellen 9.8 bis 9.10 verwendet.

Tabelle 9.8: Kabel mit besonderen Eigenschaften im Brandfall, in Deutschland genormte Bauarten

Das Bild 9.1 zeigt am Beispiel eines Niederspannungskabels der Bauart NHXCH den Aufbau eines Kabels mit besonderen Eigenschaften im Brandfall, hier in der Ausführung mit dem Isolationserhalt über mindestens 180 min.

Kommunikationskabel mit besonderen Eigenschaften im Brandfall besitzen den gleichen prinzipiellen Aufbau, nur besteht hier die Kabelseele nicht aus wenigen Adern für die Energieübertragung, sondern aus einer Vielzahl von Paaren oder Vierern für die Nachrichten- bzw. Datenübertragung. Wegen der großen luftgefüllten Hohlräume im Kabel und der damit verbundenen guten Luftführung, ist in der Regel ein größerer Aufwand als bei den dicht gepackten Energiekabeln nötig, um die gleiche Flammbeständigkeit und den gleichen Isolationserhalt zu erreichen.

Bei der Betrachtung der Tabelle 9.9 fällt auf, daß offenbar das vernetzte PE als Isolierung und die thermo-plastischen Olefin-Mischungen als Mantel bevorzugt werden. Mit Ausnahme der Isolierung aus thermoplastischen Olefinen für die in der Normung befindliche "halogenfreien Mantelleitung" (Bauart A in den Tabellen), sind die anderen Werkstoffe teurer oder schwieriger zu verarbeiten und werden deshalb nur dort eingesetzt, wo ihre besonderen Eigenschaften, z.B. erhöhte Temperaturbeständigkeit, dies erfordern.

Das Eigenschaftsprofil dieser Bauarten ist in der Tabelle 9.10 dargestellt. Hier wird deutlich, daß mit den Anforderungen die Kosten erheblich ansteigen. Es ist also in jedem Einzelfall zu prüfen, welche Anforderungen wirklich gestellt werden müssen, will man zu einer technisch/wirtschaftlich optimalen Lösung gelangen. Nicht alles was technisch machbar ist, wird auch unter allen Umständen gebraucht. Im übrigen gilt auch hier, daß auf Grund von unterschiedlichen Konstruktionen, Werkstoffen und Fertigungsverfahren von Hersteller zu Hersteller deutliche Kostenunterschiede auftreten können.

| lfd. Nr. | Aufbauelement Basis-Werkstoffe | Bauart A | B | C | D | E | |
|---|---|---|---|---|---|---|---|
| **1** | **Leiter** | | | | | | |
| | Kupfer, blk. | | ● | ● | ● | ● | ● |
| **2** | **Flammschutz-Barriere** | | | | | | |
| | Glas-Glimmer-Band | | | | ● | ● | ● |
| **3** | **Isolierung** | | | | | | |
| 3.1 | Olefine, thermoplastisch | ● | | | | | |
| 3.2 | Polyethylen, vernetzt | | | ● | ● | ● | ● |
| 3.3 | Polyester | | | | | | |
| 3.4 | Polypropylen | | | | | | |
| 3.5 | Ethylen-Vinylacetat | | | | | | |
| 3.6 | Silikon | | | | | | |
| 3.7 | Polyetherethterketon | | | | | | |
| 4 | **Flammschutz-Barriere** | | | | | | |
| | Glas-Glimmer-Band | | | | | | |
| **5** | **verseilte Seele** | | ● | ● | ● | ● | ● |
| **6** | **Flammschutz-Barriere** | | | | | | ● |
| | Glas-Glimmer-Band | | | | | | |
| **7** | **Innen-/Füllmantel** | | ● | ● | ● | ● | ● |
| | thermoplastische oder elastische Füllmischung | | | | | | |
| **8** | **Mantel** | | | | | | |
| 8.1 | Olefine, thermoplast. | | ● | ● | ● | ● | ● |
| 8.2 | Polyurethan, thermoplast. | | | | | | |
| 8.3 | , vernetzt | | | | | | |
| 8.4 | Ethylen-Vinylacetat | | | | | | |

Tabelle 9.9: Aufbau von halogenfreien Starkstrom-Kabeln mit besonderen Eigenschaften im Brandfall

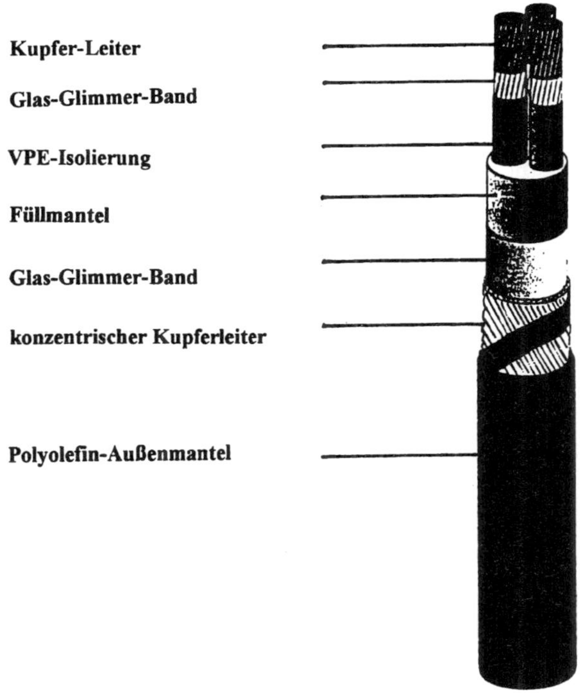


Bild 9.1: Niederspannungskabel HNXCH .... FE 180 0,6/1 kV nach VDE 0266 Teil 3, flammbeständig, keine Brandweiterleitung im Bündel, Isolationserhalt mindestens 180 min, raucharm, halogenfrei, ohne korrosive Gase, wenig giftige Gase

### 9.7.4 Mineral-isolierte Kabel

Die Mineral-isolierten Kabel nehmen eine Sonderstellung ein. Zu ihrer Herstellung werden aus Keramikpulver geformte Tabletten auf die blanken Leiterstangen geschoben. Bei mehradrigen Kabeln eine Tablette für alle Leiter. Diese 15m bis 20 m langen Stangen werden in ein vorbereitetes Rohr aus Kupfer oder Edelstahl geschoben und das Ganze unter hohem Druck gemeinsam auf das Fertigmaß heruntergezogen. Dabei sintert die Keramikmasse.

Die Temperaturbeständigkeit dieser Kabel wird nur durch den Schmelzpunkt des Mantelmaterials bestimmt und der liegt für Kupfer bei 1080 °C und für Stähle je nach Legierung bei bis zu 1500 °C. Mineral-isolierte Kabel können diesen Temperatur über viele Stunden hinweg ohne Ausfall ausgesetzt sein, Bild 9.2.

| lfd. Nr. | Eigenschaften | Bauart A | B | C | D | E |
|---|---|---|---|---|---|---|
| **1** | **max. zul. Leitertemperatur** (°C) | 70 | 70 | 90 | 90 | 90 |
| **2** | **keine Brandweiterleitung** | | | | | |
| 2.1 | - als Einzelkabel | ● | ● | ● | ● | ● |
| 2.2 | - als Kabelbündel | | ● | ● | ● | ● |
| **3** | **Brandgase** | | | | | |
| 3.1 | halogenfrei | ● | ● | ● | ● | ● |
| 3.2 | nicht korrosiv | ● | ● | ● | ● | ● |
| 3.3 | wenig giftig [1)] | O | O | O | O | ● |
| **4** | **Rauchdichte** | | | | | |
| 4.1 | raucharm | ● | ● | ● | ● | ● |
| **5** | **Isolationserhalt** | | | | | |
| 5.1 | - 30 min | | | | ● | ● |
| 5.2 | - 60 min | | | | ● | ● |
| 5.3 | - 120 min | | | | ● | ● |
| 5.4 | - 180 min | | | | ● | ● |
| 6 | Kosten [2)] | | | | | |
| 6.1 | für 3 x 1,5 mm² | 170 | 320 | 380 | 850 | 1200 |
| 6.2 | für 4 x 25 mm² | 130 | 210 | 150 | 300 | 590 |

1) nach DINVDE bisher nicht gefordert, aber von viele Herstellern eingehalten.
2) bezogen auf vergleichbare PVC-Kabel = 100 %.

Tabelle 9.10: Eigenschaften und Kosten von halogenfreien Kabeln mit besonderen Eigenschaften im Brandfall

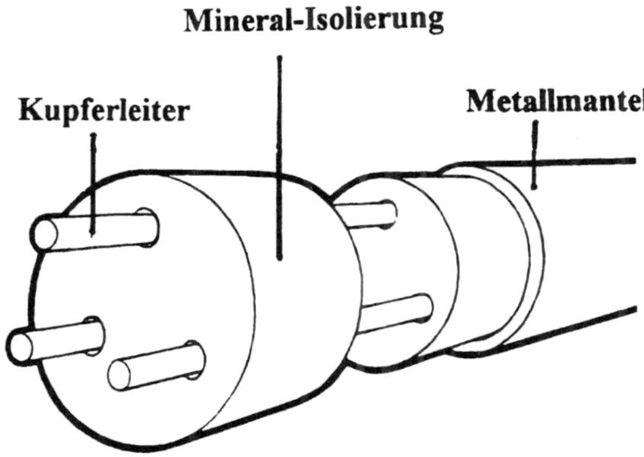


Bild 9.2: Aufbauelemente Mineral-isolierter Kabel

Diesem großen Vorteil stehen jedoch Nachteile gegenüber:

Mineral-isolierte Kabel sind:

- sehr teuer.
- lassen sich nur sehr begrenzt oder gar nicht biegen.
  Ihre Installation erfolgt deshalb in gestreckten Stücken mit Winkeln-Garnituren und vielen Dosen.
- Feuchtigkeits-empfindlich. Bei Transport, Lagerung und Montage müssen ihre Enden sehr sorgfältig mit speziellen Endverschlüssen abgedichtet werden.

Aus diesem Grund ist ihr Einsatz in Deutschland auf wenige Sonderfälle beschränkt, z.B. im "heißen Kern" von Kernkraftwerken oder Industrieanlagen mit sehr hohem Schutzwert.

### 9.7.5 Kennzeichnung von Kabeln mit besonderen Eigenschaften im Brandfall

Für die Kennzeichnung von Kabel mit besonderen Eigenschaften m Brandfall werden sehr häufig geschützten Warenzeichen verwendet. Zusätzlich werden darüber hinaus für die Kennzeichnung bestimmter Eigenschaften auf den Kabeln selbst sowie in Prospekten und bei Produktbeschreibungen noch zusätzliche Kurzzeichen verwendet.

Die Tabelle 9.11 enthält eine Zusammenfassung dieser Kennzeichnungen. Es werden die Bedeutung und die Herkunft dieser Kurzzeichen angegeben.

| Lfd. Nr. | Kurz- zeichen | Bedeutung | Herkunft |
|---|---|---|---|
| 1 | E | Funktionserhalt-Klasse<br>z.B.: E 30 = 30 min<br>**gilt nur für vollständige Kabelanlage** | DIN 4102, Teil 12, Tabelle 1<br>Brandverhalten von Baustoffen und Bauteilen<br>Funktionserhalt von elektrischen Kabelanlagen |
| 2 | F | Feuerwiderstands-Klasse<br>z.B.: F 90 = 90 min<br>**gilt nicht für Kabel oder Kabelanlagen** | DIN 4102 Teil 2, Tabelle 1<br>Brandverhalten von Baustoffen und Bauteilen<br>Bauteile<br>Begriffe, Anforderungen und Prüfungen |
| 3 | FE | Isolationserhalt unter Flammeneinwirkung<br>z.B.: FE 180 = 180 min<br>**gilt nur für Kabel** | DINVDE 0266 Teil 3<br>Kabel mit verbessertem Verhalten im Brandfall<br>Halogenfreie, raucharme Kabel mit verminderter Brandweiterleitung und Isolationserhalt |
| 4 | FR | Flammwidrig<br>**gilt nur für Kabel** | aus dem Englischen: „flame retardant“<br>nicht genormt, in Firmen-Katalogen verwendet |
| 5 | NC | kein korrosiver Rauch<br>**gilt nur für Kabel** | aus dem Englischen: „non corrosive“<br>nicht genormt, in Firmen-Katalogen verwendet |

Tabelle 9.11: Kennzeichen von Kabeln mit besonderen Eigenschaften im Brandfall

## 9.8 Die Prüfung des Brandverhaltens von Kabeln

In den nationalen VDE-Bestimmungen und den entsprechenden regionalen (europäischen) und internationalen Bestimmungen sind für die Werkstoffe und die verschiedenen Kabelbauarten eine Reihe typischer Eigenschaftswerte und Prüfverfahren zur Kontrolle dieser Werte festgelegt. Die geforderten Eigenschaften und ebenso die zugehörigen Prüfverfahren stehen in der Regel nicht in direktem Zusammenhang mit dem Verwendungszweck des Kabels. Die in den Normen festgelegten Merkmalswerte geben vielmehr Eigenschaften wieder, die der betreffende Werkstoff und/oder die jeweiligen Kabelbauarten besitzen, wenn sie dem Stand der Technik entsprechend hergestellt sind. Die zugehörigen Prüfungen dienen dazu festzustellen, ob und in welchem Umfange die Produkte die in den Normen festgelegten Anforderungen erfüllen. Diese Prüfungen sind nicht dazu bestimmt und im Regelfalle auch gar nicht geeignet, die Gebrauchsfähigkeit eines Produktes für einen speziellen Anwendungsfall umfassend zu beurteilen. Dies gilt in ganz besonderem Maße für die Prüfung des Brandverhaltens.

*Es gibt in der Praxis keine Norm-Installation und keinen Norm-Brand !*

Die nachstehend beschriebenen Prüfverfahren zeigen Unterschiede im Brandverhalten verschiedener Kabelbauarten und/oder Werkstoffe auf und lassen bis zu einem gewissen Grad Schlüsse auf das zu erwartende Brandverhalten im Vergleich zu anderen Kabelbauarten und/oder Werkstoffen zu. Eine exakte Vorhersage für den Einzelfall in der Praxis ist jedoch anhand dieser Prüfergebnisse nicht möglich, schon deshalb nicht, weil jeweils nur kurze Probestücke bzw. sehr kleine Materialmengen der Prüfung unterzogen werden und die Menge der im Brandfall betroffenen Kabel bzw. Materialmengen, die Raumgröße und das übrige Umfeld unberücksichtigt bleiben. Es besteht aber sehr wohl ein Unterschied z.B. der Rauchgasdichte, abhängig davon ob der Brand

- einen mit Kabeln vollgestopften Keller unter der Schaltzentrale eines Kraftwerkes,
- ein Kabelbündel in der abgehängten Decke der Textilabteilung eines Kaufhauses,
- einzelne unter Putz liegende Leitungen in einem Wohnhaus,
- eine einzelne frei auf dem Boden liegende flexible Leitung in einer Fleischerei

erfaßt.

Zu beachten ist weiterhin, daß alle Brandprüfungen mittels eines Stützfeuers durchgeführt werden, d.h. sie gehen von der Annahme aus, daß die Kabel nicht von selbst zu brennen beginnen, sondern Kabelbrände durch äußere Stützfeuer ausgelöst werden. Dies deckt sich mit der jahrzehntelangen Erfahrung:

*Kabel sind sichere Betriebsmittel.*

*Von ordnungsgemäß abgesicherten,*
*nach den anerkannten Regeln der Technik hergestellten,*
*installierten und betriebenen Kabeln,*
*wird kein Brand ausgelöst.*

### 9.8.1 Prüfverfahren

#### *9.8.1.1 Prüfung der Flammwidrigkeit*

Die Prüfung der Flammwidrigkeit wird an einzelnen Kabeln durchgeführt.
Um die Zündflamme durch Zugluft nicht zu stören, wird das 600 mm lange Prüfmuster senkrecht in einem Metallkasten aufgehängt (Bild 9.3). Je nach Kabeldurchmesser wird die Zündflamme von einem oder zwei Bunsenbrennern auf das untere Ende des Prüflings gerichtet. Die Beflammungszeit liegt abhängig vom Durchmesser und Gewicht der Leitung zwischen 20 s und 2 min.

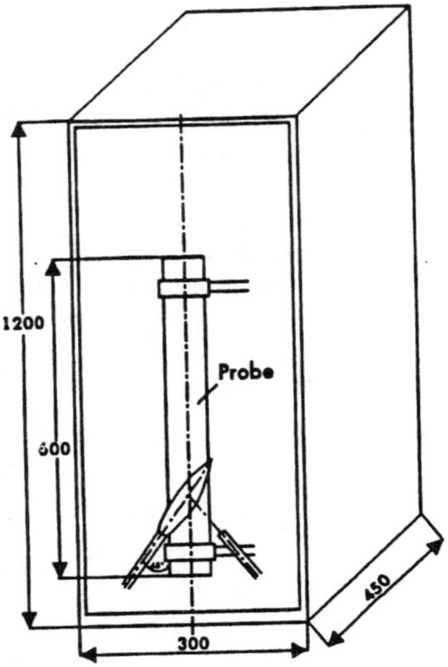


**Prüfart A**

1 Bunsenbrenner
- weiche Flamme
- Dauer 20 s

**Prüfart B**

- 1 oder 2 Bunsenbrenner vom Durchmesser abhängig
- harte Flamme
- $\text{Dauer} = 60 + \frac{\text{Gewicht (g)}}{25}$ (s)

**Anforderungen**

- Brand selbst verlöschend
- Brandbeschädigungen dürfen das obere Ende der Proben nicht erreichen

Bild 9.3: Prüfung des Brandverhaltens nach DINVDE 0472 Teil 804 Prüfarten A + B

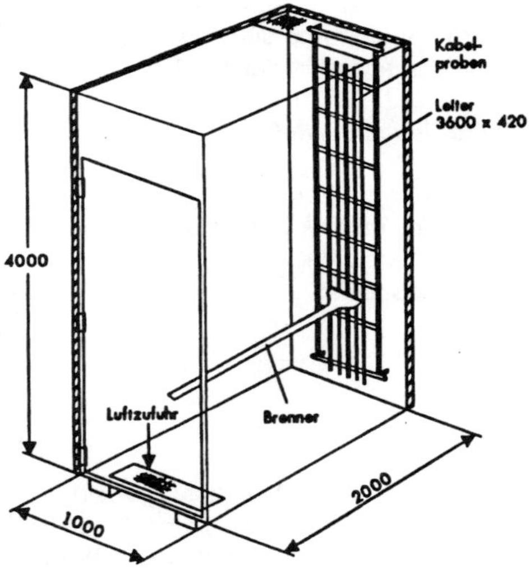


**Prüfbedingungen**

- Brand in definiertem Raum
- Kabelbündel Anzahl der Kabel abhängig von Typ und Leiterquerschnitt
- Heizleistung (75 ± 5) MJ/h
- Flammtemperatur ca. 850 °C
- Dauer 20 min
- Luftzufuhr 5 $m^3$/min
- Luftgeschwindigkeit $\leq$ 8 m/s

**Anforderungen**

- Brand selbst verlöschend
- Brandbeschädigungen dürfen das obere Ende der Proben nicht erreichen

Bild 9.4: Prüfung des Brandverhaltens nach DINVDE 0472 Teil 804 Prüfart C

Dünne Leitungen werden vorzugsweise der leichteren Prüfart A, dickere Kabel der Prüfart B unterworfen.

Die Prüfung gilt als bestanden, wenn die Probe nicht brennt oder entstehende Flammen nach dem Entfernen der Zündflamme von selbst erlöschen. Der Brand darf das obere Ende der Probe nicht erreichen.Einzelne Kabel, die diese Prüfung bestehen, gelten als flammwidrig, sie können aber im Kabelbündel ein völlig anderes Brandverhalten zeigen!

#### *9.8.1.2 Prüfung der Brandweiterleitung durch Kabelbündel*

Die Prüfung der Brandweiterleitung wird an Kabelbündeln in einem senkrecht stehenden Schacht in definiertem Luftstrom durchgeführt.

Zur Prüfung werden die Prüfmuster in bestimmter, festgelegter Weise, abhängig vom Kabeldurchmesser, nebeneinander auf eine 3600 mm lange Leiter montiert (Bild 9.4). Die Zündflamme eines 250 mm breiten Propangas-Brenners mit hoher Leistung wirkt 20 min auf das untere Ende des Kabelbündels ein.

Die Prüfung gilt als bestanden, wenn die Kabel nicht brennen oder entstehende Flammen nach Entfernen der Zündflamme von selbst erlöschen. Der Brand darf das obere Ende des Kabelbündels nicht erreichen. Kabel, die diese Prüfung bestehen, gelten als flammbeständig.

Kabel mit geringem Durchmesser und geringem Metall-Inhalt, z.B. Fernmeldekabel, bestehen diese Prüfung in der Regel nicht. Deshalb wird z..Zt. ein abgewandeltes Prüfverfahren für diese Kabel diskutiert, bei dem mehrere Kabel zu einem definierten Bündel verdrillt und mehrere solche Bündel auf der Leiter montiert werden sollen.

#### *9.8.1.3 Prüfung des Isolationserhaltes*

Die Prüfung des Isolationserhaltes wird an einem einzelnen, waagerecht liegenden Kabelstück von 1200 mm Länge, das von unten beflammt wird, durchgeführt ( Bild 9.5).

Die Zeit der Flammeneinwirkung beträgt je nach Vereinbarung mindestens 20 min. Sie wird aber auf Verlangen auch bis 180 min ausgedehnt. Während der Prüfung liegt Spannung an der Leitung.

Die Prüfung gilt als bestanden, wenn während der Beflammung keine Leiterunterbrechung und kein Kurzschluß oder Erdschluß erfolgt, der die vorgeschaltete Sicherung zum Ansprechen bringt. Kabel, die diese Prüfung bestehen gelten als zeitlich begrenzt feuerbeständig.

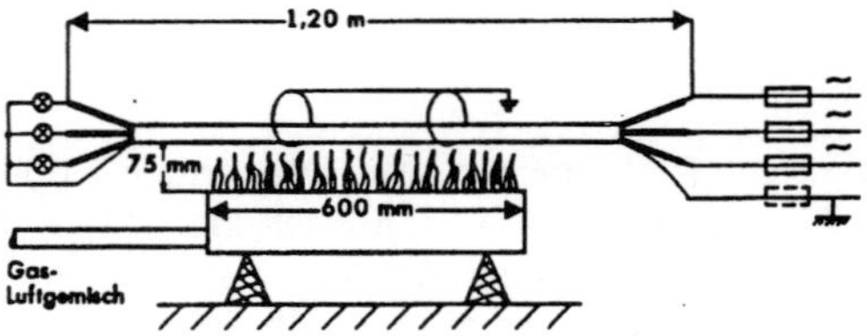


**Prüfbedingungen**

- Brand in definiertem Raum
- einzelnes Kabel
- Flammtemperatur ca. 800 °C
- Dauer 20 min
- Prüfspannung
- Energiekabel 220/380 V
- Fernmeldekabel 110 V

**Anforderungen**

- kein Ansprechen der Sicherung
- keine Leiterunterbrechung

Bild 9.5: Prüfung des Isolationserhaltes nach DINVDE 0472 Teil 814

*9.8.1.4 Prüfung der Rauchgasdichte*

Die Prüfung der Rauchdichte wird an einem einzelnen, waagerecht liegenden Kabelstück oder einer entsprechenden Werkstoffprobe, in einem würfelförmigen Raum von 3 m Kantenlänge durchgeführt (Bild 9.6).

Unter dem Kabelmuster wird 1 l Alkohol verbrannt. Der durch den Brand entstehende Rauch trübt einen durch den Würfel hindurch gehenden Lichtstrahl. Die fotometrisch gemessene Absorption des Lichtes ist ein Maß für die Rauchgasdichte.

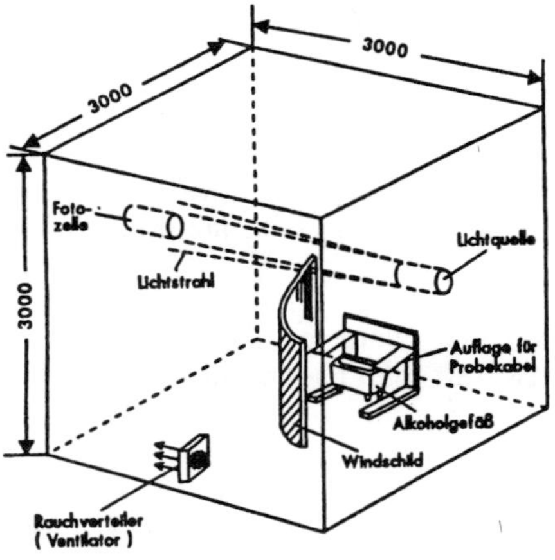


**Prüfbedingungen**

- Lichtquelle 2000 bis 3000 lm
- Farbtemperatur 2800 bis 3200 K
- Kabelproben 1 m lang,
  Anzahl abhängig vom Durchmesser
- Brennflüssigkeit 1000 cm³ Alkohol

Anforderungen

| Anzahl Proben | Lichtintensität mindestens |
|---|---|
| 1 | 70 % |
| 2 | 60 % |
| 3 | 60 % |
| 14 | 50 % |
| 21 | 40 % |

Bild 9.6: Prüfung der Rauchgasdichte nach DINVDE 0472 Teil 816

### *9.8.1.5 Prüfung der Korrosivität der Brandgase*

Die Prüfung der Korrosivität von Brandgasen wird an Werkstoffproben durchgeführt.

Die Rauchgase der definiert verbrannten Werkstoffprobe werden durch destilliertes Wasser geleitet, dabei werden der pH-Wert und die elektrische Leitfähigkeit gemessen (Bild 9.7).

Der Rauch gilt als nicht korrosiv, wenn die nachstehenden Werte nicht unter- bzw. überschritten werden.

| | |
|---|---|
| pH-Wert | ≥ 4,3 |
| Leitfähigkeit | ≤ 100 S/cm |

In den Fachgremien wird z.Zt. über eine Verschärfung der Anforderungen diskutiert.

### *9.8.1.6 Prüfung der Halogenfreiheit*

Diese Prüfung wird an Proben aller im Kabel verwendeten Werkstoffe und nicht an vollständigen Kabeln durchgeführt.

Der Nachweis von Halogenen erfolgt durch chemische Analyse. Weil trotz Verwendung halogenfreier Werkstoffe Spuren von Halogenen in die Werkstoffe

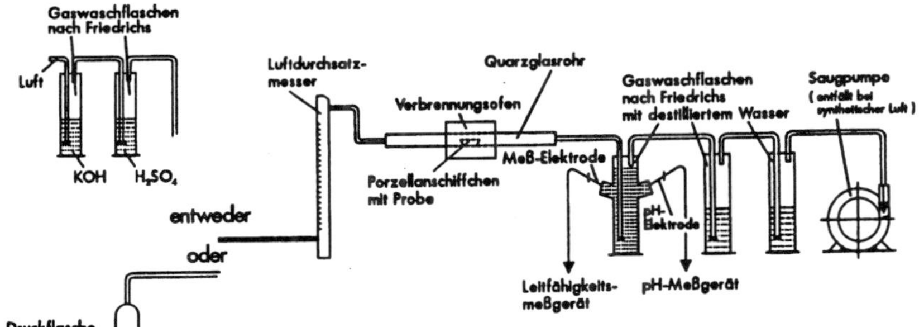


| Prüfbedingungen | Anforderungen |
|---|---|
| - Temperatur im Verbrennungsofen 750 °C - 800 °C | - pH-Wert ≥4,3 |
| - Luftdurchsatz 10 l/h | - Leitfähigkeit 100 γS/cm |

Bild 9.7: Prüfung der Korrosivität von Brandgasen nach DINVDE 0472 Teil 813

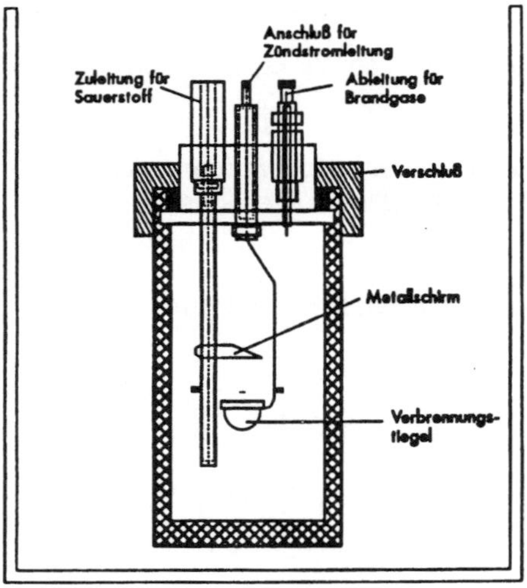


**Prüfbedingungen**

- Meß-Bombe
  im Wasserbad, allseitig
  von Wasser umbegben
  Volumen 280 $cm^3$ - 320 $cm^3$
- Sauerstoff-Druck 30 bar - 40 bar

**Auswertung**

- Berechnung des Brennwertes aus
- Probengewicht
- Temperaturerhöhung der Bombe
- Wärmekapazität der Bombe

**Berechnung des Heizwertes aus**

- Brennwert
- Verdampfungswärme des bei der Verbrennung gebildeten und des in der Probe enthaltenen Wassers.

Bild 9.8: Kalorimeter zur Bestimmung des Heizwertes nach DIN 51900

(Mischungen) eingeschleppt werden und die analytischen Methoden Meßunsicherheiten aufweisen, gelten Werkstoffe mit einem Gehalt

$\leq$ 0,2 % Chlor

$\leq$ 0,1 % Fluor

noch als halogenfrei.

*9.8.1.7 Prüfung der Giftigkeit von Brandgasen*

Die Prüfung wird an Proben aller im Kabel verwendeten Werkstoffe durchgeführt.

Für die Bestimmung der Giftigkeit von Rauchgasen gibt es eine ganze Reihe von Vorschlägen. Sie reichen von chemischen Analysen über die theoretische Berechnung der Zersetzungsprodukte bis zu Tierversuchen. Eine für Kabel verbindliche deutsche, europäische oder internationale Norm gibt es bisher nicht.

Häufig wird der Gift-Index nach der englischen Spezifikation NES 713 oder der französischen Norm NFC 20 454 verwendet. Der Gift-Index wird aus den chemischen Verbindungen, aus denen der betreffende Werkstoff aufgebaut ist, errechnet und dazu die einzelnen Verbindungen über eine chemische Analyse bestimmt. Die einzelnen Verbindungen werden nach ihrer Giftigkeit unterschiedlich bewertet und zum Gift-Index addiert. Man geht davon aus, daß Menschen, die über einen Zeitraum von 15 min einer Atmosphäre mit dem Gift-Index ≤ 5 nach NES 713 ausgesetzt sind, keine bleibenden gesundheitlichen Schäden erleiden..

*9.8.1.8 Prüfung der Brandlast*

Die Prüfung wird an Werkstoffproben aller im Kabel verwendeten Werkstoffe durchgeführt.

Die Heizwerte der im Kabel verwendeten Werkstoffe werden einzeln in einem Kalorimeter (Bild 9.8) bestimmt. Die Brandlast wird aus den für die verschiedenen Werkstoffe ermittelten Heizwerten und den im Kabel verwendeten Mengen dieser Werkstoffe berechnet.

*9.8.1.9 Prüfung des Sauerstoff-Index (LOI)*

Die Prüfung wird nur an Werkstoffproben durchgeführt.

In einer temperierten Prüfkammer (Bild 9.9) wird eine kleine, senkrecht stehende Werkstoffprobe am oberen Ende mittels einer Zündflamme angesteckt. Das Sauerstoff-/Stickstoff-Gemisch wird so eingeregelt, daß die Probe definiert und kontinuierlich weiterbrennt. Der dabei festgestellte Sauerstoff-Anteil in % wird als Sauerstoff-Index angegeben.

Der Sauerstoff-Index ist ein Bewertungsmaßstab für das Brennverhalten eines Werkstoffes. Er ist kein Maß für das Brandverhalten von Kabeln.

*9.8.1.10 Prüfung des Temperatur-Index (TI)*

Die Prüfung wird nur an Werkstoffproben durchgeführt.

Es wird die gleiche Prüfapparatur (Bild 9.9) wie bei der Ermittlung des Sauerstoff-Index verwendet. Der Sauerstoff-Anteil wird konstant auf 20 % gehalten und die Temperatur in der Prüfkammer langsam gesteigert, bis die Probe definiert und kontinuierlich weiterbrennt. Die dabei erreichte Temperatur wird als Temperatur-Index angegeben.

Auch der Temperatur-Index ist kein Maßstab für das Brandverhalten von Kabeln.

*9.8.1.11 Prüfung des Funktionserhaltes einer Kabelanlage*

Die Prüfung des Funktionserhaltes einer Kabelanlage nach DIN 4201 Teil 12 wird an einer vollständigen Probe-Installation mit allen Elementen der Anlage durchgeführt (Bild 9.10). Sie ist sehr aufwendig und damit sehr teuer.

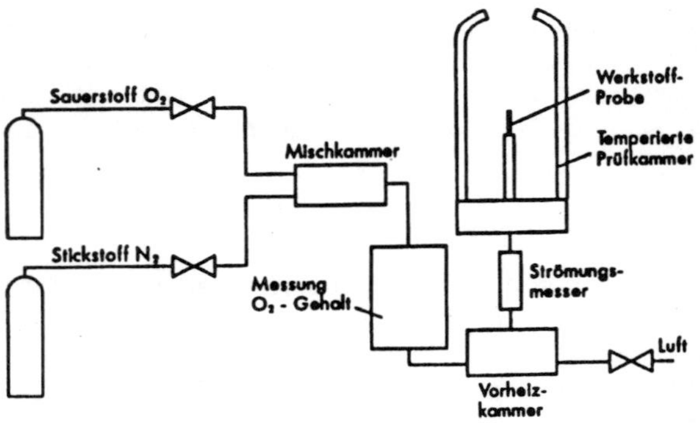


Bild 9.9: Prüfung des Sauerstoff-Index (LOI) und des Temperatur-Index (TI) nach ASTM D 2863

**Prüfbedingungen**

**Sauerstoff-Index (LOI)**
- Variation des Verhältnisses Sauerstoff / Stickstoff
Temperatur-Index (TI)
- Sauerstoff-Anteil 20 %
- Variation der Temperatur in der Prüfkammer

**Definition**

**Sauerstoff-Index**
LOI = %-Satz des Sauer stoff-Anteiles, bei dem die Probe gerade noch brennt.

**Temperatur-Index**
TI = Temperatur, bei der die Probe gerade noch brennt.

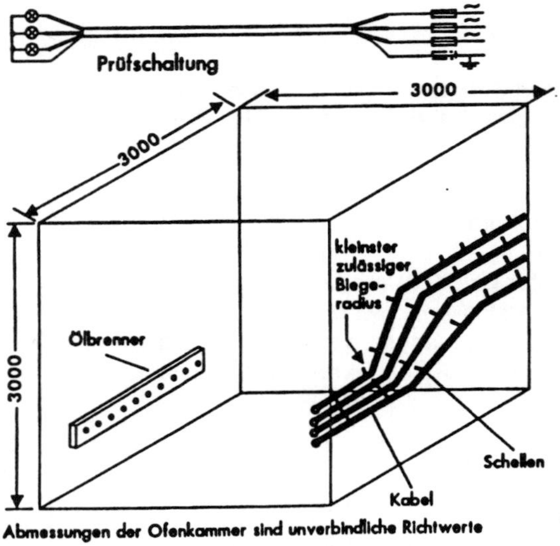


Bild 9.10: Prüfung des Funktionserhaltes einer Kabelanlage nach DIN 4102 Teil 12

**Prüfbedingungen**

- Brand in definiertem Raum
- kontrollierter Brand mit definierter Einheitstemperatur über 3 h bis 1200 °C steigend
- Probeinstallation auf gleicher Unterlage und mit gleichem Installationsmaterial und gleicher Anordnung wie in geplanter Anlage.
- Prüfspannung = Betriebsspannung

**Prüfzeiten**

- 30 min für F 30
- 60 min für F 60
usw.

**Anforderungen**

- kein Ansprechen der Sicherungen
- keine Leiterunterbrechung

Bei dieser Prüfung wird eine 3 m breite und entsprechend den späteren Baumaßen hohe Probe des späteren Bauelementes (z.B. Wand aus Mauerwerk oder Betondecke) mit einer Probe-Installation bestückt, die alle Elemente der späteren Anlage enthalten muß (Kabel, Schellen, Profilschienen usw.). Die Probe- Installation wird in eine Ofenkammer eingesetzt. Auf der einen Seite der Kammer wird die Temperatur durch brennendes Öl nach einem vorgegebenen Programm (ISO-Temperatur-Kurve) im Verlauf von 3 h auf 1200 °C gesteigert. Im Prüfraum wird die Temperatur gemessen. Die Kabel werden während dieser Prüfung an Spannung gelegt und überwacht.

Entsprechend der geforderten Funktionsklasse darf während der Prüfzeit keine Stromunterbrechung und weder ein Kurzschluß noch ein Erdschluß auftreten, der die vorgeschaltete Sicherung zum Ansprechen bringt.

Die von der Prüfanstalt ausgestellten Zertifikate gelten nur in Verbindung mit den bei der Prüfung verwendeten Bauelementen und der geprüften Installationsart. Eine Übertragung auf andere Elemente und/oder andere Installationsarten war bisher nicht vorgesehen. Es wird allerdings eine Änderung angestrebt, die in gewissem Umfang auch einen Austausch zulassen soll.

#### *9.8.1.12 Weitere Prüfverfahren*

Neben den zuvor genannten Prüfverfahren, gibt es noch eine Vielzahl weiterer Verfahren, die überwiegend nur von bestimmten Abnehmern, z.B. U-Bahn-Gesellschaften gefordert werden, die aber z.T. auch schon Eingang in die Normung gefunden haben. Auf einige davon wird nachfolgend kurz eingegangen. Die hier erwähnten Prüfverfahren sind nicht in der Tabelle 9.12 aufgeführt.

##### *9.8.1.12.1 Giftigkeit von Brandgasen*

An der Universität Pittsburgh / USA werden Tierversuche zur Bestimmung der Giftigkeit von Rauchgasen durchgeführt. Dabei wird eine bestimmte Menge des zu prüfenden Werkstoffes definiert verbrannt und die entstehenden Rauchgase in einen Käfig mit Mäusen geleitet. Die Werkstoffmenge wird solange gesteigert, bis 2 von 4 Mäusen im Versuch gestorben sind. Die Menge des verbrannten Werkstoffes in Gramm wird als LC 50-Wert (life count 50) angegeben. Je höher dieser Wert, um so weniger giftig sind die Rauchgase.

Die Übertragbarkeit der Prüfergebnisse auf den Menschen wird angezweifelt. Es ist nicht bekannt, daß bisher der Versuch einer Normung unternommen wurde. Prüfungen dieser Art werden in Europa abgelehnt.

##### *9.8.1.12.2 Korrosion elektronischer Bauelemente*

Es ist bekannt, daß elektronische Bauteile besonders empfindlich auf aggressive Rauchgase reagieren. Dabei spielt wahrscheinlich aber nicht nur die Korrosivität dieser Rauchgase eine Rolle, sondern auch die mitgeführten Rußpartikel haben einen Einfluß auf die Funktionalität der elektronischen Bauteile.

Es sind verschiedene Versuchanordnungen bekannt, bei denen Rauchgase über Leiterplatten geleitet werden. Im Anschluß daran werden die Leiterplatten entweder optisch auf Korrsion untersucht oder durch elektrische Messungen, z.B. Leckströme zwischen Kontakten, beurteilt. Ein solches Verfahren ist in der französischen Norm NF C 32-062-1 beschrieben.

*9.8.1.12.3 Brandweiterleitung waagerecht verlegter Kabel*

In der amerikanischen Bestimmung UL 910 ist ein unter dem Namen "Steiner Tunnel Test" bekannt gewordenes Verfahren zur Prüfung der Brandweiterleitung waagerecht verlegter Kabelbündel beschrieben.

Die Prüfung wird in einem ca. 70 m langen, waagerechten Tunnel mit ca. 45 x30 cm Innenmaß durchgeführt. Am Anfang des Tunnels ist ein breiter Gasbrenner mit einer Leistung von 88 kW installiert. Die 7.32 m langen Prüfmuster liegen dicht gepackt, parallel nebeneinander auf einer Pritsche. Vor Beginn der Prüfung wird der Kanal auf 66 °C erwärmt. Danach wird die Pritsche mit den Prüfmustern in den Ofen eingebracht und der Brenner für 20 min gezündet. Während der Prüfung strömt auf 70 °C vorgewärmte Luft mit einer Geschwindigkeit von 73 m/min durch den Tunnel. Während der gesamten Prüfzeit wird über die volle Länge des Tunnels kontinuierlich die Temperatur überwacht und im hinteren Teil die Rauchgasdichte gemessen.
Die Prüfung gilt als bestanden, wenn sich der Brand nicht weiter als 152 cm über den Zündbereich hinaus ausbreitet, wobei der Zündbereich selbst 137 cm lang ist. Während des Versuches darf die optische Rauchgasdichte den Wert 0,5 nicht überschreiten.

Diese Prüfung ist auf die amerikanische Installationspraxis abgestellt, bei der Kabel auch in belüfteten Zwischendecken und in Lüftungskanälen (plenum) verlegt werden. Diese Installationsart ist in Deutschland und anderen europäischen Ländern nicht zulässig. Deshalb wird diese Prüfung von den europäischen Normen-Ausschüssen bisher abgelehnt.

*9.8.1.12.4 Brand-Energie (cone calorimeter test)*

Die Beobachtung der Wärmeabgabe eines Brandes in einer geschlossenen, definierten Umgebung kann Aufschlüsse über Ursache und Wirkung eines Brandes liefern. Das amerikanische Nationale Büro für Standardisierung (NBS) hat ein Prüfverfahren entwickelt, das die bei der Vergasung freiwerdende Wärme, die Rauchentwicklung und den Masseverlust beim Verbrennen von Werkstoffproben erfaßt. Bei diesem Verfahren wird die zu untersuchende Werkstoffprobe unter einer konusförmige Glocke (cone) einer definierten Wärmestrahlung ausgesetzt, die zur Entzündung der Probe führt und dem Brand kontinuierlich eine definierte Wärmemenge zuführt. Die durch den Brand freigesetzte Energie wird über den Sauerstoffverbrauch während des Brandes in einem Kaloriemeter bestimmt und ihr zeitlicher Verlauf registriert. Gleichzeit wird durch Wägung der Masseverlust festgestellt.

Die während des Brandes freigesetzte spezifische Wärmeenergie steigt zunächst an und fällt danach mit dem Verbrauch an brennbarer Masse wieder ab. Der zeitliche Verlauf dieser Energiekurve ist abhängig von der Art des verbrannten Werkstoffes und der zugeführten Energie. Leicht entzündbare Werkstoffe zeigen einen raschen, steil ansteigenden Kurvenverlauf, mit hoher Energieabgabe in der Spitze, aber eine ebenso schnell wieder abfallende Kurve. Schwerentflammbare Werkstoffe benötigen dagegen wesentlich höhere Energiemengen zum Entzünden, beginnen viel später zu brennen und weisen einen deutlich flacheren Kurvenverlauf auf.

An den aus dem Konus abziehenden Rauchgasen wird optisch auch die Rauchgasdichte bestimmt.

Die Messungen können nicht nur an Werkstoffen durchgeführt werden, sondern auch an kurzen Kabelmustern. Erste Versuche haben erkennen lassen, daß wahrscheinlich mit den aus dem cone calorimeter gewonnenen Werten eine Beziehung zu den Ergebnissen aus den herkömmlichen Prüfverfahren zur Bestimmung der Brandweiterleitung hergestellt werden können. Welche Bedeutung dieses Prüfverfahren einmal für die Produktprüfung erlangen wird, ist heute noch nicht mit Sicherheit vorherzusagen. Für die Entwicklung neuer Werkstoffe und die Beurteilung bekannter Werkstoffe und deren Varianten, sind aber schon heute die gefundenen Ergebnisse sehr wertvoll.

Das nach ISO 5660 genormte Verfahren wird bisher in Kabel-Normen nicht zitiert.

### 9.8.2 Prüfnormen

Die Tabelle 9.12 gibt einen Überblick über die verwendeten nationalen, regionalen und internationalen Prüfnormen der unter 2 genannten Prüfungen. Es muß darauf hingewiesen werden, daß z.Zt. das europäische Normenwerk für Kabel von den bisherigen Harmonisierungs Dokumenten (HD) auf Europa Normen (EN) umgestellt wird, der sich dann auch die nationalen Normen der europäischen Länder anschließen müssen. Im Rahmen dieser Umstellung werden sich in den nächsten Jahren die Nummern der hier zitierten Normen ändern.

| lfd. Nr. | Prüfung | Prüfnormen national DIN VDE 0472 Teil | regional CENELEC HD | international IEC | andere |
|---|---|---|---|---|---|
| 1 | Flammwidrigkeit (Einzelkabel) | 804 | | | |
| | | Prüfart A | 405.1 | 332.2 | |
| | | Prüfart B | 405.2 | 332-1 | |
| 2 | Flammbeständigkeit (Kabelbündel) | 804 | | | |
| | | Prüfart C | 405.3 | 332-3 | |
| 3 | Isolationserhalt | 814 | | 331 | |
| 4 | Rauchgasdichte | 816 | 606.1+2 | 1034 | |
| 5 | Korrosivität | 813 | 602 | 754-2 | |
| 6 | Halogenfreiheit | | | | |
| 7 | Giftigkeit | | | | NES 713 NFC 20454 |
| 8 | Brandlast | DIN 51 900 | | | |
| 9 | Sauerstoff- Index (LOI) | | | | ASTM D 2863 |
| 10 | Temperatur-Index (TI) | | | | ASTM D 2863 |
| 11 | Funktionserhalt | DIN 4102 Teil 12 | | | |

Tabelle 9.12: Prüfnormen

### 9.8.3 Prüfumfang

Der Prüfumfang und ggf. die bei der Prüfung zu beachtenden Randbedingungen bei den in der Tabelle 9.12 genannten Prüfungen des Brandverhaltens von Kabeln, sind in den jeweiligen Aufbau-Bestimmungen der Kabel festgelegt. Die hier beschriebenen Eigenschaften der Werkstoffe und der aus ihnen gefertigten Kabel werden durch den Fertigungsprozeß kaum oder gar nicht beeinflußt . Es kommt hinzu, daß die Prüfung der besonderen Eigenschaften im Brandfall z.T. sehr aufwendig und teuer sind. Man beschränkt sich bei der Kontrolle der besonderen Eigenschaften im Brandfall in der Regel auf Typprüfungen.

Typprüfungen werden nach der Erst-Fertigung einer neuen Bauart durchgeführt (Typ-Musterprüfung) und nur wiederholt, wenn die verwendeten Werkstoffe und /oder die Konstruktion der Bauart geändert werden.

### 9.8.4 Prüfzeichen

Werden die Prüfungen durch sogenannte "dritte Stellen", d.h. unabhängige Prüfinstitute durchgeführt, so wird von diesen Prüfinstituten in der Regel auch ein Prüfzeichen vergeben, das am Produkt und/oder seiner Verpackung angebracht werden kann. Für Kabel, die in den VDE-Bestimmungen enthalten sind, kann die VDE-Prüfstelle das VDE-Zeichen vergeben. Für Kabel, die nicht in den VDE-Bestimmungen enthalten sind, kann die VDE-Prüfstelle ein "Gutachten mit Fertigungsüberwachung" ausstellen. Dafür wird das nachstehende Prüfzeichen vergeben: "ÜG-Reg.Nr. ........".

Die Kabel, für die ein VDE-Zeichen oder ein ÜG-Zeichen vergeben wurde, unterliegen einer regelmäßigen Überwachung durch die VDE-Prüfstelle, und zwar werden von der VDE-Prüfstelle beim Hersteller mindestens 4-mal im Jahr Proben aus dem Lager oder der Fertigung gezogen und untersucht. Darüber hinaus kann die VDE-Prüfstelle weitere Proben dem Markt entnehmen.

| Prüfstelle | Prüfzeichen | |
|---|---|---|
| **nationales deutsches Prüfzeichen** | | |
| Prüf- und Zertifizierungsinstitut VDE-Prüfstelle | **< VDE >** | VDE-Zeichen für in VDE genormte Kabel |
| | **VDE-Reg.-Nr**.... | Zeichen für überwachte Gutachten für bisher nicht genormte Kabel |
| **europäisches Prüfzeichen für Kabel** | | |
| Prüf- und Zertifizierungsinstitut VDE-Prüfstelle *) | **< VDE >< HAR >** | Zeichen für Kabel nach europäischen, harmonisierten Normen (HD, EN) |

*) Prüfzeichen, die für die gleichen harmonisierten Kabel von anderen, dem HAR-Verfahren angeschlossenen, nationalen Prüfanstalten vergeben werden, sind an dem Kurzzeichen erkennbar, das dem < HAR > Zeichen vorangestellt ist, z.B. < UTE ><HAR > für ein von der nationalen französischen Prüfstelle vergeben wurde.

Tabelle 9.13: Prüfzeichen

Im europäischen Rahmen sind bisher Kabel mit besonderen Eigenschaften im Brandfall nicht genormt. Es ist aber damit zu rechnen, daß CENELEC sich dieser Aufgabe annehmen wird. Sobald dies geschehen ist, kann für diese Kabel das europäische HAR-Prüfzeichen von den nationalen Prüfanstalten (in Deutschland VDE-Prüfstelle) vergeben werden. Die damit gekennzeichneten Produkte werden in allen CENELEC-Ländern ohne weitere Prüfung anerkannt. Kabel mit dem HAR-Zeichen unterliegen in allen angeschlossenen Ländern der gleichen vierteljährlichen Kontrolle, wie die Kabel mit dem VDE- bzw. dem ÜG-Zeichen. Die Prüfergebnisse werden zwischen den Prüfanstalten ausgetauscht. Am HAR-Verfahren sind alle EU-Mitgliedsländer sowie die EFTA-Länder beteiligt. Außerdem haben inzwischen Polen Tschechien, Türkei und Ungarn die Mitgliedschaft beantragt.

*Das CE-Zeichen ist kein Prüf- oder Qualitätszeichen.*

Das CE-Zeichen ist ausschließlich für die Erleichterung des Grenzüberganges und die Zollbehörden bestimmt und besagt, daß die damit gekennzeichneten Produkte den geltenden europäischen Richtlinien entsprechen. Normen-Konformität ist dafür nicht gefordert. Ebensowenig ist für Kabel, die das CE-Zeichen tragen, eine Prüfung durch “dritte Stellen” vorgeschrieben.

# 10 Garnituren für Energiekabel

K.-B. Müller

## 10.1 Einleitung

Garnituren, das sind Endverschlüsse und Muffen von Kabeln, haben für die Betriebssicherheit einer Kabelanlage eine besondere Bedeutung. Anders als beim Kabel gibt es keine Aufbau- sondern nur Prüfvorschriften. Außerdem erfolgt die Herstellung einer Garnitur überwiegend oder zumindest teilweise durch den Monteur vor Ort, eine Stückprüfung des fertigen Produktes ist deshalb in der Fabrik nicht durchführbar und die elektrische Prüfung einer fertigen Anlage nur mit Einschränkungen möglich. Heutige Entwicklungstendenzen zielen daher auf weitgehende Vorfertigung, die eine Vorprüfung der wesentlichen Komponenten im Werk erlaubt, und auf einfache Montage, um Montagefehler zu vermeiden.

Mittelspannungsgarnituren sollten auf Kabel eines möglichst großen Querschnittbereichs montiert werden können, um die Typenzahl klein zu halten und damit auch Verwechslungen zu vermeiden. Bei Hochspannungskabeln überwiegt dagegen der Systemgedanke: Kabel und Garnituren gehören zusammen, durch die Typprüfung wird die Eignung des Systems festgestellt und nicht wie in der Mittelspannung die Eignung einzelner Komponenten.

Die Vielfalt an Garniturenkonstruktionen ist groß, im folgenden Beitrag können daher nur wichtige Prinzipien erläutert und einige Beispiele gegeben werden.

## 10.2 Aufgaben von Garnituren

Endverschlüsse und Muffen haben als wesentliche Aufgaben zu erfüllen:

1. Stromtragfähiges Kontaktieren von Kabelleitern untereinander oder mit Anschlüssen von Anlagen
2. Steuern des elektrischen Feldes im Unstetigkeitsbereich des Kabelendes
3. Gewährleisten eines sicheren inneren Isolationsniveaus
4. Anpassen des äußeren Isolationsniveaus an die Umgebungsbedingungen
5. Thermische und mechanische Kurzschlußfestigkeit
6. Abdichtung und mechanischer Schutz gegen Umgebungseinflüsse

Bei der elektrischen Festigkeit unterscheidet man zwischen einer inneren und einer äußeren Festigkeit. Während ein Durchschlag im Inneren der Garnitur zur völligen Zerstörung führt, ist ein äußerer Überschlag in der Regel für die Garnitur weniger schädlich. Die äußere Festigkeit sollte daher etwas niedriger sein als die innere Festigkeit, um damit eine gewisse Schutzfunktion auszuüben.

## 10.3 Leiterverbindung

Eine Leiterverbindung ist so auszulegen, daß weder bei normalen Betriebsbedingungen noch bei den im Fehlerfall auftretenden Kurzschlußströmen Temperaturen auftreten, die die angrenzenden Garniturenbereiche schädigen können. Dabei ist zu berücksichtigen, daß in der Garnitur wegen des im Vergleich zum Kabel oft ungünstigeren thermischen Aufbaus etwas höhere Temperaturen zu erwarten sind als im Kabel selbst.

Tabelle 10.1 stellt die wichtigsten Leiterverbindungsarten einander gegenüber.

| | Löten<br>Cu Al | Schweißen<br>Al | Cadweld<br>Cu / Al | Pressen<br>Cu / Al | Klemmen<br>Cu / Al | Stecken |
|---|---|---|---|---|---|---|
| Anforderung an den Monteur | mittel hoch | hoch | niedrig | niedrig | niedrig | niedrig |
| Zur Montage Wärme erforderlich | ja | ja | ja | nein | nein | nein |
| zulässige Kurzschlußtemperatur | 160 °C | (>)250 °C | 250 °C | 250 °C | 250 °C | 250 °C |

Tabelle 10.1: Leiterverbindungsarten

Für lösbare Kabelklemmen und für Preßverbinder gibt es mit DIN VDE 0220 eine eigene Prüfvorschrift. Diese wurde im Rahmen IEC überarbeitet und als Entwurf DIN VDE 0220 Teil 100 (Aug. 91) “Preß- und Schraubverbinder für Starkstromkabel mit Kupfer- und Aluminiumleitern” veröffentlicht. Wegen verschiedener Probleme, auf die hier nicht weiter eingegangen werden kann, ist diese Norm jedoch immer noch in Diskussion.

Mechanische Verbinder (Pressen, Klemmen und Stecken) stellen eine Unstetigkeit in der Leitergeometrie dar. Wenn es auf eine homogene Leiterkontur nicht ankommt, werden überwiegend Preßverbinder und ggf. auch Steck- oder Schraubverbinder eingesetzt, die sich einfach und schnell montieren lassen. Wird dagegen das elektrische Feld vom Verbinder beeinflußt und dadurch eine aufwendigere Isolierung - insbesondere bei Muffen - erforderlich, so wird zumeist geschweißt, überwiegend nach einem exothermen Verfahren, das eine nahezu durchmessergleiche Leiterverbindung erlaubt. Als Schweißpulver wird je nach Leitermaterial eine Mischung aus Kupferoxid und Aluminium oder Zinnoxid und Aluminium verwendet (Cadweld-Verfahren). Das Metalloxid wird durch Aluminium reduziert und dabei die notwendige Schmelzwärme freigesetzt.

## 10.4 Steuerung des elektrischen Felds

Neben der Beherrschung des Stromes ist die Steuerung des elektrischen Feldes an der Unstetigkeit eines Kabelendes die wichtigste Aufgabe einer Garnitur. Entsprechend Bild 10.1a würde ohne Steuerung am Ende der äußeren Leitschicht des Kabels die Feldstärke so hoch werden, daß es zu Entladungen an der Oberfläche und als Folge zum Überschlag oder auch Durchschlag kommen würde.

Einen gleichmäßigen Feldverlauf erreicht man durch ein Steuerteil, dessen Steuerungsfunktion entsprechend Bild 10.1b durch seine Kontur, also geometrisch erreicht wird. Bei der Form dieses leitfähigen Steuerteils ist darauf zu achten, daß nicht nur der Absolutwert der Feldstärke sondern auch die besonders gefährliche Tangentialkomponente an der Kabeloberfläche, die ja eine Grenzschicht zwischen zwei unterschiedlichen Materialien bildet, keine kritischen Werte überschreitet. Deshalb ist der Trichter zunächst sehr schlank und weitet sich dann immer steiler auf. Der Bereich hoher Feldstärken außerhalb der Kabelisolierung muß durch Isoliermaterial gefüllt sein, dessen elektrische Festigkeit ausreichend hoch ist und dessen Dielektrizitätskonstante die Feldstärke (im Vergleich zu Luft) verringert. Der leitfähige Steuertrichter ist in diesem Isoliermaterial – dem Stresskonus – eingebettet.

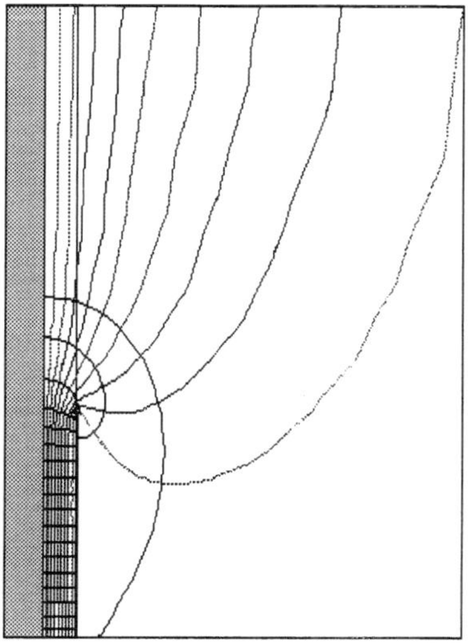

Bild 10.1a: Ungesteuertes Kabelende

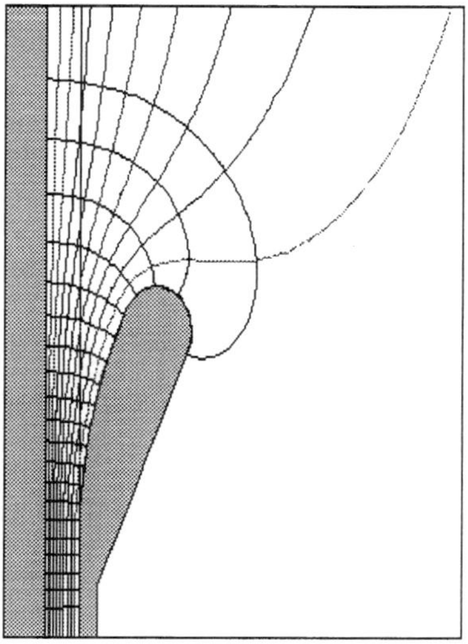

Bild 10.1b: Geometrische Feldsteuerung

Eine andere Art der Feldsteuerung zeigt Bild 10.2. Eine refraktive oder resistive Schicht auf der Kabelisolierung leitet die kapazitiven Quer-Ströme ab, ohne daß sie zu den gefährlich hohen Oberflächenfeldstärken führen. Die Oberflächenimpedanz (Z) darf nicht zu groß sein, sonst ist entsprechend Kurve 1 ihre Steuerungsfunktion nur unzureichend. Bei zu kleiner Impedanz dagegen stellt die Schicht praktisch nur eine Verlängerung der Kabelleitschicht dar (Kurve 3) und verringert außerdem die Überschlagstrecke. Zur Erzielung einer etwa linearen Potentialsteuerung muß die Oberflächenimpedanz an die Querkapazität des Kabels angepaßt sein.

Eine rein resistive Steuerung hat den Nachteil, entsprechend einem ohmsch-kapazitiven Teiler frequenzabhängig zu sein. Sie steuert also entweder bei der Betriebsfrequenz oder bei Stoßbelastung richtig, aber nicht bei beiden Beanspruchungsarten. Der durch eine refraktive Schicht gebildete kapazitive Teiler ist dagegen frequenzunabhängig.

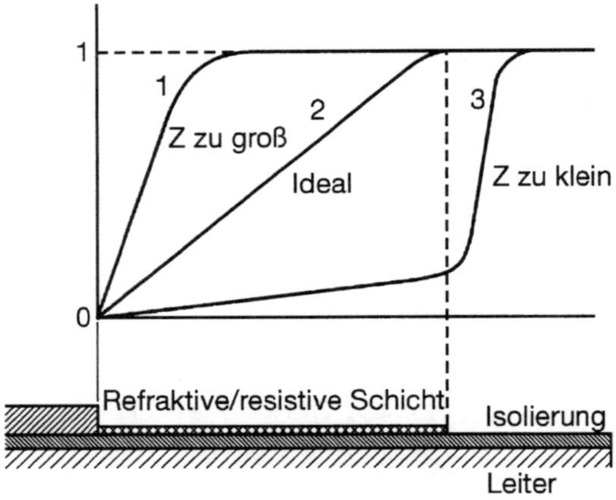


Bild 10.2: Refraktive/resistive Feldsteuerung

Die Eigenschaften eines feldsteuernden Materials sind im allgemeinen Feldstärke-abhängig. Seine Leitfähigkeit steigt mit steigender Feldstärke. Dadurch werden kritische Feldstärken besonders wirkungsvoll begrenzt.

Praktisch nur bei Hochspannungsgarnituren wird eine aufwendige Steuerung durch leitfähige Einlagen, wie in Bild 10.3 dargestellt, eingesetzt. Diese Einlagen bilden Kapazitäten untereinander sowie zum Leiter des Kabels und gegen Erde. Bei entsprechender Anordnung läßt sich makroskopisch eine konstante Potentialverteilung sowohl in radialer wie in axialer Richtung erreichen. Die Feldüberhöhung an den Einlagenkanten ist durch einen geringen Abstand zwischen benachbarten Einlagen zu begrenzen. Dadurch wird allerdings eine hohe Zahl von Einlagen erforderlich, z.B. etwa 50 für einen 400 kV Endverschluß.

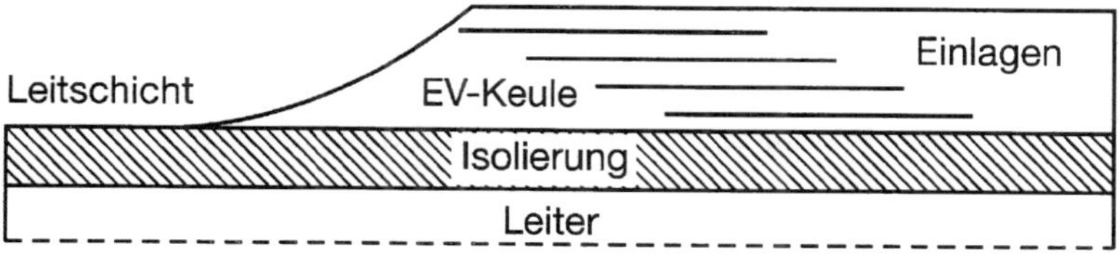


Bild 10.3: Kapazitive Feldsteuerung

## 10.5 Materialien

Die beiden wichtigsten Materialien für Aufschiebgarnituren sind EPR (Ethylen-Propylen-Rubber) und SiR (Silikongummi). In Tabelle 10.2 sind wesentliche Eigenschaften typischer Vertreter beider Materialien verglichen.

| Eigenschaft | Einheit | SiR (RTV) | EPDM |
|---|---|---|---|
| Dichte | g/cm³ | 1,15-1,25 | 1,15-1,20 |
| Elastizitätsmodul bei 50% Dehnung | N/mm² | 0,5 | 1,2 |
| Zugfestigkeit | N/mm² | > 5 | > 7 |
| Bruchdehnung | % | > 400 | > 300 |
| Durchschlagfestigkeit | kV/mm | > 20 | > 20 |
| Spez. Durchgangswiderstand | Ωcm | $> 10^{14}$ | $> 10^{14}$ |
| Dielektrizitätszahl | | 2,8 | 2,7 |
| Verlustfaktor | $10^{-3}$ | 5 | 3...8 |
| Wärmeleitfähigkeit | W/m/K | 0,2 | 0,27 |
| Lineare Wärmedehnung | $10^{-4}$/K | 2 | 2 |
| max. Betriebstemperatur | °C | 110 | 90 |

Tabelle 10.2: Einige Werkstoffeigenschaften von SiR und EPDM

SiR wird in verschiedenen Varianten eingesetzt, zwei wichtige Vertreter sind

a) peroxidisch vernetzendes SiR (HTV)

b) Additions-vernetzendes SiR (RTV)

Entsprechend Bild 10.4 werden bei der Vernetzung von HTV Silikon (*h*och-*t*emperatur-*v*ernetzend) niedermolekulare Spaltprodukte frei. Die peroxidische Vernetzung erfordert deshalb neben der hohen Vernetzungstemperatur auch einen hohen Druck in der Form, um die Bildung von Hohlräumen in der Isolierung zu vermeiden. Damit werden Formen – vor allem bei großvolumigen Isolierkörpern – sehr teuer. Sie lohnen sich aber bei großen Stückzahlen, da HTV-Material preiswerter als RTV-Material ist. Die Additionsvernetzung des raumtemperatur-vernetzenden Materials ist dagegen Spaltprodukt-frei, die Vernetzung läuft schon bei mäßigen Temperaturen ausreichend schnell. An die Formen werden deshalb geringere Anforderungen gestellt.

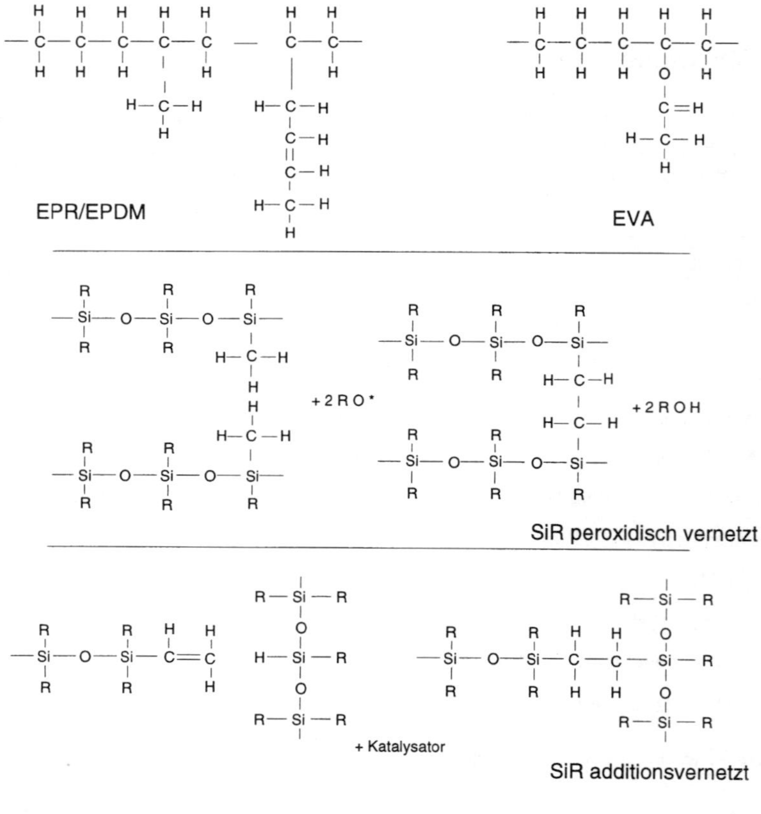


Bild 10.4: Aufbau von EPR, EPDM, EVA und SiR

Auch EPR wird peroxidisch vernetzt, damit sind die Fertigungsprobleme mit denen des HTV-SiR vergleichbar. Die Vernetzungsbedingungen lassen sich vereinfachen, wenn in das Makromolekül reaktionsfähige Doppelbindungen eingebaut werden. Bild 10.4 zeigt die dafür vorgesehene Dien-Gruppe (EPDM). Nach der Vernetzung unterscheiden sich EPR und EPDM praktisch nicht mehr.

Reines EPR ist nicht freiluftbeständig. Wie PE wird es von UV-Licht angegriffen und es ist nicht kriechstrombeständig. Durch verschiedene Additive und Füllstoffe lassen sich die Eigenschaften des EPR jedoch in weiten Grenzen einstellen, der Name „EPR" bezeichnet damit nur noch das Basispolymer und gibt lediglich bedingt Auskunft über die Eigenschaften.

SiR zeichnet sich dagegen durch hohe Freiluftbeständigkeit aus. Da es hydrophob ist, bildet Feuchtigkeit auf der Oberfläche keine leitfähigen Schichten sondern Tropfen aus. Diese Hydrophobie wird durch niedermolekulare Bestandteile aus dem Volumen über lange Zeit aufrecht erhalten. Kriechströme auf der Oberfläche bilden keine leitfähigen Spuren, die zum Überschlag führen könnten, da die Hauptkette keine Kohlenstoffatome enthält. Lange $(CH_2)_n$-Seitengruppen können sich aber in dieser Beziehung ungünstig auswirken. Weitere Vorteile des SiR sind seine hohe Elastizität, durch die es sich schon bei geringem Druck den Unebenheiten der Kabelader anschmiegen kann, und ein geringer Druckverformungsrest, d.h. daß die plastische Verformung unter Druck oder Zug auf Dauer klein bleibt. Für heißschrumpfende Materialien werden teilkristalline, vernetzte Polymere verwendet, wie das Polyethylen-Copolymer EVA (Ethylen-Vinylacetat). Schrumpfteile (u. a. Schrumpfschläuche) werden z.B. extrudiert und anschließend peroxidisch oder durch Strahlung vernetzt. Im Anschluß an die Vernetzung werden die Teile in heißem Zustand expandiert und abgekühlt. Dadurch stehen die Polymerketten unter Spannung, ein Zurückschrumpfen wird aber durch Kristallite und Füllstoffe verhindert und findet erst statt, wenn das Material wieder über die Kristallitschmelztemperatur hinaus erwärmt wird. Wie bei EPR müssen Freiluft- und Kriechstrombeständigkeit durch Füllstoffe erreicht werden, ein wichtiger Vertreter dafür ist Aluminiumhydroxyd ($Al_2(OH_3)$).

Für eine ausreichende feldsteuernde Wirkung muß entweder der spezifische Durchgangswiderstand des Materials etwa auf die Größenordnung $10^9$ - $10^{10}$ $\Omega$cm (resistiv) eingestellt werden oder die relative Dielektrizitätskonstante mindestens etwa 10 (refraktiv) betragen. Die geforderte Leitfähigkeit läßt sich durch Zugabe von leitfähigem Ruß relativ einfach erreichen. Die Dosierung ist allerdings insofern kritisch, als die Leitfähigkeitskurve über der Rußmenge im betrachteten Bereich extrem steil verläuft.

Eine hohe Dielektrizitätskonstante ist schwieriger zu erreichen. Neben einem möglichst polaren Basispolymer wird nicht-leitfähiger Ruß und Siliziumkarbid zugesetzt. Weitere mögliche Füllstoffe sind Metalloxide, wie sie auch in Überspannungsableitern verwendet werden. Die genaue Wirkungsweise ist noch nicht vollständig geklärt, das gilt besonders für die Feldstärkeabhängigkeit der Effekte.

Bisphenol A

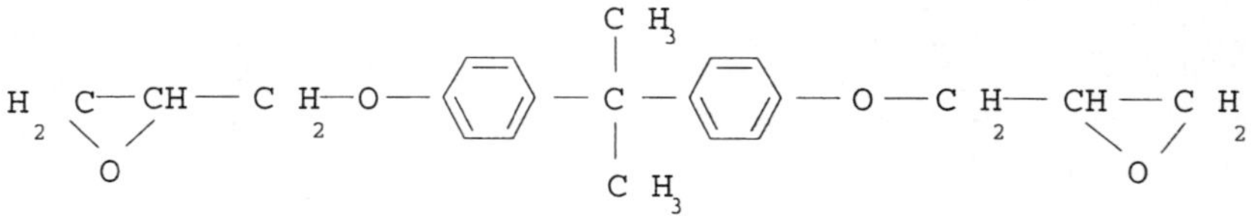

Heißhärtung

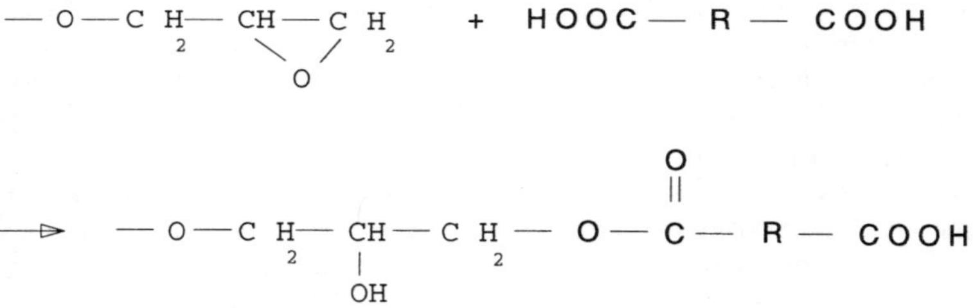

Bild 10.5: Aufbau und Härtung von Epoxidharz

Aus der Gruppe der Duromere hat neben Polyurethan vor allem das Epoxidharz für hoch beanspruchte Garniturenteile besondere Bedeutung. Ausgangsprodukt für Epoxidharz ist Bisphenol A. Die Härtung (Vernetzung) erfolgt additiv also ohne Spaltproduktbildung. Zur Erzielung besonders guter Eigenschaften wird Heißhärtung vorgesehen, die Härter sind deshalb Säuren. Vorteile sind bis zu hohen Temperaturen unveränderte mechanische Eigenschaften und niedrige dielektrische Verluste. Die Zugabe von Füllstoffen – meist $SiO_2$ oder $Al_2O_3$ – ermöglicht durch Verringerung des Schrumpfes und durch Begrenzung der exothermen Erwärmung bei der Härtung die Herstellung großer Formkörper. Einige andere Eigenschaften werden durch diese Füllstoffe weiter verbessert.

## 10.6 Mittelspannungs-Endverschlüsse

Heute gebräuchliche Endverschlüsse (EV) für Mittelspannungs-Kunststoffkabel lassen sich je nach betrachteter Eigenschaft unterscheiden in

| | | | |
|---|---|---|---|
| Funktion | : | Freiluft EV | Innenraum EV |
| Montage | : | Aufschieb-EV - | Schrumpf-EV (kalt - warm) |
| Raumbedarf | : | offen - | gekapselt (Innenkonus - Außenkonus) |

Freiluft-Endverschlüsse sind im Gegensatz zu Innenraum-Endverschlüssen den Umweltbedingungen direkt ausgesetzt. Ihre Funktion muß sowohl bei heftigem Regen wie auch bei starker Verschmutzung in entsprechend ungünstiger Umgebung gewährleistet sein. Dazu haben sie ausladende Schirme, die zwar kaum die Überschlagstrecke beeinflussen dafür aber einen langen Kriechweg bilden und damit Oberflächenströme infolge leitfähiger Schmutzschichten – oder bei Regen Wasserschichten – begrenzen. Innenraum-Endverschlüsse haben dagegen keine oder nur rudimentär ausgebildete Schirme.

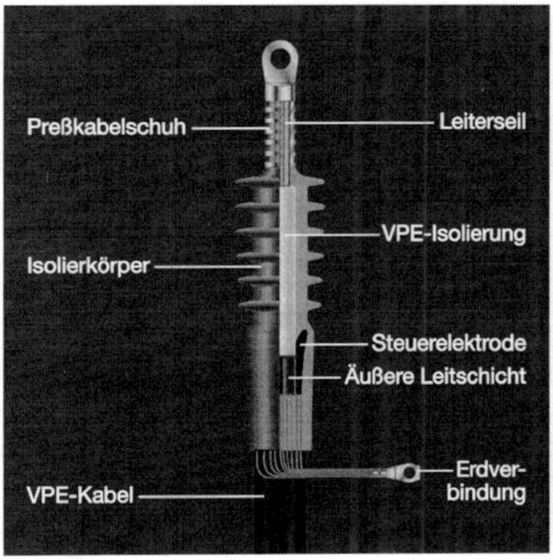


Bild 10.6:
MS-Innenraum-Endverschluß

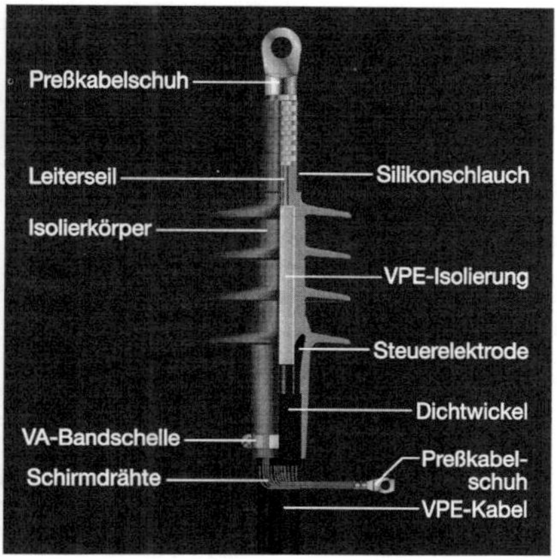


Bild 10.7:
MS-Freiluft-Endverschluß

| | Wickeln | Extrudieren | Schrumpf warm | Schrumpf kalt | Aufschieben |
|---|---|---|---|---|---|
| Vorfertigung | - | - | + | + | + |
| Querschnittsbereich | universell | universell | mittel | mittel | begrenzt |
| Zuschaltbar nach Montage | sofort | sofort | sofort | sofort | sofort |
| Monteurqualität | hoch | hoch | mittel | niedrig | niedrig |
| Montagedauer | lang (sehr) | sehr lang | mittel | kurz | kurz |
| Materialien | EPR (VPE) | VPE | PE-Copolymer | EPDM, SiR | EPDM, SiR |

Tabelle 10.3: Isoliertechniken

Damit die Grenzschicht zwischen Kabelisolierung und Endverschlußkörper eine ausreichende elektrische Festigkeit hat, muß sie „dicht" sein. Aufschieb-Endverschlüsse werden dazu beim Aufschieben aufgeweitet, ihre Innenbohrung ist geringer als der Durchmesser der Kabelisolierung. Ihre elastische Rückstellkraft erzeugt einen Druck in der Grenzschicht, durch den auch Unebenheiten in der Kabeloberfläche geschlossen werden, wenn sie ausreichend flach geformt sind. So ist vor allem am Ende der Leitschicht des Kabels ein sanfter Übergang vorzusehen, damit sich hier keinesfalls ein luftgefüllter Hohlraum bilden kann. Die Festigkeit der Grenzschicht hängt also vom Druck durch den Endverschluß-Körper, von dessen Elastizität bzw. Fähigkeit sich Unebenheiten anzupassen und von der Kontur der geschälten Aderoberfläche ab.

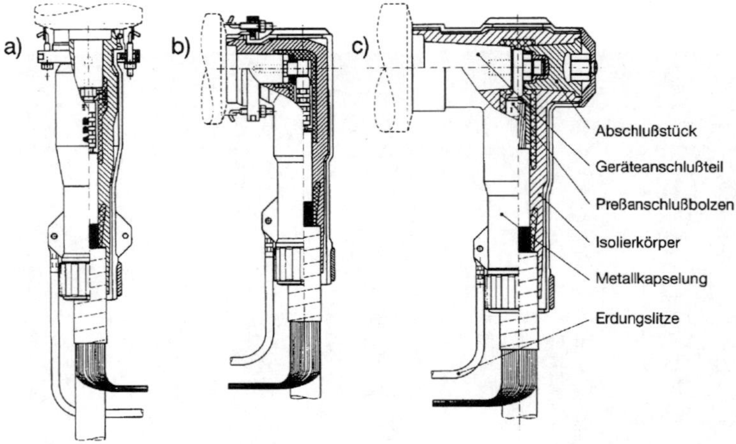


Bild 10.8: Endverschlüsse nach dem Außenkonussystem

Bei sogenannten Kaltschrumpfgarnituren gilt dasselbe, nur werden sie nicht erst bei der Montage aufgeweitet sondern voraufgeweitet z.B. auf einer Stützspirale geliefert.

Auch Heißschrumpfgarnituren sind voraufgeweitet, sie brauchen jedoch keine besondere Stützvorrichtung. Dafür ist bei der Montage eine Wärmequelle erforderlich. Sobald der Kristallitschmelzpunkt des Materials erreicht ist, schrumpft es und die Garnitur legt sich dicht an die Ader an.

Der Spannung führende Leiter ist bei Innenraum- bzw. Freiluft-Endverschlüssen frei zugänglich, so daß eine relativ große Schutzzone erforderlich ist. Einen wesentlich geringeren Raumbedarf haben die vollgekapselten steck- oder schraubbaren Kabelanschlüsse nach dem Außen- bzw. Innenkonussystem (Bild 10.8 a-c, Bild 10.9/10.10). Kabelanschlüsse des Außenkonussystems werden

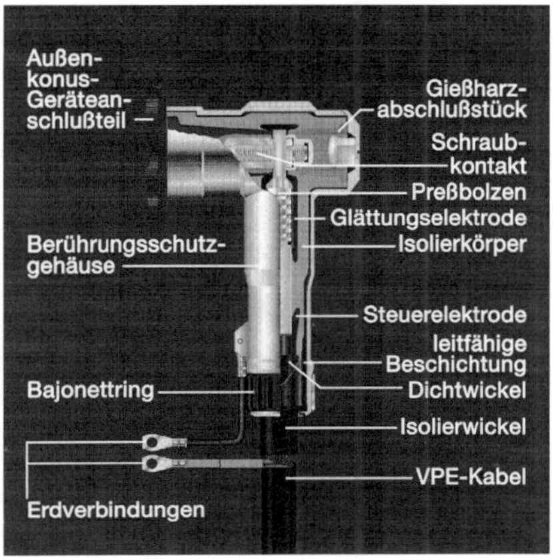


Bild 10.9:
T-Stecker

auf ein aus dem Gerät herausragendes, Gießharz-isoliertes und konisch geformtes Geräteanschlußteil gesteckt (10.8 a/b) oder beim sogenannten T-Stekker geschraubt (10.8 c). Dieser T-Stecker erlaubt bei Austausch des Abschlußstücks gegen ein doppelt-konisches Verbindungsstück den Anschluß eines weiteren Kabels oder eines anderen Gerätes wie z.B. eines Überspannungsableiters. Durch T-Stecker läßt sich ein System sehr variabel den Anforderungen anpassen. Die Grenzschichten zum Kabel und auch im Geräteanschlußteil werden wie üblich durch den elastischen Druck des Isolierkörpers geschlossen.

Beim Innenkonussystem stellt das Geräteanschlußteil eine Buchse dar, deren Bohrung konisch ist. Der Isolierkörper des Kabelanschlusses wird vorzugsweise durch eine Stahlfeder in diese Buchse hineingepreßt. Der mögliche Druck ist größer als bei rein elastischer Anpressung, entsprechend sind die Grenzschichten Isolierkörper – Kabel wie auch Isolierkörper – Buchse elektrisch höher beanspruchbar. Die thermische Ausdehnung von Kabelisolierung und Isolierkörper werden von der Feder aufgenommen, ohne daß größere Druckschwankungen auftreten.

Das Bauvolumen des Innenkonussteckers kann bei gleicher Belastbarkeit deutlich geringer gehalten werden als beim Außenkonussystem. Das wirkt sich vor allem bei großen Kabeldurchmessern günstig aus. Dafür ist ein Innenkonussystem nur mit größerem Aufwand so variabel zu gestalten wie mit T-Steckern des Außenkonussystems.

Die Abmessungen der Geräteanschlußteile des Außen- und Innenkonussystems sind in DIN 47636 bzw. 47637 genormt. Damit ist die Kompatibilität der Kabelanschlüsse verschiedener Hersteller gegeben.

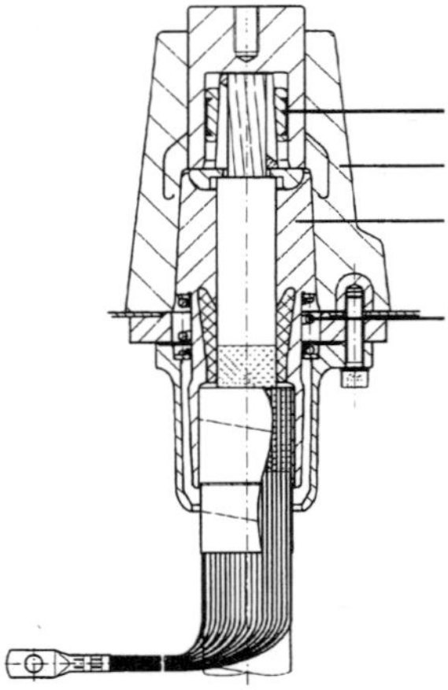


Bild 10.10:
Innenkonus-Stecker

## 10.7 Mittelspannungsmuffen

Wie bei Endverschlüssen gibt es auch bei Muffen Aufschiebtechnik und Schrumpftechnik. Bild 10.11 zeigt eine Silikon-isolierte, einteilige Aufschiebmuffe mit in den Muffenkörper integrierter Hochspannungselektrode und den beiden seitlichen Streßkonen. Der Isolierkörper erhält außen über der halbleitenden Schicht einen Schirm aus einem Metallgeflecht, welches die Schirmdrähte der beiden Kabel Kurzschlußstrom-belastbar verbindet. Als äußerer Schutz dient z.B. ein Schrumpfschlauch, der auf den Kabelmänteln wasserdicht abschließen muß, oder ein Gießharz-gefülltes Kunststoff-Rohr.

Eine Aufschiebmuffe kann auch durch Dreischichtextrusion hergestellt werden. In diesem Fall ist keine geometrische Feldsteuerung über leitfähige Elektroden

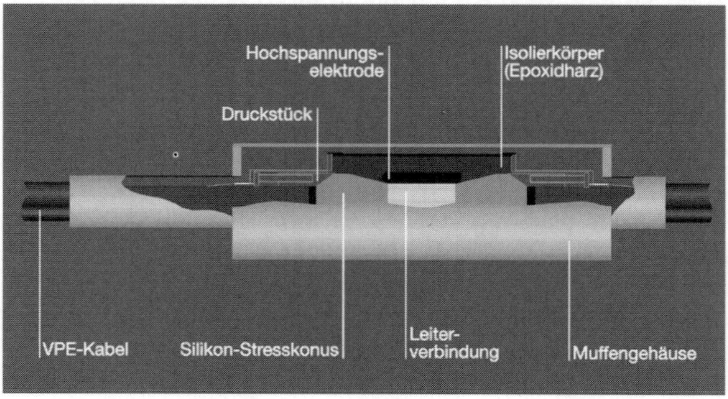


Bild 10.11: Aufschiebmuffe

möglich. Ein innerer refraktiver/resistiver Schlauch steuert dann das Feld ähnlich wie bei Endverschlüssen, jedoch ist hier eine durchgehende Verbindung zwischen Hochspannung und Schirmpotential nötig. Ein zweiter, mittlerer Schlauch bildet die Isolierung und ein leitfähiger äußerer Schlauch die äußere Leitschicht. Der weitere Aufbau ist wie oben beschrieben.

Übergangsmuffen, die Papier-isolierte Kabel mit Kunststoffkabeln verbinden, haben eine gewickelte Isolierung, zum Teil werden aber auch hier Aufschiebteile oder geschrumpfte Isolierteile eingesetzt. Um den Anforderungen des Papierkabels gerecht zu werden, muß die Isolierung in einer Metallhülle feuchtigkeitsdicht gekapselt werden. Die verwendeten Kunststoffteile, die mit der Isoliermasse in Berührung kommen, müssen ölfest sein oder durch Zwischenschichten von der Isoliermasse getrennt werden. Eine Außenmuffe dient wieder dem äußeren Schutz. Der konstruktive Aufwand ist damit bei einer Übergangsmuffe deutlich größer als bei Kunststoffkabelgarnituren.

## 10.8 Hochspannungsendverschlüsse

Für Garnituren von Hoch- und Höchstspannungskabeln gelten die gleichen Prinzipien wie im Mittelspannungsbereich, die erheblich größeren Abmessungen stellen jedoch höhere Anforderungen an die Fertigungstechnik und, da im allgemeinen auch die zu beherrschenden elektrischen Feldstärken größer sind, muß die Konstruktion besonders sorgfältig erfolgen. Man unterscheidet in:

Freiluftendverschlüsse

$SF_6$-/Trafo-Endverschlüsse

Kompakt-Endverschlüsse

Ein Beispiel eines Freiluft-Endverschlusses zeigt Bild 10.12. Der Isolator besteht überwiegend aus Porzellan und ist zuständig für das äußere Isolationsniveau bei allen Umgebungsbedingungen. Z.B. müssen Isolatoren in Küstennähe wegen des hohen Salzgehaltes der Luft einen vergrößerten Kriechweg haben und besonders kriechstrombeständig sein, für Endverschlüsse in hochgelegenen Gebirgsregionen ist dagegen die Schlagweite zu vergrößern.

Der Isolator hat außerdem eine Stützerfunktion, er muß u.a. die Kräfte im Kurzschlußfall aufnehmen. Im Mittelspannungs-Bereich ist dies meist von untergeordneter Bedeutung.

Im Inneren des Isolators ist der Stresskonus mit integriertem Feldsteuertrichter angeordnet, der Raum zwischen Stresskonus und Isolator wird wegen der hier herrschenden hohen Feldstärke mit einer Isolierflüssigkeit (Polyisobutylen oder Silikonöl) gefüllt. Statt einer Isolierflüssigkeit wird teilweise auch ein Isoliergas wie $SF_6$ eingesetzt, dann sind die Anforderungen an Dichtheit und Wartung höher.

Im Fall eines inneren Fehlers besteht das Risiko einer Explosion des Porzellans, insbesondere bei einer Füllung mit unter Druck stehendem Isoliergas. Dieses Risiko läßt sich vermeiden, wenn das Porzellan durch ein GFK-Rohr mit Schirmen aus Silikongummi ersetzt wird, wie es Bild 10.12 zeigt.

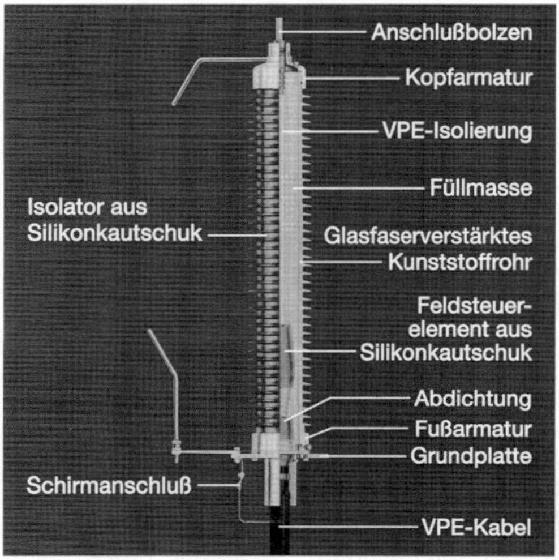


Bild 10.12:
Freiluft-Endverschluß

Beim $SF_6$-/Trafo-Endverschluß ist der Isolator glattwandig und besteht aus Epoxidharz, das entweder $SiO_2$ oder für $SF_6$-Anwendungen auch $Al_2O_3$ gefüllt wird, wenn er im Betrieb mit Spaltprodukten des $SF_6$ in Kontakt kommen kann. Die Abmessungen des Isolators sind in IEC 859 abhängig von der Spannungsebene genau definiert („Einheitsisolator“).

Die Anwesenheit einer brennbaren Isolierflüssigkeit in einer $SF_6$-Anlage ist von Nachteil. Ein weiterer Nachteil ist, daß die $SF_6$-Anlage zur Montage von Endverschlüssen geöffnet werden muß. Beides läßt sich durch den Einsatz von Kompakt-Endverschlüssen (Bild 10.14) vermeiden. Dieser Endverschluß entspricht im Prinzip dem Innenkonus-Stecker der Mittelspannung. Die $SF_6$-Anlage kann fertig montiert zusammen mit den Epoxidharz-Isolatoren im Werk geprüft werden. Vor Ort werden die Endverschlüsse fertiggestellt, ohne die Anlage noch einmal zu öffnen. Allerdings wird der Isolator anders als beim Einheitsisolator nur in wenigen Abmessungen genormt werden, eine Normung der entscheidenden Konuskontur erscheint derzeit nicht möglich.

Damit ist keine Kompatibilität der Aktivteile unterschiedlicher Hersteller gegeben. Eine Änderung dieser Situation ist nicht absehbar, da gerade die Konuskontur das elektrische und mechanische Verhalten der Garnitur bestimmt und deshalb nicht ohne Rückwirkung auf die Gesamtkonstruktion geändert werden kann.

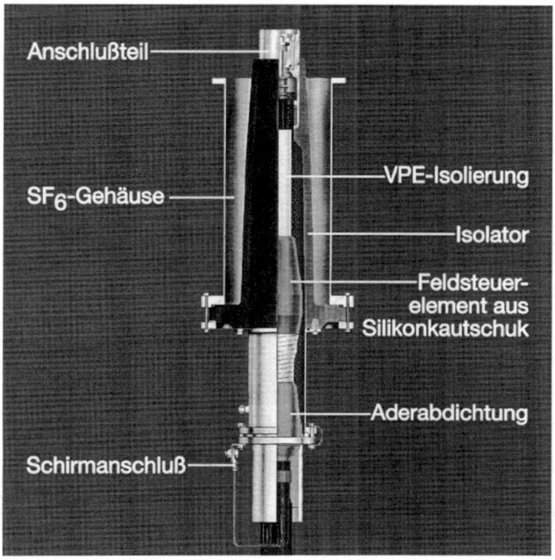


Bild 10.13:
Schaltanlagen-Endverschluß

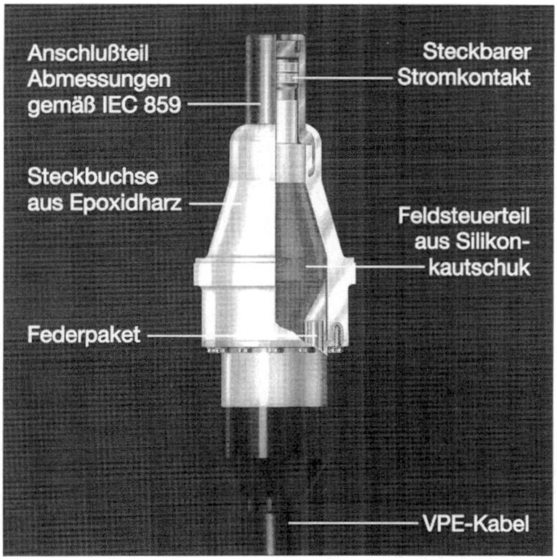


Bild 10.14:
Kompaktendverschluß
für Schaltanlagen

## 10.9 Hochspannungsmuffen

Muffen für Hochspannungs-Kunststoffkabel sind zu unterscheiden in reine Verbindungsmuffen und Verbindungsmuffen mit Schirmtrennstelle zum Einsatz in Kabelsystemen mit Auskreuzung der Schirme. Im Aufbau der Hauptisolierung unterscheiden sich die beiden Varianten nicht oder nur geringfügig.

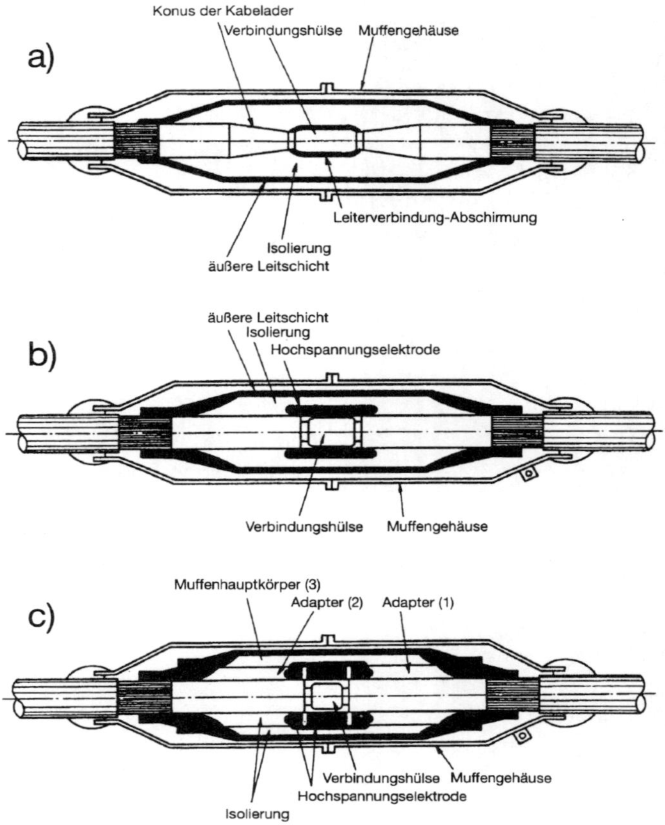


Bild 10.15: Hochspannungsmuffen

In der Vergangenheit wurde die Isolierung überwiegend aus selbstverschweißenden EPR-Bändern gewickelt. Dazu war es notwendig, die Aderisolierung konisch abzusetzen, um die Tangentialfeldstärken der Grenzschicht Kabel - Muffenisolierung zu reduzieren. Der Verbinder war sorgfältig zu glätten, um eine möglichst homogene Feldverteilung zu erzielen (Bild 10.15a).
Bei höheren Spannungen werden statt der EPR-Bänder vorzugsweise vernetzbare PE-Bänder verwendet, die anschließend unter Druck bei Temperaturen von > 150 °C zu einer homogenen Isolierung verschweißt werden. Die Grenzschichtproblematik tritt bei einwandfreier Verschweißung nicht mehr auf. Der Montageaufwand und die notwendige Sorgfalt sind jedoch sehr hoch, da die hoch beanspruchte Isolierung wie beim Kabel empfindlich gegen Inhomogenitäten ist.

Statt eines Wickels aus PE-Bändern kann die Isolierung auch durch Extrusion von PE in eine um die Kabelenden angeordnete Form erfolgen. Das Risiko einer Verunreinigung der Isolierung beim Wickeln der Bänder wird dadurch vermindert, der Geräteaufwand jedoch beträchtlich erhöht.

Ein genereller Nachteil solcher vor Ort gefertigten Muffen ist, daß Montagefehler u.U. unerkannt bleiben, und – da eine Prüfung nach Montage oft nur unzureichend möglich ist – das Risiko eines Fehlers während des nachfolgenden Betriebes besteht. In dieser Hinsicht stellen vorgefertigte Muffen eine deutliche Verbesserung dar (Bild 10.15 b/c). Die einteilige Muffe entspricht im Prinzip der Mittelspannungs-Aufschiebmuffe, auch hier werden als Isoliermaterial SiR oder EPR eingesetzt. Solche Muffen wurden für Spannungen bis 400 kV entwickelt.

Zur Erzielung eines ausreichenden Druckes in der Grenzschicht und zur einfachen Montage müssen die Abmessungen von Muffe und Ader aufeinander abgestimmt sein. Um die Zahl der notwendigen großen und teuren Formen zu reduzieren, wurden teilweise mehrteilige Muffen entwickelt. Der Isolierkörper überstreicht mehrere Kabelquerschnitte und wird über Adapter an das jeweilige Kabel angepaßt. Die Formen für die Adapter sind relativ klein und damit kostengünstig. Dafür wird der Nachteil mehrerer Grenzschichten in Kauf genommen, die relative Positionierung der einzelnen Teile ist kritisch und die Muffe wird insgesamt größer.

Die vorgefertigte Muffe in Verbundtechnik (Bild 10.16) beruht auf dem Prinzip des Innenkonus. Der Isolierkörper besteht aus hochwertigem Epoxidharz mit eingebetteter Elektrode. Der hohe Druck der Federelemente auf die konischen Feldsteuerteile – wiederum aus SiR oder EPDM – führt zu einer hohen elektrischen Festigkeit der Grenzschichten. Auch Muffen dieser Art sind bis 400 kV verfügbar.

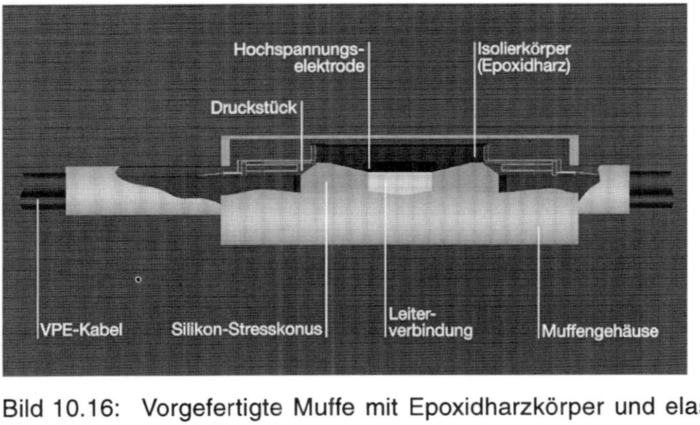


Bild 10.16: Vorgefertigte Muffe mit Epoxidharzkörper und elastischen Konen aus SiR

Vorgefertigte Garnituren können im Werk vormontiert und einer elektrischen Stückprüfung unterworfen werden. Ihre Montage ist relativ einfach. Daraus ergibt sich eine erhöhte Betriebssicherheit. Vorgefertigte Muffen sind dafür aber meist deutlich größer als Muffen mit einer PE/VPE-Isolierung.

## 10.10 Prüfung

In nationalen und internationalen Vorschriften sind die Anforderungen an Garnituren durch Typprüfungen festgelegt. Für Mittelspannungsgarnituren gilt DIN VDE 0278, die Typprüfung für Freiluftendverschlüsse gibt z.B. bisher der Teil 5 wieder, Allgemeines enthält Teil 1. Im Rahmen der europäischen Harmonisierung wurden jetzt mit den Dokumenten HD 628.1 und HD 629.1 neue Prüfvor-

| Prüfung | DIN VDE 0278 Teil 5 | CENELEC HD 629.1 Reihe A1 | CENELEC HD 629.1 Reihe A2 |
|---|---|---|---|
| Gleichspannung | | 6 Uo / 15 min | 6 Uo / 15 min |
| Wechselspannung trocken | | 4,5 Uo / 5 min | 4,5 Uo / 5 min |
| Wechselspannung naß | 50 kV / 1 min | 48 kV / 1 min | |
| TE (kalt) | 2 Uo / <10 pC | 1,73 Uo / <10 pC | |
| Stoßspannungsprüfung | 125 kV, 10 ±, kalt | 125 kV, 10 ±, heiß | |
| Heizzyklen bei 2,5 Uo | 3 | 3 | |
| TE (kalt) | 2 Uo / < 10 pC | 1,73 Uo / <10 pC | |
| TE (heiß) | | 1,73 Uo / <10 pC | |
| Lastwechsel bei 2,5 Uo | 60 | 113 | |
| Schirmkurzschluß | | | X |
| therm. Kurzschluß | 2 x | | 2 x |
| Lastwechsel bei 2,5 Uo | 54 | | |
| TE (kalt) | 2 Uo / < 10 pC | | |
| Lastwechsel unter Wasser | 9 | 10 | |
| TE (kalt) | | 1,73 Uo / <10 pC | |
| TE (heiß) | | 1,73 Uo / <10 pC | |
| Stoßspannungsprüfung | 125 kV, 10 ±, kalt | 125 kV, 10 ±, kalt | 125 kV, 10 ±, kalt |
| Gleichspannungsprüfung | 8 Uo / 30 min | | |
| Wechselspannungsprüfung | 50 kV / 1 min | 30 kV / 15 min | 30 kV / 15 min |
| Salznebelprüfung | 14 kV / 1000 h | 15 kV / 1000 h | |
| Untersuchung | | X | X |

Tabelle 10.4: Typprüfung an Freiluft-Endverschlüssen 12/20 kV

schriften erarbeitet. HD 628.1 beschreibt die Prüfmethoden und HD 629.1 gibt die für eine Garnitur durchzuführenden Prüfsequenzen an. Diese Harmonisierungsdokumente werden als DIN VDE 0278 Teil 628 bzw. Teil 629 in das VDE-Vorschriftenwerk übernommen und ersetzen die bisherigen Teile. Tabelle 10.4 vergleicht am Beispiel des Freiluft-Endverschlusses alte und neue Prüfanforderungen.

Folgende wesentliche Änderungen in Cenelec gegenüber der bisherigen VDE-Bestimmung sind zu nennen:

- Der thermische Kurzschluß ist nicht mehr Teil der Alterung sondern wird an einem gesonderten Prüfling durchgeführt.
- Die Spannung bei der TE-Prüfung ist nur 1,73 Uo statt 2 Uo.
- Die TE-Prüfung wird nicht nur in kaltem Zustand sondern auch bei der maximal zulässigen Leitertemperatur durchgeführt.
- Auch die Stoßspannungsprüfung ist sowohl bei Raumtemperatur als auch mit heißem Leiter durchzuführen.

Derzeit wird in Deutschland überlegt wie vorzugehen ist, um bei Kurzschluß und TE-Prüfung eine Abschwächung der bisherigen Anforderungen zu vermeiden, damit der bisherige Qualitätsstand erhalten bleibt. Insgesamt ist aber zu erkennen, daß die alte VDE-Prüfreihe für Cenelec Vorbild war.

Die Prüfanforderungen von Hochspannungs-Garnituren sind nicht in gesonderten Normen sondern werden in den jeweiligen Kabelnormen niedergelegt. Hierin kommt der eingangs erwähnte Systemgedanke zum Ausdruck. Für VPE-Kabel ist DIN VDE 0263 zuständig, ein entsprechendes Cenelec-Dokument wird noch diskutiert. DIN VDE 0263 entspricht weitgehend der internationalen Norm IEC 840, die bis zur Spannungsreihe 150 kV gilt. Für höhere Spannungsreihen gibt es bisher keine nationalen oder internationalen Bestimmungen, sie sind allerdings in Vorbereitung, nachdem Cigré eine Empfehlung zu den Prüfwerten gegeben hat.

| **Prüfung** | **Anforderung** |
|---|---|
| TE (kalt) | 2 Uo / <20 pC |
| Lastwechsel bei 2 Uo | 20 d |
| TE (kalt) | 2 Uo / < 20 pC |
| Stoßspannungsprüfung | 10 ±, 95 - 100 °C |
| Wechselspannungsprüfung | 2,5 Uo / 15 min |

Tabelle 10.5: Typprüfung an Hochspannungsgarnituren nach DIN VDE 0263

Die Typprüfsequenz entsprechend DIN VDE 0263 zeigt Tabelle 5. Nach einem IEC-Entwurf - und dem wird sich Cenelec anschließen - ist wiederum die Spannung bei der TE-Prüfung mit 1,5 Uo geringer als in DIN VDE 0263, dafür wird die zulässige TE-Stärke im Hinblick auf die Besonderheiten der vorgefertigten Garnituren auf 5 pC begrenzt. Außerdem wird die TE-Prüfung bei der maximal zulässigen Leitertemperatur zusätzlich eingeführt.

# Sachregister

## Inhalt

## Isolier- und Mantelwerkstoffe

Viele Entwicklungen der Elektrotechnik und Elektronik sind erst mit Einsatz moderner Polymerwerkstoffe ermöglicht worden (Polymere sind makromolekulare Stoffe, die durch chemische Verknüpfung einer großen Anzahl monomerer Moleküle entstanden sind). Dank ihrer guten Eigenschaften und der wirtschaftlichen Verarbeitbarkeit stellen sie heute den größten Teil der Isolier- und Mantelwerkstoffe. Je nach Verwendungszweck werden an elektrische Leitungen ganz spezifische Forderungen gestellt, die wiederum den Einsatz von unterschiedlichsten Werkstoffen notwendig machen. Unser Unternehmen setzt über 30 verschiedene Werkstoffarten in zahlreichen Modifikationen ein — so sind es z.B. 120 verschiedene PVC-Rezepturen — um anwendungsspezifische Forderungen optimal zu erfüllen.

In den nachfolgenden Tabellen sind die Werkstoffe eingeteilt in
- Thermoplaste; thermoplastische Elastomere
- Elastomere
- Strahlenvernetzte Thermoplaste und Elastomere
- Hochtemperatur-Werkstoffe
- Halogenfreie, flammwidrige Werkstoffe (HFFR)

**Thermoplaste** sind Polymere, die bei Erwärmung oberhalb einer bestimmten Temperatur aus einem mehr oder weniger harten in einen plastischen, verformbaren Zustand übergehen.

Im Vergleich dazu sind **Elastomere** von tiefen Temperaturen bis zur Zersetzungstemperatur gummielastisch. Sie lassen sich meist um das Mehrfache ihrer Länge strecken und nehmen nach Nachlassen der Spannung wieder ihre

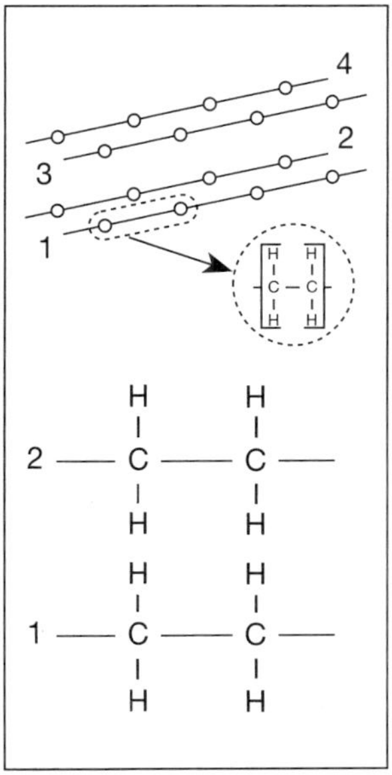

**Bild 1:**
Molekühlkette am Beispiel PE.

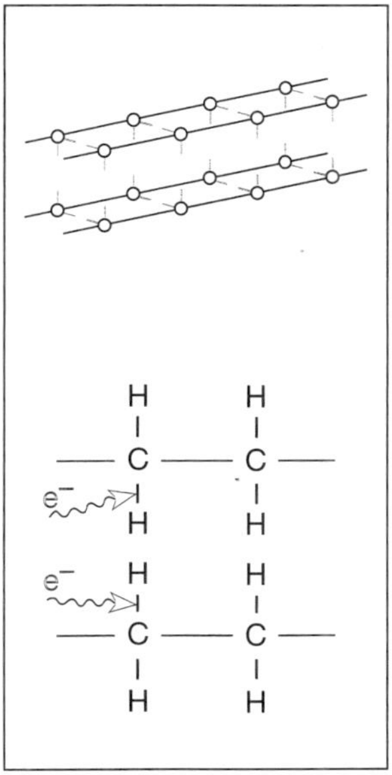

**Bild 2:**
Durch hochbeschleunigte Elektronen wird Wasserstoff abgespalten und in der Polymerkette Radikale erzeugt, die sich im weiteren Verlauf gegenseitig absättigen.

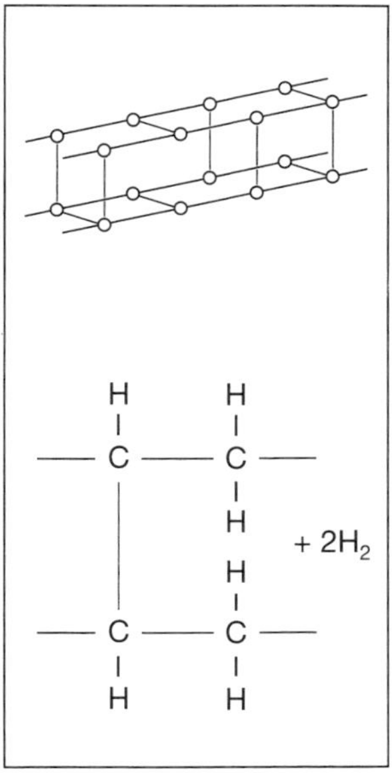


**Bild 3:**
Nach der Strahlenvernetzung ergibt sich eine dreidimensionale Verknüpfung der Einzelmolekülketten.

Ausgangsform ein. Diese Eigenschaft erhalten sie durch dreidimensionale Vernetzung ihrer Polymermoleküle mittels Additive (Peroxide, Schwefel u. a.) bei hohen Temperaturen.

So sehr thermoplastisches Verhalten für eine einfache Verarbeitbarkeit von Vorteil ist, setzt diese Eigenschaft der Anwendung des fertigen Produktes Grenzen, besonders bei einem Einsatz bei höheren Temperaturen.

Durch **Strahlenvernetzung** von **Thermoplasten** (siehe Bild 1 - 3) lassen sich aber ihre Eigenschaften so verändern, daß sie wesentlich höheren Anforderungen gerecht werden. Die Vernetzung erfolgt nach dem Extrudieren mittels Elektronenstrahlen (β-Strahlen) ohne äußere Temperatureinwirkung. Neben der Wärmeformbeständigkeit werden dadurch noch eine Reihe anderer Eigenschaften verbessert. Diese Vernetzungsmethode läßt sich auch bei einer Reihe von Elastomeren vorteilhaft anwenden.

**Strahlenvernetzte Elastomere** zeigen durchweg zumindest gleiche, manchmal auch bessere physikalische Eigenschaften als chemisch vernetztes Material. Der größte Vorteil ist jedoch darin zu sehen, daß die Vernetzung bei niedriger Temperatur und ohne Druck stattfindet, so daß auch Leitungen mit wärmedruckempfindlichem Innenaufbau mit vernetztem Mantel versehen werden können.

Unter **Hochtemperatur-Werkstoffen** sind alle die Polymere zusammengefaßt, die sich gegenüber den üblichen Thermoplasten oder Elastomeren durch eine wesentlich höhere Wärmebeständigkeit auszeichnen. In dieser Gruppe sind die hocharomatischen und vor allem die fluorhaltigen Werkstoffe zu finden.

Eine zunehmend interessantere Gruppe bilden die **halogenfreien, flammwidrigen Werkstoffe** (HFFR = halogenfree, flame retardant). Darunter sind alle Polymere und deren Mischungen zu verstehen, die keine Halogene (das sind: Fluor, Chlor und Brom) enthalten und zudem durch den Molekülaufbau oder andere Zusätze flammwidrig sind. Polymere mit Halogenen spalten im Brandfall äußerst giftige und korrosive Gase, meist unter starker Qualmentwicklung, ab, so daß für bestimmte Anwendungsgebiete wie Schiffe, U-Bahnen, Kernkraftwerke oder Gebäude mit hoher Personenbelegung wie Krankenhäuser, Hotels und Warenhäuser Leitungen und Kabel mit HFFR-Isolier- und Mantelwerkstoffen verwendet werden sollten.

## Dauerbetriebstemperatur — Verhalten bei hohen und niedrigen Temperaturen

Die Werkstoffe sind in den Tabellen nach steigender maximaler Dauerbetriebstemperatur angeordnet. Sie ist die Temperatur, bei der der Werkstoff nach **ununterbrochener Einwirkung von 20000 h** einen festgelegten Eigenschaftswert nicht über- bzw. unterschreitet (DIN IEC 216; VDE 0304). Bei kürzerer Einsatzzeit darf die Temperatur höher sein; bei thermoplastischen Werkstoffen sind jedoch Grenzen durch die Erweichungstemperatur des Werkstoffs gesetzt. Durch die Vernetzung der Thermoplaste wird die Dauerbetriebstemperatur nur dann erhöht, wenn sie vorher durch die Erweichungstemperatur begrenzt war (z. B. PE), nicht jedoch, wenn sie durch die thermische Zersetzung des Werkstoffs vorgegeben war (z. B. PVC). Bei PVC ist die Dauergebrauchstemperatur von vernetztem Material nicht höher als von unvernetztem Material, der Vorteil der Vernetzung liegt hier vor allem in der besseren Wärmeformbeständigkeit, bei kurzzeitig allerdings wesentlich höherer Temperatur. Bei niedrigen Temperaturen verspröden alle Polymerwerkstoffe mehr oder weniger stark, was sich in einer Verminderung der Kälteflexibilität ausdrückt. Im Anwendungsfall hängt es daher sehr davon ab, welche mechanischen Anforderungen der Werkstoff erfüllen muß und welcher Biegebeanspruchung er ausgesetzt ist.

# Thermoplaste/
# Thermoplastische Elastomere

| Dauerbetriebs-temperatur nach VDE | Kurz-zeichen | Chemische Bezeichnung Handelsnamen z.B. | VDE Bezeich-nung | Thermische Über-lastbarkeit (°C) 240 h | 20 h | Schmelz-/ Erweichungs-bereich (°C) | Kälte-wickel-bestän-digkeit (°C) | Spezifischer Durchgangs-Widerstand bei 20 °C (Ω × cm) | Dielektrizi-tätszahl bei 1 MHz, 20 °C | Flamm-widrigkeit |
|---|---|---|---|---|---|---|---|---|---|---|
| + 70 °C/+ 80 °C | PVC | Polyvinylchlorid-Mischungen | Y | 80 | 100 | ab 130 | - 10 bis - 40 | $10^{12}$ - $10^{15}$ | 3,5 - 7,0 | gering bis gut |
| + 90 °C (+ 150 °C n. UL/ CSA bzw. VDE bei reduzierter Gebrauchsdauer) | | | | 100 | 120 | | | | | LOI 23-30 |
| | | Polyvinylchlorid-Mischungen, flammwidrig | | | | | | | | sehr gut<br>LOI 31-40 |
| | PE- | Polyethylen | | | | | | | | |
| + 70 °C | LD/MD | - niedr./mittl. Dichte | 2Y | 100 | 100 | 105 - 115 | - 50 | $> 10^{16}$ | 2,3 | gering bis gut |
| + 80 °C/+ 90 °C | HD | - hoher Dichte | 2Y | 110 | 120 | ab 125 | - 50 | $> 10^{16}$ | 2,3 | LOI $\le$ 22 |
| + 70 °C | S | - geschäumt | 02Y | — | — | — | - 50 | $> 10^{16}$ | 1,5 - 1,7 | |
| + 80 °C bis + 90 °C | PA | Polyamid | 4Y* | 120 | 150 | 175 - 225 | - 50 | $> 10^{14}$ | 3,0 - 7,0 | gering<br>LOI $\le$ 22 |
| + 90 °C | PP | Polypropylen | 9Y | 110 | 130 | 145 - 165 | - 20 | $10^{16}$ | 2,3 - 2,5 | gering<br>LOI $\le$ 22 |

# Thermoplastische Elastomere (TPE)

| Dauerbetriebs-temperatur nach VDE | Kurz-zeichen | Chemische Bezeichnung Handelsnamen z.B. | VDE Bezeich-nung | Thermische Über-lastbarkeit (°C) 240 h | 20 h | Schmelz-/ Erweichungs-bereich (°C) | Kälte-wickel-bestän-digkeit (°C) | Spezifischer Durchgangs-Widerstand bei 20 °C (Ω × cm) | Dielektrizi-tätszahl bei 1 MHz, 20 °C | Flamm-widrigkeit |
|---|---|---|---|---|---|---|---|---|---|---|
| + 80 °C bis + 100 °C | TPE-A | Thermoplastisches Polyamid-Elastomer | — | 110 | 120 | ab 145 | - 40 | $> 10^{9}$ | 6,0 - 8,0 | gering<br>LOI $\le$ 22 |
| + 90 °C bis + 100 °C | TPE-U | Thermoplastisches Polyurethan-Elastomer<br>Elastollan®<br>Estane® | 11Y | 110 | 130 | ab 150 | - 50 | $> 10^{9}$ | 5,5 - 8,0 | gering bis gut<br>LOI $\le$ 30 |
| + 100 °C bis + 130 °C | TPE-E | Thermoplastisches Polyester-Elastomer<br>Arnitel®<br>Hytrel® | 13Y* | 130 - 170 | 140 - 180 | ab 190 | - 50 | $> 10^{10}$ | 3,5 - 5,0 | gering bis gut<br>LOI $\le$29 |
| + 100 °C bis + 120 °C | TPE-O | Thermoplastisches Polyolefin-Elastomer<br>Santoprene® | 18Y* | 120 - 140 | 130 - 150 | ab 150 | - 30 bis - 50 | $> 10^{14}$ | 3,0 | gering bis gut<br>LOI $\le$ 25 |
| + 105 °C bis + 140 °C | TPE-S | Thermoplastisches Styrol-Ethenbuten-Styrol-Copolymer | 17Y* | 120 - 140 | 140 - 170 | ab 150 | - 40 bis - 70 | $> 10^{15}$ | 3,0 - 4,0 | gering bis gut<br>LOI 22 - 27 |

* firmeninterne Bezeichnung

| Härte Shore A/D | Zugfestigkeit (MPa) | Reißdehnung (%) | Chemische Beständigkeit | Allgemeine Eigenschaften | Anwendungsbeispiele |
|---|---|---|---|---|---|
| A 65 - D 50 | 10 - 25 | > 150 | Beständig gegen Öle, Fette, verdünnte Säuren und Laugen bis 50 °C Spezielle Mischungen beständig gegen Lösemittel und Kraftstoffe | In weiten Grenzen einstellbare Flexibilität, gut einfärbbar, auch durchscheinend bis transparent Beständig gegen die Bildung von Spannungsrissen, gute Witterungsbeständigkeit Strahlenbeständigkeit: bis $10^5$ Gy | Schaltdrähte und Schaltlitzen (z.B. Geräteverdrahtung, Termi-Point®-Technik), Schlauchleitungen, Niederfrequenzleitungen und ELCUFLEX®-Steuerleitungen, Starkstrom-Steuerleitungen, Flachbandleitungen; als Mantelwerkstoff für Hochfrequenzleitungen (z.B. RG-Typen) und Datenübertragungsleitungen sowie Kfz- und Zündleitungen, Profile (z.B. Stromschienen), Stecker und Dosen |
| D 43 - 50<br>D 56 - 62 | 15 - 20<br>15 - 25<br>5 - 10 | > 300<br>> 300<br>> 100 | Beständig gegen verdünnte Säuren und Laugen und viele Lösemittel, mäßig beständig gegen Kraftstoffe und Öle | Mit dem Molekulargewicht zunehmende Witterungsbeständigkeit Sehr geringe Wasseraufnahme Strahlenbeständigkeit: bis $10^6$ Gy | Als Aderisolierung vorwiegend für Datenübertragungs-, Hochfrequenz- und Niederfrequenz-Leitungen, auch als Mantelwerkstoff für Leitungen zur Erdverlegung, Mantelwerkstoff für Kabel sowie Zündleitungen |
| D 40 - 75 | 40 - 100 | > 50 | Beständig gegen Öle, Fette, Kraftstoffe und die meisten Lösemittel; mäßig beständig gegen verdünnte Säuren und Laugen | Feuchtigkeitsanfällig Wasseraufnahme je nach Type bis zu 8 % Strahlenbeständigkeit: bis $10^5$ Gy | Als Schutzhülle von Lichtwellenleitern, zusätzlich zur Aderisolierung oder als Außenmantel bei Spezialausführungen, vorwiegend von Schwachstromleitungen (z.B. bei Datenübertragungskabeln im Tankstellenbereich, als gewendelte Verbindungsleitungen für Sattelschlepper) sowie für Stecker und Dosen |
| D 40 - 60 | > 20 | > 300 | Beständig gegen verdünnte Säuren und Laugen, viele Lösemittel, Kraftstoffe und Öle | Wesentlich geringere Spannungsrißbildung als bei PE. Geringere Witterungs- und Strahlenbeständigkeit als PE Strahlenbeständigkeit: bis $10^5$ Gy | Heizleitungen, Spezialleitungen und Datenleitungen |
| A 75 - D 55 | > 20 | > 300 | Beständig gegen Öle, Fette, Kraftstoffe, viele Lösemittel, mäßig beständig gegen verdünnte Säuren und Laugen | Hohe Flexibilität und Biegewechselfestigkeit, gute Abriebfestigkeit und hohes Rückstellvermögen | Außenmantel bei Spezialkabeln |
| A 75 - 95 | > 30 | > 300 | Gut beständig gegen Öle, Fette, Kraftstoffe und Lösemittel, beständig gegen verdünnte Säuren und Laugen Hydrolysebeständig | Sehr gute Witterungsbeständigkeit, mikrobenbeständig Strahlenbeständigkeit: bis $5\times10^6$ Gy | Schlauchleitungen, Starkstromleitungen, als Mantelwerkstoff für Spezialleitungen für hohe mechanische und chemische Anforderungen (z.B. Meerestechnik, Fahrzeugtechnik, Flugfelder und Montagehallen) sowie für Stecker, Muffen und Dichtnippel |
| D 40 - 78 | > 25 | > 300 | Beständig gegen Öle, Fette, Kraftstoffe, Lösemittel, bedingt beständig gegen verdünnte Säuren und Laugen | Hohe Wärmedruckfestigkeit, gute Kälteflexibilität, gute Witterungs-, Alterungs- und Ozonbeständigkeit, gutes Verschleißverhalten Strahlenbeständigkeit: bis $10^6$ Gy | Dünnwandige Aderisolierung für NF-, Fahrzeug- und Schleppkettenleitungen für höchste Biegezahlen. Als Mantelwerkstoff für Wendelleitungen. |
| A 47 - D 50 | 3 - 30 | > 300 | Beständig gegen verdünnte Säuren und Laugen, Kraftstoffe, Lösemittel, mäßig beständig gegen polare und halogenhaltige Lösemittel, Öle bei höheren Temperaturen | Gute Witterungs- und Alterungsbeständigkeit Strahlenbeständigkeit: bis $5\times10^5$ Gy | Mantelwerkstoff für Meß- und Steuerleitungen in Industrieanlagen |
| A 30 - D 50 | 3 - 20 | > 300 | Sehr gut beständig gegen verdünnte Säuren und Laugen, bedingt beständig gegen Öle und Kraftstoffe | Sehr gute Witterungs- und Ozonbeständigkeit | Isolierung für Schaltdrähte und Schaltlitzen |

# Elastomere

| Dauerbetriebs-temperatur nach VDE | Kurz-zeichen | Chemische Bezeichnung Handelsnamen z.B. | VDE Bezeich-nung | Thermische Überlastbarkeit (°C) 240 h | 20 h | Kälte-wickel-bestän-digkeit (°C) | Spezifischer Durchgangs-Widerstand bei 20 °C (Ω × cm) | Dielektrizi-tätszahl bei 1 MHz, 20 °C | Flamm-widrigkeit |
|---|---|---|---|---|---|---|---|---|---|
| + 60 °C | SBR | Styrol-Butadien-Kautschuk | G | 80 | 120 | - 65 | $10^{12}$ | 3,0 - 5,0 | gering<br>LOI ≤ 22 |
| + 90 °C | CR | Polychloropren-Mischungen<br>Baypren®<br>Neopren® | 5G | 120 | 140 | - 30 | $10^{10}$ - $10^{11}$ | 6,0 - 9,0 | sehr gut<br>LOI 30 - 34 |
| + 90 °C | CSM | Chlorsulfonierte Polyethylen-Mischungen<br>Hypalon® | 5G | 130 | 150 | - 30 | $10^{11}$ - $10^{12}$ | 6,0 - 9,0 | sehr gut<br>LOI 30 - 34 |
| + 90 °C | CM | Chlorierte Polyethylen-Mischungen<br>Tyrin® CM | 5G | 130 | 150 | - 30 | $10^{11}$ - $10^{12}$ | 6,0 - 9,0 | gut bis sehr gut<br>LOI 26 - 34 |
| + 90 °C | EPR | Ethylen-Propylen-Copolymer-Mischungen | 3G | 130 | 160 | - 65 | $10^{13}$ - $10^{15}$ | 3,0 - 5,0 | gering<br>LOI ≤ 22 |
| + 90 °C | H-EPR | Hard grade Ethylen-Propylen-Copolymer-Mischungen | 3G | 130 | 160 | - 45 | $10^{15}$ | 3,0 - 5,0 | gering<br>LOI ≤ 22 |
| + 110 °C<br>+ 120 °C für Sonder-mischungen | EVA | Ethylen-Vinylacetat-Copolymer-Mischungen<br>Levapren® | 4G | 160 | 180 | - 50 | $10^{12}$ - $10^{14}$ | 4,0 - 7,0 | gering<br>LOI ≤ 22 |
| + 180 °C<br>(+ 200 °C) | SIR | Silicone-Kautschuk-Mischungen | 2G | 220 | 240 | - 65 | $10^{14}$ - $10^{15}$ | 3,0 - 4,0 | gut<br>LOI 25 - 30 |

| Härte Shore A/D | Zugfestigkeit (MPa) | Reißdehnung (%) | Chemische Beständigkeit | Allgemeine Eigenschaften | Anwendungsbeispiele |
|---|---|---|---|---|---|
| A 60 - 70 | 5 - 10 | > 250 | Mäßig beständig gegen Säuren und Laugen, wenig beständig gegen Öle, Fette und Lösemittel | Bei Verwendung geeigneter Additive relativ gute Wärme- und Alterungsbeständigkeit | Innenmantel für schwere Gummischlauchleitungen |
| A 55 - 70 | 10 - 20 | > 250 | Sehr beständig gegen verdünnte Säuren und Laugen, Öle, Fette, mäßig beständig gegen Lösemittel | Gute Witterungs- und Ozonbeständigkeit<br>Strahlenbeständigkeit: bis $5 \times 10^5$ Gy | Ölbeständige, schwer brennbare Gummischlauchleitungen, Stecker |
| A 60 - 70 | 10 - 15 | > 250 | Sehr beständig gegen verdünnte Säuren und Laugen, Öle, Fette und die meisten Lösemittel | Sehr gute Witterungs- und Ozonbeständigkeit, hydrolysebeständig<br>Strahlenbeständigkeit: bis $10^6$ Gy | Mantel für Schlauchleitungen, Kfz-Zündleitungen sowie Zündkerzen- und Verteilerstecker, Spezialkabel für Offshore-Technik |
| A 60 - 80 | 10 - 15 | > 250 | Sehr beständig gegen verdünnte Säuren und Laugen, Öle und Fette und die meisten Lösemittel | Sehr gute Witterungs- und Ozonbeständigkeit, hydrolysebeständig<br>Strahlenbeständigkeit: bis $5 \times 10^5$ Gy | Mantel für Gummischlauchleitungen |
| A 65 - 85 | 5 - 10 | > 200 | Beständig gegen verdünnte Säuren und Laugen, Öle und Fette, mäßig beständig gegen Lösemittel | Gute Ozonbeständigkeit, gute elektrische und dielektrische Eigenschaften, wasser- und witterungsbeständig<br>Strahlenbeständigkeit: bis $10^6$ Gy | Aderisolierung bei Schlauchleitungen, Trossen- und Schiffskabel sowie Heizleitungen, Stecker. Mantel für flexible Schlauchleitungen und Tauchpumpenleitungen |
| A 85 - D 50 | 9 - 15 | > 200 | Wie EPR | Sehr gute elektrische und dielektrische Eigenschaften, wasser- und witterungsbeständig | Hochwertige Aderisolation mit reduzierten Wandstärken, z.B. Schiffskabel |
| A 70 - 90 | 5 - 15 | > 200 | Beständig gegen verdünnte Säuren und Laugen, wenig beständig gegen Öle, Fette und Lösemittel | Gute Witterungs- und Ozonbeständigkeit<br>Strahlenbeständigkeit: bis $10^6$ Gy | Aderleitungen für höhere thermische Beanspruchung, Heizleitungen |
| A 40 - 80 | 6 - 10 | > 250 | Mäßig beständig gegen verdünnte Säuren und Laugen, wenig beständig gegen Öle, Fette und Lösemittel | Geringe Wasseraufnahme<br>Strahlenbeständigkeit: bis $5 \times 10^5$ Gy | Ader- und Mantelleitungen für hohe thermische Beanspruchung (z.B. Motoren- und Apparatebau, Walzwerke und Gießereien, Hüttenbetriebe) sowie Zündleitungen |

# Strahlenvernetzte Thermoplaste/ Elastomere

| **Dauerbetriebs-temperatur nach VDE** | **Kurz-zeichen** | **Chemische Bezeichnung Handelsnamen z.B.** | **VDE Bezeich-nung** | **Thermische Über-lastbarkeit (°C) 240 h** | **20 h** | **Kälte-wickel-beständigkeit (°C)** | **Spezifischer Durchgangs-Widerstand bei 20 °C ($\Omega \times$ cm)** | **Dielektrizitätszahl bei 1 MHz, 20 °C** | **Flamm-widrigkeit** |
|---|---|---|---|---|---|---|---|---|---|
| + 70 °C / + 80 °C (+ 105 °C nach UL/CSA) | XPVC | Strahlenvernetzte Polyvinylchlorid-Mischungen ELCUVIN® | X | 120 | 140 | bis − 35 | $10^{12}$ - $10^{15}$ | 4,0 - 7,0 | gering bis sehr gut LOI 23 - 35 |
| + 90 °C | XPE | Strahlenvernetzte Polyethylen-Mischungen ELCUPEX® | 2X | 140 | 160 | − 50 | $10^{12}$ - $10^{17}$ | 2,3 - 3,8 | gering LOI ≤ 22 |
| + 125 °C | | | | 160 | 180 | bis − 50 | $10^{13}$ - $10^{14}$ | 4,0 - 6,0 | gut LOI 27 |
| + 135 °C (+ 150 °C nach UL/CSA) (+ 155 °C/3000 h) | | | | 180 | 210 | − 40 | $10^{13}$ | 2,6 - 3,6 | gering bis gut LOI ≤ 27 |
| + 100 °C | XCM | Strahlenvernetztes chloriertes Polyethylen | 9GX* | 140 | 160 | − 30 | $5 \times 10^{12}$ | 8,0 - 9,0 | gut LOI 26 |
| + 110 °C | XTPU | Strahlenvernetzte Polyurethan-Mischung ELCUPUR®-X | 11X | 110 | 130 | − 50 | > $10^{9}$ | 5,5 - 8,0 | gering bis gut LOI 22 - 28 |
| + 125 °C (+ 150 °C nach MTV6145-005) | XTPE-E | Strahlenvernetzte Polyester-Elastomer-Mischung ELCU-X®-005 | 12X* | 175 | 200 | − 40 | $10^{11}$ | 5,5 | gut LOI 29 |
| + 135 °C (+ 150 °C nach MIL) | XPVDF | Strahlenvernetztes Polyvinylidenflorid ELCU-X®-044 | 10X* | 160 | 180 | − 65 | > $10^{14}$ | 6,0 - 8,0 | ausgezeichnet LOI 43 |
| + 150 °C (+ 200 °C nach MIL) | XETFE | Strahlenvernetztes Ethylen-Tetrafluorethylen-Copolymer ELCUFLON®-X | 7X | 200 | 250 | − 65 | > $10^{14}$ | 2,6 | sehr gut LOI 30 - 32 |

* firmeninterne Bezeichnung

| Härte Shore A/D | Zugfestigkeit (MPa) | Reißdehnung (%) | Chemische Beständigkeit | Allgemeine Eigenschaften | Anwendungsbeispiele |
|---|---|---|---|---|---|
| A 75 - D 50 | 10 - 20 | > 150 | Beständig gegen verdünnte Säuren und Laugen, Öle und Fette, gut beständig gegen Lösemittel | Verbesserte mechanische Eigenschaften, besonders bei erhöhter Temperatur, hohe Abriebfestigkeit, kein Wegschmelzen der Isolierung bei Kontakt mit heißen Teilen, Lötkolbenbeständigkeit, Kurzschlußfestigkeit | Schaltdrähte, Schaltlitzen und Heizgeräteanschlußleitungen, besonders für kurzzeitige thermische Beanspruchung<br>Isolier- und Mantelwerkstoff für Steuerleitungen und Fahrzeugleitungen |
| D 45 - 50 | 10 - 20 | > 200 | Beständig gegen verdünnte Säuren und Laugen, die meisten Lösemittel, Alkohol, Benzin, Wasser, Fette und Öle, keine Spannungsrißanfälligkeit | Durch die Vernetzung wird die erhöhte Gebrauchstemperatur erzielt<br>Verklebbar mit wärmeschrumpfenden Bauteilen | Datenübertragungsleitungen |
| A 84 - 96 | 7 - 15 | > 125 | | | Flamwidrige Schaltlitzen |
| A 95 | > 7 | > 125 | | | Flammwidrige Schaltdrähte und Schaltlitzen, im Kfz-Bereich, Verdrahtungen für Übersee-Exportgeräte und Motoranschlußleitungen |
| A 74 | 10 | 250 | Sehr beständig gegen verdünnte Säuren und Laugen, Fette und Öle und die meisten Lösemittel | Sehr gute Witterungs- und Ozonbeständigkeit, hydrolysebeständig | Getriebeanschlußleitungen |
| A 97 - 92 | > 30 | > 300 | Beständig gegen Öle, Fette und Lösemittel, mäßig beständig gegen verdünnte Säuren und Laugen, hydrolysebeständig | Absolute Spannungsrißbeständigkeit, hervorragende Wärmedruckbeständigkeit, hohe Verschleißfestigkeit, Mikrobenbeständigkeit, verklebbar mit wärmeschrumpfenden Bauteilen | ELCUPUR®-X wird als Mantelwerkstoff für höchste mechanische und chemische Beanspruchung bei gleichzeitig sehr guter Gleiteigenschaft eingesetzt (z.B. im Bergbau, Lokomotivbau, Datenübertragungsleitungen für Ü-Wagen) |
| A 88 | > 10 | > 300 | Sehr gut beständig gegen verdünnte Säuren und Laugen, Öle und die meisten Lösemittel | Gute mechanische Eigenschaften bei ausgezeichneter Wärme- und Chemikalienbeständigkeit, verklebbar mit wärmeschrumpfenden Bauteilen | In Kombination mit hoher Temperaturbeständigkeit als Mantelwerkstoff für Spezialleitungen, die gleichzeitig hohen chemischen und mechanischen Beanspruchungen ausgesetzt sind (z.B. Steuerleitungen für taktische Fahrzeuge) |
| D 75 - 80 | > 20 | > 100 | Äußerst gute chemische Beständigkeit | Äußerst gute Witterungsbeständigkeit, gute mechanische Eigenschaften, lötkolbenfest | Als Schutzhülle zusätzlich zur Aderisolierung bei Schaltdrähten, Schaltlitzen und als Mantel von Steuerleitungen |
| D 70 - 75 | > 30 | > 150 | Sehr gut beständig gegen verdünnte Säuren und Laugen, Öle, Fette und Lösemittel | Gute Witterungsbeständigkeit | Aderisolierung mit hoher Wärmeformbeständigkeit und chemischer Beständigkeit |

# Hochtemperatur-Werkstoffe

| Dauerbetriebs-temperatur nach VDE | Kurz-zeichen | Chemische Bezeichnung Handelsnamen z.B. | VDE Bezeich-nung | Thermische Überlastbarkeit (°C) | | Schmelz-/Erweichungs-bereich (°C) | Kälte-wickel-beständigkeit (°C) | Spezifischer Durchgangs-Widerstand bei 20 °C (Ω × cm) | Dielektrizi-tätszahl bei 1 MHz, 20 °C | Flamm-widrigkeit |
|---|---|---|---|---|---|---|---|---|---|---|
| | | | | 240 h | 20 h | | | | | |
| + 130 °C | PEIC | Polyimid-Silicone-Copolymer<br><br>Siltem® | 21Y* | 140 | 160 | > 170 | - 65 | $> 10^{14}$ | 2,8 - 3,0 | ausge-zeichnet<br><br>LOI 46 |
| + 135 °C | PVDF | Polyvinylidenfluorid<br><br>Dyflor®<br>Kynar® | 10Y* | 160 | 160 | 170 - 180 | - 65 | $> 10^{14}$ | 7,0 - 10,6 | ausge-zeichnet<br><br>LOI 40 - 45 |
| + 135 °C /<br>+ 150 °C | ECTFE | Ethylen-Chlortrifluorethylen-Copolymer<br><br>Halar® | — | 200 | 230 | 265 - 285 | - 65 | $> 10^{15}$ | 2,5 | ausge-zeichnet<br><br>LOI 60 - 65 |
| + 135 °C /<br>+ 150 °C | ETFE | Ethylen-Tetrafluorethylen-Copolymer<br><br>Hostaflon®-ET<br>Tefzel® | 7Y | 200 | 250 | 265 - 285 | - 65 | $> 10^{16}$ | 2,3 - 2,6 | sehr gut<br><br>LOI 30 - 32 |
| + 150 °C | PEI | Polyetherimid<br><br>Ultem® | 21Y* | 180 | 200 | > 250 | - 25 | $> 10^{15}$ | 3 - 3,5 | ausge-zeichnet<br><br>LOI 45 - 50 |
| + 180 °C<br>(+ 200 °C) | SIR | Silicone-Kautschuk | Siehe Tabelle Elastomere | | | | | | | |
| + 180 °C<br>(+ 200 °C) | FEP | Perfluorethylen-propylen-Copolymer<br><br>Hostaflon®-FEP<br>Teflon®-FEP | 6Y | 230 | 240 | 255 - 275 | - 65 | $> 10^{16}$ | 2,1 | ausge-zeichnet<br><br>LOI > 95 |
| + 200 °C<br><br>+ 260 °C | PI | Polyimid/FEP<br><br>Polyimid<br><br>Kapton® | 8Y*<br><br>8Y* | | | unschmelzbar | - 65 | $> 10^{17}$ | 3,5 | ausge-zeichnet<br><br>LOI 50 |
| + 220 °C | PEEK | Polyetheretherketon<br><br>Victrex PEEK® | 20Y* | 250 | 300 | > 340 | - 50 | $> 10^{18}$ | 3,0 - 3,5 | sehr gut<br><br>LOI 35 |
| 250 °C | PFA | Perfluoralkoxy-Tetrafluorethylen-Copolymer<br><br>Hostaflon®-PFA<br>Teflon®-PFA | 14Y* | 270 | 270 | 290 - 310 | - 65 | $> 10^{17}$ | 2,1 | ausge-zeichnet<br><br>LOI > 95 |
| 260 °C | PTFE | Polytetrafluorethylen<br><br>Hostaflon®-TF<br>Teflon®-PTFE | 5Y | 300 | 310 | 325 - 330 | - 65 | $> 10^{17}$ | 2,1 | ausge-zeichnet<br><br>LOI > 95 |

* firmeninterne Bezeichnung

| Härte Shore A/D | Zugfestigkeit (MPa) | Reißdehnung (%) | Chemische Beständigkeit | Allgemeine Eigenschaften | Anwendungsbeispiele |
|---|---|---|---|---|---|
| D 67 - 72 | > 25 | > 100 | Gut beständig gegen verdünnte Säuren und Laugen, Öle und Kraftstoffe, hohe Hydrolysebeständigkeit, wenig beständig gegen Ketone, Ester, halogenhaltige Lösemittel | Gute Witterungsbeständigkeit, geringe Rauchentwicklung und keine korrosiven Gase im Brandfall Strahlenbeständigkeit: bis $10^5$ Gy | Dünnwandige halogenfreie Isolierung für Energie- und Steuerleitungen |
| D 75 - 80 | > 20 | > 100 | Sehr gut beständig gegen Öle und Fette, Säuren und Laugen; gut beständig gegen Lösemittel und Kraftstoffe | Ausgezeichnete Witterungsbeständigkeit Strahlenbeständigkeit: bis $10^5$ Gy | Schaltdrähte und Schaltlitzen für die Computerverdrahtung mit Wire-Wrap®-Technik |
| D 75 - 80 | > 40 | > 150 | Sehr gut beständig gegen Öle und Fette, Säuren und Laugen, Kraftstoffe und Lösemittel | Sehr gute Witterungsbeständigkeit Strahlenbeständigkeit: bis $10^6$ Gy | Schaltdrähte und Schaltlitzen |
| D 70 - 75 | > 30 | > 150 | Sehr gut beständig gegen Öle, Fette, Kraftstoffe, Lösemittel, Säuren und Laugen | Im Freien verwendbar. Sehr gute Witterungsbeständigkeit Strahlenbeständigkeit: bis $10^6$ Gy | Schaltdrähte für Wire-Wrap®-Technik und Schaltlitzen für Computerverdrahtung, Aderisolierung für Hochtemperatur-Steuerleitungen |
| D 80 - 85 | > 80 | > 50 | Gut beständig gegen verdünnte Säuren und Laugen, Öle, Fette und Kraftstoffe | Gute Witterungsbeständigkeit, geringe Rauchentwicklung und keine korrosiven Gase im Brandfall Strahlenbeständigkeit: bis $5 \times 10^6$ Gy | Dünnwandige halogenfreie Isolierung für Meß- und Steuerleitungen |
| | | | Siehe Tabelle Elastomere | | |
| D 55 - 60 | > 15 | > 200 | Hervorragend beständig gegen Öle, Fette, Säuren, Laugen, alle Lösemittel und Kraftstoffe | Ausgezeichnete Licht- und Witterungsbeständigkeit Strahlenbeständigkeit: bis $10^3$ Gy | Schaltdrähte/-litzen, Flachleitungen, Hochspannungszündleitungen für hohe Temperaturbeanspruchung; als Mantel für HF-, Steuer- und Sonderleitungen |
| | > 70 | > 50 | Beständig gegen Öle, Fette, Lösemittel und Kraftstoffe, mäßig beständig gegen Säuren und Laugen | Mäßige Witterungsbeständigkeit. Strahlenbeständigkeit: PI bis $5 \times 10^6$ Gy; PI/FEP bis $10^3$ Gy | Leitungen für Luft- und Raumfahrtindustrie, Flachleiter-Bandleitungen |
| D 80 - 90 | > 90 | > 50 | Sehr gut beständig gegen Öle, Fette, Kraftstoffe, Lösemittel, Säuren und Laugen, unbeständig gegen konzentrierte Schwefel- und Salpetersäure | Gute Witterungsbeständigkeit. Geringe Entwicklung von Rauch und giftigen Gasen im Brandfall; hart, bis zu hohen Temperaturen kerbfest Strahlenbeständigkeit: bis $10^6$ Gy | Halogenfreie Aderisolierung für mechanisch höchstbelastbare ein- und mehradrige Spezialleitungen |
| D 55 - 60 | > 20 | > 200 | Vergleichbar mit PTFE | Vergleichbar mit PTFE Strahlenbeständigkeit: bis $10^3$ Gy | Einsatz wie PTFE, jedoch auch als Mantelwerkstoff für höhere Querschnitte sowie Spritzgießartikel für Automobilindustrie |
| D 55 - 65 | > 20 | > 200 | Hervorragende Beständigkeit gegen nahezu alle Chemikalien | Ausgezeichnete UV- und Witterungsbeständigkeit, verwendbar im Freien. Kein Schmelzen Strahlenbeständigkeit: bis $10^3$ Gy | Schaltdrähte und Schaltlitzen für hohen Temperaturbereich, Steuerleitungen, Aderisolierung für Hochfrequenzleitungen für die Computer-, Luft- und Raumfahrtindustrie |

# Halogenfreie, flammwidrige Werkstoffe

## Raucharm und keine korrosiven Gase im Brandfall

| Dauerbetriebs-temperatur nach VDE | Kurz-zeichen | Chemische Bezeichnung Handelsnamen z.B. | VDE Bezeich-nung | Thermische Überlastbarkeit (°C) 240 h | 20 h | Schmelz-/ Erweichungs-bereich (°C) | Kälte-wickel-beständigkeit (°C) | Spezifischer Durchgangs-Widerstand bei 20 °C (Ω × cm) | Dielektrizitätszahl bei 1 MHz, 20 °C | Flamm-widrigkeit |
|---|---|---|---|---|---|---|---|---|---|---|
| + 70 °C<br><br>+ 90 °C | PE-Cop. | Olefin-Copolymer Mischungen RHEYHALON® | HI 2<br>HM 2<br>HM 4 | 80<br>80<br>100 | 90<br>90<br>110 | ab 125 | - 20<br><br>- 30 bis - 40 | > $10^{14}$<br>> $10^{13}$<br>> $10^{13}$ | 3,0 - 5,0<br><br>4,0 - 6,0 | gut bis sehr gut<br>LOI 25 - 40 |
| + 90 °C<br><br>+105 °C (+125 °C)<br>+120 °C (+155 °C) | XPE-Cop. | Vernetzte Olefin-Copolymer-Mischungen<br>ELCUPEX®<br>RHEYHALON® | 2XI 1,<br>HI 1,<br>HI 3<br>HM 3<br>2X | 130<br><br>150<br>175 | 200<br><br>200<br>220 | —<br><br>— | - 25 bis - 50 | > $10^{13}$<br><br>> $10^{11}$<br>> $10^{13}$ | 4,9 - 6,0 | gut bis sehr gut<br>LOI 25 - 35 |
| + 90 °C | TPE-U<br>XTPE-U | Thermoplastisches Polyurethanelastomer<br>Vernetztes Polyurethanelastomer ELCUPUR-X® | 11Y<br>11X | 110<br>130 | 130<br>150 | ab 150<br>— | - 50<br>- 50 | > $10^{9}$<br>> $10^{9}$ | 5,0<br>5,0 | gut<br>LOI 29 |
| + 100 °C<br>+ 105 °C | TPE-O<br>XTPE-O | Thermoplastisches Polyolefinelastomer<br>Vernetztes Polyolefinelastomer ELCU-X® | 18Y*<br>18X* | 120 - 140 | 130 - 150 | ab 150<br>— | - 50<br>- 50 | > $10^{13}$<br>> $10^{13}$ | 4,0<br>4,0 | sehr gut<br>LOI 35 |
| + 100 °C | TPE-E | Thermoplastisches Polyesterelastomer | 13Y | 130 - 170 | 140 - 180 | 190 - 220 | - 50 | > $10^{9}$ | 5,0 | gut<br>LOI 28 |
| + 105 °C | PP | Propylen-Copolymer-Mischungen | 9Y | 130 | 145 | 145 - 160 | - 40 | > $10^{12}$ | 4,0 | gut<br>LOI 25 - 28 |
| + 110 °C | EVA | Ethylenvinylacetat-copolymer-Mischungen<br>RHEYHALON® | 4G | 160 | 180 | — | - 50 | > $10^{12}$ | 7,0 | sehr gut<br>LOI 34 |
| + 130 °C | PEIC | Etherimid-Copolymer | 21Y* | 140 | 160 | > 170 | - 65 | > $10^{14}$ | 2,8 - 3,0 | ausge-zeichnet<br>LOI 45 |
| + 180 °C | SIR | Siliconkautschuk-Mischungen | 2G | 220 | 240 | — | - 50 | > $10^{15}$ | 2,9 - 3,0 | sehr gut<br>LOI 34 |
| + 220 °C | PEEK | Polyetheretherketon | 20Y* | 260 | 280 | > 340 | - 50 | > $10^{16}$ | 3,0 - 3,5 | sehr gut<br>LOI 35 |

* firmeninterne Bezeichnung

| Härte Shore A/D | Zugfestigkeit (MPa) | Reißdehnung (%) | Chemische Beständigkeit | Allgemeine Eigenschaften | Anwendungsbeispiele |
|---|---|---|---|---|---|
| D 40 - 60<br>D 40 - 60<br>D 40 - 60 | > 5<br>> 6,5<br>> 9,0 | > 125<br>> 125<br>>125 | Beständig gegen verdünnte Säuren und Laugen und viele Lösemittel, mäßig beständig gegen Kraftstoffe und Öle | Strahlenbeständigkeit: bis $10^6$ Gy<br>Brandlast: 25 MJ/l | Isolier- und Mantelmischungen sowohl für Starkstrom als auch Niederspannungsleitungen |
| A 90 - 95 | > 12,5 | > 200 | Beständig gegen verdünnte Säuren und Laugen, die meisten Lösemittel, Alkohol, Benzin, Wasser, Fette und Öle, keine Spannungsrißanfälligkeit | Durch die Vernetzung wird die erhöhte Gebrauchstemperatur erzielt<br>Verklebbar mit wärmeschrumpfenden Bauteilen<br>Brandlast: 25 MJ/l | Datenübertragungsleitungen, Fernmeldemarine-, Kernkraftwerkskabel, Geräteverdrahtung, Bahnleitungen |
| A 85 - 90 | > 35 | >450 | Gut beständig gegen Öle, Fette, Kraftstoffe und Lösemittel, beständig gegen verdünnte Säuren und Laugen, hydrolysebeständig | Kälteflexibel, sehr gute Witterungsbeständigkeit, mikrobenbeständig<br>ELCUPUR-X® ist spannungsrißbeständig<br>Brandlast: 25 MJ/l | Mantelwerkstoff für höchste mechanische Beanspruchung auch für Außenanwendungen<br>ELCUPUR-X® bei zusätzlicher thermischer Überlastung |
| A 85<br>A 90 | > 9<br>> 10 | > 200<br>> 125 | Beständig gegen verdünnte Säuren und Laugen, Kraftstoffe und Lösemittel, mäßig beständig gegen polare und halogenhaltige Lösemittel, Öle bei höheren Temperaturen | Gute Witterungs- und Alterungsbeständigkeit<br>Sehr gute Ozonbeständigkeit<br>Brandlast: 25 MJ/l | Flexibler Mantelwerkstoff, in vernetzter Ausführung ölbeständig und spannungsrißbeständig |
| D 55 | > 25 | > 400 | Beständig gegen fast alle Medien außer gegen Säuren und Laugen, mäßige Hydrolysebeständigkeit | Hohe Wärmedruckfestigkeit, gute Kälteflexibilität<br>Brandlast: 30 MJ/l | Isolierungen für Kfz- und Sensorleitungen |
| D 55 - 68 | > 10 | > 100 | Beständig gegen Säuren und Laugen, viele Lösemittel, Kraftstoffe und Öle | Gute mechanische Eigenschaften auch bei höheren Temperaturen, etwas steif<br>Brandlast: 25 MJ/l | Dünnwandig extrudierbare Isoliermischungen für Daten- und Fahrzeugleitungen |
| A 70 - 90 | > 10 | > 200 | Beständig gegen verdünnte Säuren und Laugen, bedingt beständig gegen Öle, Fette und Lösemittel | Gute Witterungs- und Ozonbeständigkeit<br>Brandlast: 32 MJ/l | Isolier- und Mantelwerkstoff für schwerentflammbare Starkstromleitungen, z.B. Eisenbahn, Schiffe, Bergbau |
| D > 65 | > 25 | > 100 | Gut beständig gegen Öle, Fette und Kraftstoffe, wenig beständig gegen Ketone und Ester | Gute Witterungsbeständigkeit<br>Brandlast: 32 MJ/l | Dünnwandige Isolierungen für Meß-, Steuer- und Energieleitungen |
| A 75 | 6 - 8 | > 250 | Mäßig beständig gegen verdünnte Säuren und Laugen, wenig beständig gegen Öle, Fette und Lösemittel | Geringe Wasseraufnahme, hohe Flexibilität und Kältefestigkeit<br>Strahlenbeständigkeit: bis $5 \times 10^5$ Gy<br>Brandlast: 25 MJ/l | Ader- und Mantelleitungen für hohe thermische Beanspruchung (z.B. Motoren- und Apparatebau, Walzwerke und Gießereien, Hüttenbetriebe) sowie Zündleitungen |
| D > 70 | > 90 | > 50 | Sehr gut beständig gegen Öle, Fette, Kraftstoffe, Lösemittel, verdünnte Säuren und Laugen, unbeständig gegen konzentrierte Schwefel- und Salpetersäure | Gute Witterungsbeständigkeit, hart, bis zu hohen Temperaturen kerbfest<br>Strahlenbeständigkeit: bis $10^6$ Gy<br>Brandlast: 38 MJ/l | Dünnwandige Aderisolierung für mechanisch und thermisch höchstbelastbare ein- und mehradrige Spezialleitungen |

## Autorenverzeichnis

Dipl.-Ing. Hans J. Mair
Sachverständiger
Rottach-Egern

Dipl.-Ing. Alfons Bertels
Elastogran GmbH
Lemförde

Jürgen Eickholt
Creanova Spezialchemie GmbH
Marl

Prof. Dr.-Ing. Heinrich Liertz
Fachhochschule München

Dr.-Ing. Dietmar Meurer
Alcatel Kabel AG & Co
Hannover

Prof. Dr.-Ing. Karl-Bernhard Müller
ABB Energiekabel GmbH
Mannheim

Obering. Siegfried Richter †
Alcatel Kabel AG & Co.
Nürnberg

Dr. rer. nat. Heinz Vogt
Elenac GmbH
Ludwigshafen

Dr.-Ing. W. Weißenberg
Siemens AG, Kabelwerk
Berlin

Dipl.-Ing. Peter E. Zamzow
Alcatel Kabel AG & Co.
Hannover